初級財務會計學

（第四版）

主編 ● 羅紹德、蔣訓練

目　錄

第一章　導論 …………………………………………………………（1）

　　第一節　會計的產生和發展 ……………………………………（1）
　　第二節　會計職能 ………………………………………………（5）
　　第三節　會計目標 ………………………………………………（9）
　　第四節　會計方法 ………………………………………………（12）
　　第五節　會計假設 ………………………………………………（14）
　　第六節　會計信息質量要求及會計計量屬性 …………………（16）

第二章　會計要素 ……………………………………………………（20）

　　第一節　會計要素概述 …………………………………………（20）
　　第二節　靜態要素 ………………………………………………（21）
　　第三節　動態要素 ………………………………………………（30）
　　第四節　會計要素之間的關係 …………………………………（33）

第三章　帳戶和復式記帳 ……………………………………………（42）

　　第一節　設置帳戶 ………………………………………………（42）
　　第二節　帳戶與會計科目 ………………………………………（46）
　　第三節　復式記帳 ………………………………………………（48）

第四章　會計循環（上）……………………………………………（59）

　　第一節　會計循環概述 …………………………………………（59）
　　第二節　編製會計分錄 …………………………………………（61）
　　第三節　過入分類帳 ……………………………………………（65）
　　第四節　試算平衡 ………………………………………………（72）

第五章　會計循環（下）……………………………………………（79）

　　第一節　調帳 ……………………………………………………（79）
　　第二節　結帳 ……………………………………………………（88）

第六章　主要經濟業務的核算 ………………………………………（92）

第一節　材料採購業務的核算 …………………………………（92）
第二節　生產業務的核算 ………………………………………（97）
第三節　銷售業務的核算 ………………………………………（107）
第四節　利潤形成的核算 ………………………………………（114）
第五節　利潤分配的核算 ………………………………………（117）
第六節　其他業務的核算 ………………………………………（120）

第七章　帳戶的分類 …………………………………………………（127）

第一節　帳戶分類的意義 ………………………………………（127）
第二節　帳戶按經濟內容分類 …………………………………（128）
第三節　帳戶按用途和結構分類 ………………………………（130）

第八章　會計憑證 ……………………………………………………（140）

第一節　會計憑證的意義和分類 ………………………………（140）
第二節　原始憑證 ………………………………………………（146）
第三節　記帳憑證 ………………………………………………（148）
第四節　會計憑證的傳遞和保管 ………………………………（152）

第九章　會計帳簿 ……………………………………………………（155）

第一節　會計帳簿的意義和種類 ………………………………（155）
第二節　序時帳簿 ………………………………………………（158）
第三節　分類帳簿和備查帳簿 …………………………………（161）
第四節　會計帳簿登記規則 ……………………………………（165）

第十章　財產清查 ……………………………………………………（175）

第一節　財產清查概述 …………………………………………（175）
第二節　財產清查的基本方法 …………………………………（179）
第三節　財產清查結果的財務處理 ……………………………（186）

第十一章　會計核算形式 ……………………………………………（192）

第一節　會計核算形式的意義和種類 …………………………（192）
第二節　記帳憑證核算形式 ……………………………………（193）
第三節　科目匯總表核算形式 …………………………………（213）

第四節　匯總記帳憑證核算形式 ………………………………………（216）
　　第五節　多欄式日記帳核算形式 …………………………………………（219）
　　第六節　日記總帳核算形式 ………………………………………………（221）

第十二章　財務報表 ………………………………………………………（225）
　　第一節　財務報表的意義和種類 …………………………………………（225）
　　第二節　資產負債表 ………………………………………………………（231）
　　第三節　利潤表 ……………………………………………………………（237）
　　第四節　現金流量表 ………………………………………………………（241）

第十三章　會計工作組織 …………………………………………………（245）
　　第一節　會計機構和會計人員 ……………………………………………（245）
　　第二節　會計工作管理體制 ………………………………………………（252）

附錄 ……………………………………………………………………………（258）

第一章 導論

社會發展到今天，經濟活動越來越複雜，人們對經濟效益越來越關心。因此，加強經濟活動的管理與控制，提高經濟效益，已成為現代社會的客觀要求。本章將從會計的產生和發展開始，論述會計的概念、職能、目標、方法以及會計假設和會計原則。

第一節 會計的產生和發展

人類要生存，社會要發展，就要進行物質資料的生產。生產活動是人類最基本的實踐活動，是人類社會賴以存在和發展的基礎。生產活動一方面要創造物質財富，另一方面又要耗費勞動和資源。在一切社會形態下，人們進行生產活動時，總是力求以盡可能少的勞動耗費取得盡可能多的勞動成果。為了達到這一目的，需要對勞動耗費和勞動成果進行記錄和計算，將耗費與成果進行比較，借以評價其經營業績。會計就是為適應社會生產的發展和經濟管理的需要而產生和發展起來的。

會計最初是作為生產職能的附帶部分，即在「生產時間之外附帶地把收支記載下來」。只有當社會生產力發展到一定水平，出現剩餘產品以後會計才逐漸地從生產職能中分離出來，具有了獨立的職能。在原始社會末期，當社會生產發展到一定水平，出現了剩餘產品，社會再生產活動日益複雜時，人們單憑頭腦記憶來控制生產過程已不能適應需要了。人們為了對生產過程更好地進行數量考查，就需要借助於一定的方式和方法，把有關生產過程執行情況的各種數據記錄下來，於是出現了極簡單的計量、記錄行為，如在樹木、石頭或龜甲獸骨上刻記符號記事。人類最初的計量、記錄行為，屬於一種綜合性質的行為。它不僅與會計有關，而且與統計有關。以後隨著商品經濟的確立和發展，人們對生產過程的計量和記錄便逐步過渡到主要用貨幣形式進行計量和記錄。這樣，在極簡單的計量、記錄行為的基礎上，就分化出了會計。

一、會計在中國的產生和發展

會計產生的歷史極為悠久。據有關文獻考證，中國早在原始社會末期就有了所謂的「結繩記事」。在商代，創建了從一到十的數碼和數目的位值制，並有「刻契記數」之說。到西周，出現了「會計」一詞。《孟子正義》中曾對「會計」加以解釋：零星算之為計，總合算之為會。西周王朝還設立了專門管錢糧賦稅的官員。總管王朝財權的官員

被稱為「大宰」,掌握王朝計政的官員被稱為「司會」。司會主天下之大計,為計官之長。《周禮・天官》中指出:會計,以參互考日成,以月要考月成,以歲會考歲成。「參互」相當於旬報,「月要」相當於月報,「歲會」相當於年報。由此可見,中國在西周時代,會計方法就已相當成熟。從春秋戰國到秦代出現了「籍書」(或稱「簿書」),用「入」「出」作為記錄符號來反應各種經濟出入事項。唐、宋兩代創建和運用了「四柱結算法」。所謂「四柱」,即「舊管」「新收」「開除」「實在」,其含義分別相當於現代會計中的「期初結存」「本期收入」「本期支出」「期末結存」。「四柱」之間的關係可用會計方程式表示為「舊管+新收=開除+實在」。四柱結算法的創建和運用,為中國會計中的收付記帳法奠定了理論基礎。到明末清初,在四柱結算法原理的啟示下,出現了一種比較完善的會計方法,即「龍門帳」。它是把全部帳目劃分為「進」「繳」「存」「該」四大類,設「總清帳」分類進行記錄。「進」指全部收入,「繳」指全部支出,「存」指全部資產,「該」指全部負債(包括業主權益)。「進」「繳」「存」「該」之間的關係為「進-繳=存-該」。年終結帳時,一方面可以根據有關「進」與「繳」兩類帳目的記錄編製「進繳表」,計算差額,確定盈虧;另一方面還可以根據有關「存」與「該」兩類帳目的記錄編製「存該表」,計算差額,確定盈虧。兩者計算確定的盈虧數額應該相等。當時,人們把這種雙軌計算盈虧並核對帳目的方法叫「合龍門」。「四柱結算法」和「龍門帳」的方法,為中國近代會計中的復式記帳原理做出了重大貢獻。

1840年鴉片戰爭爆發,帝國主義用炮火衝破了清朝閉關自守的門戶,中國成為一個半殖民地半封建社會。資本主義經濟與封建經濟同時並存,這時中國的會計相應地分為兩類:一類是全盤輸入英、美的資本主義會計,稱為「西式會計」或「西式簿記」;另一類是繼續沿用、改良老式的中國會計,稱為「中式會計」或「中式簿記」。20世紀二三十年代開始使用的收付記帳法結合了「四柱結算法」和「龍門帳」的原理,吸收了「西式簿記」的優點。新中國成立初期,中國引進了「蘇式會計」模式,一直沿用到20世紀80年代末。隨著中國市場經濟的建立,「蘇式會計」已不能適應形勢的需要。為了適應中國改革開放的需要,使中國會計與國際會計慣例接軌,20世紀90年代初,中國開始全面引進西方發達國家的先進會計模式。

二、會計在西方國家的產生和發展

中世紀,地中海沿岸資本主義經濟逐漸繁榮起來,與之相適應的會計也得到了發展。13世紀,義大利的城市金融業發展較快。14世紀上半葉,佛羅倫薩的歷史學家維拉尼說:佛羅倫薩的銀行家以他們的交易支持著基督教世界大部分的商業和交通。商業和金融業的振蕩跳躍,使義大利北方經濟呈現出一派興旺的景象。當時,一股越來越大的商品經濟發展春潮,急速地席捲著義大利北方諸城市。經濟的發展促進了西方會計的重大發展。從事金融業的經紀人使用銀行會計帳簿,開始以借主和貸主的名字開立人名帳戶。每一人名帳戶都分為借貸兩方:上方為借,下方為貸。每筆借貸款項分別記入一個帳戶

的借方和另一個帳戶的貸方。這種記帳方法被稱為佛羅倫薩式簿記法（Florentine System of Bookkeeping）。這是借貸復式簿記的萌芽。正當佛羅倫薩式銀行簿記和商業簿記方興未艾之時，在熱那亞的土地上，也產生了獨具特色的簿記法，它被后世稱為熱那亞式簿記（Genoese System of Bookkeeping）。這種方法剔除了佛羅倫薩式簿記中廣泛採用的上借下貸的記帳形式，而以簡潔明瞭的左右對照的記帳形式為主要特色，並且在會計帳簿組織中，卓有成效地引進了損益帳戶。

義大利式簿記是在佛羅倫薩萌芽，在熱那亞發育和成長，但它成為以復式記帳為紐帶的自我平衡帳戶體系的發源地，卻是在威尼斯。在西方會計史上，威尼斯式簿記（Ventian System of Bookkeeping）實際上就是義大利式簿記的原形，是當時義大利簿記發展的最高峰，它集佛羅倫薩式簿記之精華，揚熱那亞式簿記之所長，並加以創新和發展，成為一套內容豐富、較為系統的簿記方法。這種方法后來得到了義大利著名數學家盧卡·帕喬利（Luca Pacioli，也有人譯作盧卡·巴其阿勒）的重視。他潛心研究數學，歷經數年，於 1494 年出版了其名著《數學大全》，即《算術、幾何與比例概要》（*Summa de Arithmetica*，*Geometria*、*Proportion et Proportionalita*）。《數學大全》是一部內容豐富的數學著作，其中有關簿記的篇章是最早出版的論述 15 世紀復式簿記發展歷程的總結性文獻，它反應了直至 15 世紀末期為止的威尼斯式簿記的先進方法。盧卡·帕喬利的《數學大全》由五部分組成，即算術和代數、商業算術的運用、簿記、貨幣和兌換、純粹和應用幾何。其中，論述復式簿記的是第三卷第九部第十一篇《計算與記錄詳論》。《數學大全》的出版發行，不僅是義大利數學史也是歐洲數學發展史上的一件大事，它有力地推動了西式復式簿記的傳播和發展，為西方會計科學的建立奠定了堅實的理論基礎。

19 世紀，英國工業革命高漲，工廠制度確立，尤其是股份制公司不斷出現，客觀上要求有一套與之相適應的會計方法。當時產生於商業革命的義大利式簿記，已不能適應以廣泛使用蒸汽機為主要內容的工業革命的需要。由於西方資本主義企業採取股份公司組織形式，把所有權與經營權分離開來，因而企業的股東以及與企業有利害關係的集團為了自身的利益，要求企業定期提供有關企業財務狀況和經營成果的財務報表，同時要對企業提出的財務報表進行審查。於是，查帳工作日趨重要，以查帳為職業的會計師得到社會的承認和重視。註冊會計師接受委託，審查企業提出的財務報表，並證明其是否符合公認的會計準則。由於經過審核的財務報表可取信於股東和與企業有利害關係的人，因此按照公認的會計準則編製並向企業外部提供財務報表，成為西方會計的一項重要任務。

20 世紀以來，西方資本主義生產社會化程度不斷提高，競爭日益加劇，資本家為獲取最大限度的利潤，加強了對會計的利用。他們不僅利用會計為企業外部提供報表，而且還利用會計分析市場行情，預測企業前景，確定企業目標，進行經營預測和決策，從而促成了管理會計與財務會計的分離。管理會計的出現，使西方會計在分析、預測和決策方面，廣泛地應用數學方法，進行定量管理；在計算技術方面，則由手工操作發展到

機械化和電子化操作。電子計算機在會計中的大量應用，使現代會計在提供信息方面發揮了巨大作用。

從上述會計產生和發展的過程，可以概括說明以下兩點：

第一，會計對任何社會的經濟活動都是必要的，經濟越發展，會計越重要。

第二，會計應用的方法和技術是隨著社會經濟的發展和科學技術的進步以及經濟管理的要求而發展變化的。

三、會計的概念

關於會計（Accounting）的概念，在中國目前存在兩種觀點，即會計管理論和會計信息論。

（一）會計管理論

會計管理論（Accounting Management）認為，從20世紀50年代開始，發達國家的會計工作發生了一系列的重大變化。其具體表現如下：

（1）大量引入現代科學方法，擴大信息處理範圍，提高信息處理質量，會計信息的重要性日益顯著。

（2）內向服務進一步發展，不斷向企業內部各單位、管理部門、技術業務領域滲透，與企業內部經營管理活動結合更加緊密。

（3）充分發揮會計信息的反饋控製作用，在此基礎上開拓了「服務經營，參與決策」的新領域，會計工作從傳統的記帳、算帳、報帳向預測、決策轉化，這表明會計工作的內容和結構出現了質的飛躍。

由於傳統的會計理論把會計看成與人們的管理活動相分離的一種獨立的提供數據的技術方法，從而在理論研究中產生了主、客體分離的現象，致使一些純方法性問題長期無法從理論上得到認清。雖然會計在技術和方法上有其特殊性，但是不能因此否定會計的社會屬性。會計這種社會現象的產生與發展固然與生產活動有關，但無論如何不能把它看成生產活動本身，而只能視為對生產經營活動進行管理的一種活動。也就是說，會計這一社會現象屬於管理範疇，是人們的一種管理活動。如果離開了作為管理者之一的會計人員，離開了對經濟活動行使諸如反應、監督、預測、決策等管理職能，那麼會計將變得「捉摸不定」。事實上，會計的職能總是通過會計工作者從事的多種形式的管理活動來實現的。也就是說，會計職能的實現離不開會計人員的管理活動，自然界並不存在一種獨立的會計。因此，會計管理理論把會計定義為：會計是以貨幣為主要計量單位，對企業、事業等單位的經濟活動進行連續、系統、全面、綜合反應和監督的一種管理活動。

（二）會計信息論

會計信息論（Accounting Information）認為會計是一個經濟信息系統。其理由如下：

（1）經濟信息系統這一概念比較準確地表述了現代會計產生以來就存在的反應職

能，或「提供數據和信息為信息使用者服務」的職能。

（2）經濟信息系統這一概念能突出在市場經濟條件下會計必然以提供財務信息為主的特點。

（3）經濟信息系統這一概念考慮到了現代會計的新內容及其發展。

迄今為止會計運用的信息加工方法已形成了一個嚴密而複雜的體系，從而在企業中成為一個能把數據轉化為信息的系統。在這個系統中，不論用何種手段處理數據，均可理解為一個由若幹要素組成的有機整體，它們都能用「系統」兩個字加以概括。作為一個系統，會計可以理解為具有兩個以上的方法或程序。既可以理解為完成處理數據和提供信息的功能而組成的一種方法體系，也可以理解為具有數據處理對象，由信息管理部門和人員來掌握，為信息提供和信息使用而進行的一系列工作內容的程序。

系統是指由兩個以上的要素組成，具有特定功能和特殊目標的統一體。輸入的是會計數據，輸出的是財務和其他經濟信息。信息是系統所傳遞和處理的對象，是各種事物的特徵及其變化的反應，是可能影響系統使用者的決策的有關知識。財務信息是指能夠用貨幣表現的那部分經濟信息。也就是說，反應企業資產、負債、所有者權益發生增減變化情況及其結果的都稱為財務信息。

會計信息論將會計定義為：會計是旨在提高企業和各單位的經濟效益，加強經濟管理而建立的一個以提供財務信息為主的經濟信息系統。它主要處理企業價值運動所形成的數據並產生與此有關的信息，能起到反應的作用；通過利用經濟數據和財務信息，又能起到監督的作用。

把會計稱為「管理活動」或「信息系統」都是可以的。但是需要明白的是：會計在執行反應職能時，就是在提供財務信息；會計在執行監督職能時，就是利用會計信息進行控制，是一種管理活動。會計作為一種管理活動，是通過提供信息和利用信息來實現的。會計作為一個信息系統，既要提供信息又要使用信息。

會計是通過記錄、計量、計算、核算等過程提供會計信息的，同時又利用已經提供的信息對企業經營活動的過程及其結果進行分析、考核。提供信息是通過會計的反應職能來實現的，利用信息是通過會計的監督職能來完成的。事物是不斷發展變化的，用現代科學技術的新成就來充實和拓展會計概念，是會計自身發展的客觀要求，「會計管理活動」和「會計信息系統」的概念也會隨著經濟發展而不斷發展。

第二節　會計職能

一、會計的職能

會計的職能（Accounting Function）是指會計在企業經營管理過程中所具有的功能。馬克思指出，會計是對生產過程的控制和觀念總結。這是對會計職能的科學概括。控制

就是監督，總結就是反應。因此，會計的基本職能是反應職能、監督職能。《中華人民共和國會計法》第五條規定：「會計機構、會計人員依照本法規定進行會計核算，實行會計監督。」

（一）會計的反應職能

會計的反應職能（Accounting Reflection）主要是從數量方面反應各單位的經濟活動情況，為企業內部和外部單位及個人提供財務信息。會計從數量方面反應各單位的經營活動，可以採用三種計量形式：實物量、價值量和勞動工時量。實物量是根據各種經濟現象的特性，按實物單位進行的計量，如臺、件、千克、米一類實物單位。以實物量進行計量的缺陷是不能綜合反應經濟現象及其結果，只能單個進行反應。按勞動工時量進行計量能解決綜合反應問題，但由於各經濟單位機械化、電子化程度不同，勞動生產率水平有別，因而不同經濟單位的經濟現象及其結果不可比較。價值量是以一定的貨幣單位為統一計量標準，對經營活動進行綜合反應，這是近代會計的一個重要特點。會計通過以貨幣為主要計量單位，對企業經營情況進行記錄、計量、計算、加工整理，綜合反應企業的經營結果，能為企業內部經營管理和外部投資者、債權人以及與企業有關的其他單位和個人提供重要的財務信息。

反應過去同預測未來緊密相關。隨著經濟的發展、經營規模的擴大、市場競爭的日趨激烈，在經營管理上需要加強預測，因此會計需要通過反應過去提供綜合的財務信息，以便經營管理者制定正確經營決策，投資者制定新的投資決策。

會計對企業經營活動及其結果進行反應所提供的財務信息必須符合以下要求：

（1）正確性。它表明會計所提供的信息應該是正確的，而不是錯誤的。

（2）準確性。它表明會計所提供的信息不僅要正確，同時還應該是準確的而不是估算的。

（3）及時性。它表明會計應及時為各種信息使用者提供各自所需要的會計信息。過時的信息對信息使用者來說是沒有作用的。

（4）完整性。它表明會計在反應企業經營活動時，應該全面完整地反應，而不應該提供零散的和雜亂無章的會計信息。

（二）會計的監督職能

會計的監督職能（Accounting Control）是指會計對其主體的經營活動按照會計的目標進行調整，使之達到預期的目的。

會計監督主要是監督和控制會計主體的行為將影響其價值變化的經濟活動。會計監督要控制企業與會計目標相偏離的經濟現象，即審查各項經營活動是否符合財經政策、法令和有關制度，是否有鋪張浪費、貪污盜竊的情況，會計處理是否符合會計準則。通過會計監督及時發現存在的問題以及偏離會計目標的情況，以便採取措施，加以修正和調整，使之朝著正確的目標進行。

雖然會計監督主要是利用價值形式進行監督，但同時會計監督還可以以實物形式進

行監督。例如，對某些資產的收、發、領、退，都要以憑證為依據，要在會計帳簿中進行收、發、領、退及結存的數量登記，並定期進行清查盤點，核對實物，借以監督企業資產的安全。

總括以上內容可以說明，會計的反應職能主要是通過對會計資料加工整理，為企業內部經營管理者、外部投資者、債權人以及與企業有利害關係的其他團體和個人等提供財務信息。會計的監督職能是對企業經濟行為按照會計目標進行控制，以保證企業的經營活動朝著預定的目標進行，即使有時發生偏離，也能及時加以調整。會計的這兩個基本職能是相輔相成、密切結合的。企業要達到預期的經營目標，必須運用會計的專門方法，發揮會計的反應和監督職能來實現。會計既要對企業經營情況及結果進行及時反應，又要隨時調整企業經營活動偏離目標的狀況。

二、會計的作用

會計的職能是指會計內在的、固有的功能。會計的作用是指會計在履行其職能時所產生的客觀效果。會計作為信息收集和處理的一種重要方法、手段或工具，其作用可以從三個方面來考察：第一，會計對企業內部經營決策上的作用；第二，會計對企業管理者以外的其他單位和個人制定決策的作用；第三，會計對社會的作用。

（一）會計在企業內部經營決策上的作用

一個企業在整個經營過程中的活動大致分為六個方面：

（1）資金籌集活動。
（2）內外部投資活動。
（3）材料採購活動。
（4）生產經營活動。
（5）產品銷售活動。
（6）利潤分配活動。

企業管理者在組織和管理這些活動的過程中，都必須依賴企業會計人員提供重要的會計信息，制定有關決策。這些活動和決策問題包括如表1-1中所示內容。

表1-1　　　　　　　　　　　企業內部決策問題

經營活動類型	需要決策的主要問題
（1）資金籌集活動： 企業的創立者和經營管理者必須籌集足夠的資金以滿足企業生產經營的需要。	①應該籌集多少資金？ ②通過何種籌資方式取得資金？
（2）內外部投資活動： 企業經營管理者將所籌資金投放於生產經營的各個方面，包括流動資產投資、長期資產投資及對外投資	①固定資產投資比例是多少？ ②流動資產投資比例是多少？ ③對外投資比例是多少？形式是什麼？

表1-1(續)

經營活動類型	需要決策的主要問題
(3) 材料採購活動： 企業管理者為組織生產提供材料。	①採購材料的種類是什麼？ ②採購地點、運輸方式是什麼？
(4) 生產經營活動： 企業管理者組織和管理生產經營過程。	①生產何種產品，提供什麼勞務？ ②生產產品的數量、品種、質量有何要求？
(5) 產品銷售活動： 企業管理者盡力銷售所生產的產品或提供的勞務，加速資金週轉。	①銷售渠道、銷售方式是什麼？ ②銷售數量、銷售價格是多少？ ③結算方式是什麼？
(6) 利潤分配活動： 企業管理者或公司董事會決定利潤的分配方案。	①利潤分配政策如何確立？ ②利潤的發放和留成比例是多少？

從以上內容可以看出，企業管理者在對企業內部各項經濟活動進行決策時，不能憑個人的主觀意志和經驗，而必須依據可靠的資料和數據。只有會計部門才能提供綜合的、有助於經營管理者進行正確決策的重要信息。

(二) 會計對企業管理者以外的其他單位和個人制定決策的作用

會計信息對於企業經營管理者來說的確非常重要。除了企業經營管理者以外，還有一些外部單位及個人對企業會計信息非常關心。這些主體包括：

(1) 企業投資者（所有者）。
(2) 企業債權人。
(3) 企業職工。
(4) 企業顧客。
(5) 政府部門，如稅務、財政、工商部門。

這些單位及個人在進行各自的決策時，需要以企業的會計信息為依據。表1-2列出了各種會計信息使用者需要依據會計信息做出的各種重要決策問題。

表 1-2　　　　　　　各信息使用者對會計信息的要求及決策

會計信息使用者的要求	需要決策的問題
(1) 企業投資者（企業所有者）： ①瞭解企業目標和前景。 ②瞭解企業盈利活動和能力。 ③瞭解企業利潤分配的政策。	①是否向該企業投資？ ②向該企業投資多少？ ③是否轉移投資或追加投資？
(2) 債權人： ①瞭解企業的償債能力。 ②瞭解企業的經營狀況。 ③瞭解企業的發展前景。	①是否貸款、貸多少款？ ②是追加還是收回貸款？ ③採用何種貸款方式？

表1-2(續)

會計信息使用者的要求	需要決策的問題
(3) 企業職工： ①瞭解企業對職工的態度。 ②瞭解企業的工資水平。 ③瞭解企業的福利待遇。	①是否向該企業申請應聘？ ②是否繼續在該企業工作？
(4) 政府部門： ①瞭解企業遵紀守法情況。 ②瞭解企業履行社會責任情況。 ③瞭解企業的納稅情況。	①是否向該企業投資？ ②是否扶持該企業？ ③是否減稅、免稅？
(5) 顧客： ①瞭解企業產品質量、價格。 ②瞭解企業售後服務。	是否購買該企業的產品？

(三) 會計對社會的作用

前面主要介紹了企業會計人員通過會計資料的加工處理提供的會計信息對各信息使用者進行經營決策的作用。就整個社會而言，各個部門和各個行業本身也需要會計人員對本單位的會計資料進行加工處理，提供重要決策資料。會計對社會的作用主要表現在以下方面：

(1) 各會計主體的會計信息影響社會中其他單位或部門的經營決策。政府機構和其他社會團體如果沒有足夠的會計信息，也將難以執行其對社會所承擔的義務。

(2) 國家統計部門需要各行業、各部門的匯總會計信息計算社會的生產水平、消費水平、物價指數等，以便制定新的經濟政策，進行宏觀調控，抑制通貨膨脹。

(3) 根據國家的賦稅制度，稅務部門如何合理地徵收稅款、徵收多少稅款，其計稅依據是各單位提供的會計信息。如果沒有健全的會計制度，沒有準確的會計信息，就不可能做到合理徵收稅款，以保證政府、國防、交通運輸、科教文衛等各類事業的資金需要，就談不上政府部門的管理，也談不上國防、交通運輸和科教文衛等各類事業的發展了。

第三節　會計目標

會計作為一個信息系統，輸入的是數據，輸出的是信息。信息的輸出必須有預期的目標，沒有明確的目標，會計系統就會失去運行的方向。明確會計目標對於進一步發揮會計的職能具有重要意義。

一、會計目標的概念

什麼是會計目標（Accounting Objective）？對於這一問題有種種回答。會計目標可以從會計是幹什麼的角度來探討，也可以從完成會計工作所應達到的目標來揭示。由此可

見，會計目標這一概念的內容極其豐富，具有多義性。然而，只要認真探究作為演繹推理出發點的會計目標的本質，這種多義的概念就能歸納為：會計目標是指會計的目的或宗旨，是會計人員在一定時期內和一定條件下從事會計實踐活動所追求和希望達到的預期結果，會計目標是聯結會計理論與會計實踐的紐帶和橋樑。

現代會計是一個人造的經濟信息系統。會計目標是會計系統運行的出發點和歸宿，決定著會計系統運行的方向。只有確定了符合客觀實際的會計目標，以此作為會計理論結構的最高層次，並指導會計準則的制定和會計業務的處理，會計系統才能發揮其在企業經營管理中的應有作用。

二、會計信息使用者

會計的直接目標（Direct Objective）源於會計信息使用者的需要。使用者需要哪些會計信息，決定了會計的直接目標。因此，在確定會計的基本目標之前，必須先明確會計信息的使用者是誰。一般來說，在社會主義市場經濟條件下，會計信息使用者主要有會計主體本身、投資者、債權人、與企業有經濟利益關係的其他經濟單位（如稅務機關和銀行），還有會計師事務所和審計部門。

（一）投資者對會計信息的要求

投資者特別是個人股東期待的是紅利分配或因股市行情上漲而獲得的資產增值所帶來的投資收益。這可被看成投資股東和投機股東兩者的折中。從投資股東立場來看，他們期望企業通過經營活動確保長期穩定的獲益能力，為此而要求企業會計如實地計量經營業績和財務狀況，並予以信息化。當投資股東為其經濟決策進行費用效果分析時，他們要求會計出示的財務報表中詳細地反應企業的經營業績和財務狀況。從投機股東的立場來看，要求財務報表正確地反應企業經營業績，並準確地反應企業的收益能力，在這一點上與投資股東一致。然而，投機股東似乎不太關心企業經營業績如何，而只希望企業制定具有較大餘地的、能通過企業會計操作上的處理來操縱支配經營業績和財務狀況的信息。他們著眼於某時的股市行情的漲落而企圖賺得資產變賣收益，這當然是一種危險的想法。

（二）債權人對會計信息的要求

債權人要求企業有較高收益，同時還希望能保全基本資產，提高償債能力。債權人反對在資產負債表中無限制地列入遞延資產一類的虛擬資產，反對以虛增利潤而形成的支付法人稅金、分配股東紅利等形式的企業資金外流，因為這類財務狀況使債權人的權益得不到保障。因此，從債權人立場來看，必須要求企業採用穩健原則處理企業的某些經濟事項，以保全債權人的合法權益。

（三）企業經營者對會計信息的要求

企業經營者作為投資者即股東的受託者，應該盡力提高企業經濟效益，管理與保護企業財產，履行受託者的責任。因此，經營者需要會計提供財務報表，接受股東大會就

經營決策是否合適、經營目標是否完成、經營才能是否欠缺而進行的評判。同時，經營者要求會計在編製財務報表時，按照會計準則和會計制度，進行真實、客觀的反應。經營者更重要的目的是利用會計提供的各種信息制定出新的經營決策，為進一步提高企業經濟效益，完成會計基本目標而努力。

（四）企業外部其他單位對會計信息的要求

審計部門和註冊會計師事務所需要瞭解企業會計提供的會計信息是否符合會計準則及有關財經法規。稅務部門通過瞭解企業會計信息以證實企業是否按照稅法規定及時、足額地上繳了稅金等。

從上面的分析可知，會計信息擁有眾多的使用者，會計應盡可能滿足他們對信息的需要。但是，不同會計信息使用者的需要並不完全相同，如投資人主要關心企業長時期內的盈利能力或投資報酬率，信貸者主要關心企業短期的資產變現能力或償還能力。因此，會計在提供信息時應遵守兩條原則：第一，提供企業的主要經濟信息；第二，提供使用者共同需要的信息。

三、會計目標的內容

關於會計目標（美國大部分情況稱會計報表或會計報告目標），主要有兩種觀點：受託責任觀和決策有用觀。

（一）受託責任觀（經管責任觀）

受託責任的含義大致包括三個方面：第一，資源的受託方接受委託方管理委託方交付的資源，受託方承擔有效管理與使用資源，使其不斷增值的義務；第二，資源的受託方承擔如實地向委託方報告受託責任履行過程與結果的義務；第三，資源的受託方還負有重要的社會責任，如解決社會就業、保護社會資源和環境等。

受託責任觀注重的是委託者和受託者之間的相互關係。會計人員服務於委託者的需要，會計報告是以委託者為中心。會計人員應當把注意力集中於客觀的信息上，公允地報告會計信息，既不損害委託者的利益，也不損害受託者的利益。受託責任觀強調會計信息的真實可靠、客觀公允地表達（報告）經濟責任的履行結果，因此強調會計信息的「可靠性」。

（二）決策有用觀

決策有用觀認為會計的目標是為會計信息的使用者提供與決策相關的信息，強調會計信息的「相關性」。決策有用觀是以會計信息的使用者為中心，會計的首要目標是提供對使用者決策有用的信息。美國會計學會前會長索羅門斯指出：「明確經管責任的主要內容是業績評估，而業績評估旨在為決策者提供信息。兩者是互相關聯的會計目標，但確定經管責任構成決策的一部分。」

在美國，決策有用觀代表主流學派的觀點。在其他國家，會計注重「真實公允地表達」受託責任。美國著名的會計學家 A.C.利特爾頓認為：「會計的首要目標是向管理當

局提供控制信息或報告受託責任的信息。」

綜上所述，會計目標歸納如下：

第一，提供對會計信息使用者決策有用的信息；

第二，提供管理當局運用企業資源的責任與業績信息。

中國《企業會計準則——基本準則》第四條規定：企業應當編製財務會計報告。財務會計報告的目標是向財務會計報告使用者提供與企業財務狀況、經營成果和現金流量等有關的會計信息，反應企業管理層受託責任履行情況，有助於財務會計報告使用者制定經濟決策。

第四節　會計方法

會計方法（Accounting Method）是會計人員為反應和監督會計的具體內容，完成會計目標的手段。會計作為一門獨立的學科，在理論和方法上具有系統的理論和專門的方法。在會計核算過程中各種方法相互配合，相互滲透，形成一個完整的會計方法體系。只有運用會計的專門方法，對會計資料進行加工、處理，才能達到會計目標，完成會計任務，為會計信息使用者提供滿意的會計信息。

會計方法包括三大內容，即會計核算方法、會計分析方法和會計檢查方法。會計核算是會計的基本環節，會計分析是會計核算的繼續和發展，會計檢查是會計核算的必要補充。其中，會計分析方法、會計檢查方法分別由財務分析和審計類書籍介紹，本書專門介紹會計的核算方法。

會計核算方法是對會計對象（會計要素）及其具體內容進行連續、系統、全面、綜合地記錄、計算、反應和控制所應用的專門方法。會計核算方法包括七種：設置帳戶、復式記帳、填製和審核憑證、登記會計帳簿、成本計算、財產清查、編製會計報表。

一、設置帳戶

設置帳戶（Set Up Account）是對會計核算對象——會計要素的具體項目進行分類反應和監督的一種專門方法。設置帳戶是會計核算的基礎工作，就像要在市外開闢一個新的經濟區，首先要修好公路和地下設施一樣。沒有設置帳戶，會計工作無法進行，更談不上做好會計工作。因此，按照會計要素的各個項目正確設置各種帳戶，對於填製憑證、登記會計帳簿和編製財務報表具有十分重要的意義。

二、復式記帳

復式記帳（Double Entry）是對企業發生的每項會計業務，至少要在兩個或兩個以上的帳戶中進行記錄的一種專門方法。與復式記帳相對應的有單式記帳。單式記帳法對發

生的會計事項可能只需在一個帳戶中進行登記。採用復式記帳法比單式記帳法要先進和科學得多。由於復式記帳法至少要在兩個帳戶中進行登記，就能相互聯繫地反應經濟業務的來龍去脈，有利於瞭解經濟業務內容和核算在會計帳簿記錄中是否正確，並通過帳戶記錄的發生額和帳戶餘額進行試算平衡，為編製會計報表提供依據。

三、填製和審核憑證

填製和審核憑證（Fill In and Audit Voucher）是採用具有一定格式的經濟業務的原始證明文件記錄經濟業務，明確經濟責任和據以登記會計帳簿的一種方法。任何經濟業務都必須要取得原始憑證，並且要經有關人員進行審核，確定無誤的原始憑證方能據以編製記帳憑證。審核原始憑證的過程是保證會計信息質量的關鍵環節，填製憑證是會計循環的首要階段。

四、登記會計帳簿

登記會計帳簿（Posting）是以記帳憑證為依據連續、系統、全面、科學地把各項經濟事項分類過入相關的、具有一定格式帳頁上的一種方法。登記會計帳簿必須以記帳憑證為依據，按照規定的會計科目，在有關的帳頁中，序時地、分門別類地登記，並定期進行對帳、調帳、結帳，做到會計帳簿記錄準確，為編製會計報表提供資料。

五、成本計算

成本計算（Cost Calculation）是指按照一定的成本計算對象，收集和分配應計入產品成本的各項費用，借以計算總成本和單位產品成本的一種方法。計算成本的主要目的是確定其價值的補償額度，反應企業成本水平的高低，促進企業通過降低成本、節約耗費，提高經濟效益。

六、財產清查

財產清查（Property Check）是通過定期盤點實物、貨幣和核對帳目，並及時調整記錄，以保證帳實、帳帳、帳證相符的一種方法。財產清查主要是通過對帳和盤點實物進行的。在會計核算中，可能會出現自然的和人為的各種原因（物質自然損耗、升溢、管理不善造成遺失、被盜、記帳錯誤等）使帳面餘額與實際結存數發生差異，或帳與帳之間出現不一致。通過定期清查、核算，進行必要的帳項調整，能保證會計信息的可信性和有用性。

七、編製會計報表

編製會計報表（Prepare Accounting Statement）或財務報表（或財務會計報表）是按照規定的帳表格式，定期匯總日常的會計核算資料，以綜合、全面地反應企業經營業績

和財務狀況及其財務變動情況的一種方法。財務報表所提供的是各信息使用者都需要的重要信息。絕大多數會計信息使用者，特別是企業外部單位或個人需要的不是會計憑證和會計帳簿，而是通過加工以後的財務報表信息。財務報表是會計人員加工整理后的完工產品，對各會計信息使用者進行決策作用很大。

以上七種會計核算方法按其運用程序來說，填製和審核憑證是首要環節，登記會計帳簿是中間環節，編製會計報表是最終環節。這三個環節環環相扣，構成企業會計循環的三大基本步驟，其他方法與此緊密相連。會計核算方法的順序執行構成會計循環，會計循環的完成需要借助於會計的各種方法。這既體現了會計方法與會計循環的區別，又說明了會計方法與會計循環的密切關係。會計核算的各種方法是相互聯繫、緊密配合的，各種專門方法構成了一個完整的會計核算方法體系。

第五節　會計假設

科學來源於種種假設。這是因為對任何科學的研究都會產生一系列未被確知並難以直接論證的問題，所以科學的產生都要依賴於某種特定的假設。無論是在自然科學研究中，還是在社會科學研究中都需要借助於種種假設。因此，假設與定律、假設與科學原則、假設與正確結論之間有著密不可分的關係：假設—實踐—驗證—科學理論。可以這樣說，假設是任何科學產生和發展的先導，是科學理論形成的重要階段。會計假設（Accounting Postulate or Assumption）是指在長期的會計實踐中曾多次施行過，但尚未形成具體的原則和理論，而已被人們用作處理會計工作的習慣通行的做法。假設是人們對會計領域中尚未肯定的事項所做的合乎情理的建議和設想，是進行正常會計工作的基本前提和制約條件，也是會計理論的基礎。為什麼要有會計假設呢？因為會計是在不確定的經濟環境下進行的。在這一不確定的經濟環境下，要正確、有效地處理會計事務，不得不設立若干假設或前提。會計假設不是從人們的主觀想像出發產生的，具有客觀的依據，沒有依據的假設，將會把會計理論研究引入歧途。會計假設一般有會計主體假設、繼續經營假設、會計期間假設和貨幣計量單位和幣值不變假設。

一、會計主體假設

會計主體（Accounting Entity）假設是指凡是擁有經濟資源並實行獨立核算的經濟實體均為會計主體。會計主體假設的目的在於使會計主體完全獨立於執行會計業務的工作人員、業主、股東以及其他有關單位和個人，使會計所反應的僅僅是某一特定主體的經濟業務而不是某一個人或主體以外的經濟業務。換句話說，會計主體的財產、債權、債務均屬於會計主體本身，應與該主體的投資者的財產、債權、債務嚴格分離，不能混為一談。例如，某業主或管理者用自己的錢購買了一臺家用冰箱，這一經濟業務與會計主

體業務無關，不屬於企業經濟業務，在會計處理上不予考慮。會計主體假設的要求在於獨立核算會計主體的經營盈虧，會計主體的明朗化又要以企業的經營獨立性發展為前提。會計主體假設首先明確並規定了現代會計活動的空間範圍與界限。有了會計主體假設，會計人員就可以正確、客觀地反應和監督企業的財產、債權、債務和所有者權益，有利於企業會計的處理和財務報表的呈報。

二、繼續經營假設

繼續經營（Going Concern）假設是假設會計主體的生產經營活動將按目前的組織形式、經營方向和目標持續正常地經營下去，不會出現清算、結束營業的過程。沒有任何一個企業期待有朝一日停業倒閉或者破產清算。但是，企業的未來誰也不能預知，企業能夠經營多久不完全以人們的主觀意志為轉移。在市場經濟條件下，企業之間的競爭日益加劇，經營不善或某些客觀原因可能引起企業關、停、並、轉、破產倒閉。在這種情況下，如何進行會計核算呢？這就需要進行假設。假設企業至少在最近的將來確實不會倒閉，並按其經營目標繼續經營。只有這樣，會計處理才能按照帳面價值合理地進行計算，企業債權債務才能得到合理的清償。因此，繼續經營假設是企業會計核算正常進行的前提。

三、會計期間假設

在繼續經營假設的前提下，企業的經濟活動就像長河中的流水一樣，川流不息、永無休止地進行下去。從理論上講，只有等到企業經營結束后，才能計量經營成果，編製財務報表，向各有關方面提供會計信息。但是，企業經營者、投資者、債權人等與企業利益有關的外部單位和個人無不希望企業能定期地提供經營情況，進行經營成果的分配。因此，為了滿足會計主體的內部和外部有關方面對會計信息的需要，財務上就不得不定期結算帳目，分期編製財務報表。這樣，客觀上需要將川流不息的經濟長河，人為地劃分為若干相等的期間，這些相等的期間就稱為會計期間（Accounting Period）。

劃分會計期間的起止時間並無統一規定，需視各國經濟活動情況自行選定。其劃分方法一般有三種：第一，歷年制。從每年1月1日起至12月31日止為一個會計期間。中國會計準則規定採用歷年制劃分會計期間。世界上絕大多數國家也是採用歷年制。第二，四月制。從每年4月1日起至次年3月31日止為一個會計期間。第三，七月制。從每年7月1日起至次年6月30日止為一個會計期間。從這三種劃分方法可以看出，會計期間一般為12個月。會計期間既然是企業經營「長河」中的一個階段，那麼會計期間的時間長短並不是固定不變的。根據經濟管理和報表使用者的需要，可以將一年再按月劃分為12個期間，或按季劃分成4個期間或按半年劃分成兩個期間。有了會計期間假設，在會計上產生了本期和非本期之分。有了本期和非本期之分又產生了權責發生制和收付實現制以及收入與成本配比的會計原則。因此，會計期間假設是制定會計原則、處

理會計事務的必要前提條件。

四、貨幣計量單位和幣值不變假設

企業的財產物資內容十分複雜，不僅性質不同，計量單位也不相同，不同計量單位財產物資不能在數量上簡單相加減。如何解決這一問題？唯一的辦法就是尋找一個能夠充當一般等價物的最理想的商品，於是貨幣計價的假設便產生了。由於應用貨幣作為會計的統一計量尺度，通過會計分類記錄和匯總之後，又可以綜合地反應企業的財務狀況和經營成果，並在相應財務報表的指標之間保持嚴密的相互鉤稽關係。企業的整個經營過程或全部經濟業務只有通過貨幣計量才能進入會計信息系統，最終轉換為有助於經濟決策與管理需要的會計信息。因此，會計以貨幣計量（Monetary Measurement）充分體現了現代會計的基本特徵，同時也是形成一系列會計原則的重要依據。

但是，僅僅假定可以利用貨幣記錄企業的經濟活動顯然是不夠的，還必須假定貨幣的幣值相對穩定。因為在企業經濟活動中，物價水平是不斷變化的，貨幣並不是一個充分穩定的衡量單位，當發生通貨膨脹時，貨幣的購買力就相應下降。在這種情況下，不得不再進行假設，假設該貨幣自身的價值量保持不變，將其作為一項充分穩定的計量單位進行會計處理。這意味著，即使貨幣價值有時有些波動，也假定為其上下波動的幅度是微不足道的，不足以影響用貨幣作為統一計量單位的會計資料。事實上，各國貨幣的幣值不僅不可能是長期相對穩定不變的，而且有時幣值上下波動幅度還比較大。因此，幣值不變（Monetary Stability）假設只是一種理想的假設。之所以要假設幣值不變，原因有兩個：第一，在會計處理上，如果不假設幣值穩定不變，勢必要隨幣值變動不時地調整帳面記錄，這不僅會造成帳表處理上的混亂，而且也會嚴重地影響會計資料的可比性和有效性；第二，一國貨幣價值的高低，通常是反應該國經濟狀況好壞的重要標誌。如果沒有幣值不變假設，不僅無法指導會計實踐工作，而且也不能建立其他有關的會計準則。

第六節　會計信息質量要求及會計計量屬性

一、會計信息質量要求

中國《企業會計準則——基本準則》將權責發生製作為會計核算基礎，將借貸復式記帳法作為會計的核算方法，同時規定了以下八項會計信息質量要求：

（一）真實性（客觀性）原則

真實性或客觀性（Objectivity）原則是指會計核算應當以會計主體內實際發生的經濟業務為依據進行會計確認計量和報告，如實反應符合確認和計量要求的各項會計要素及其相關信息，保證會計信息真實可靠、內容完整。真實性或客觀性是對會計工作和會計

信息的基本質量要求。客觀性原則的含義包括：第一，會計核算要以實際發生的經濟業務為依據，不能弄虛作假；第二，會計人員處理會計業務時，不能帶有任何偏好和傾向性，不能按照某些領導人的意志虛構、亂編會計資料和有關數字。會計信息是企業經營管理者、投資者、債權人進行決策的重要依據。如果會計數據不能客觀地反應企業經營狀況，勢必無法達到會計目標。虛假或不真實的會計信息，將會導致錯誤的經濟決策。

（二）相關性原則

相關性（Relevance）原則主要是指會計人員提供的會計信息應當與財務報告使用者的經濟決策密切相關，有助於財務會計報告使用者對企業過去、現在或者未來的情況做出評價或預測。

（三）清晰性原則

會計資料清晰性（Understandability）是指會計記錄和財務報表需要做到清晰明瞭，便於財務會計報告使用者理解和使用。如果會計人員提供的會計信息含糊不清、模棱兩可，將會影響會計信息的質量，削弱會計信息的可信性和有用性。

（四）可比性原則

可比性包含一致性。同一企業不同時期發生的相同或相似的交易或事項，應當採用一致的會計政策，不得隨意變更。確需變更的，應當在附註中說明。

可比性（Comparability）是指會計核算應當按照規定的會計處理方法進行，會計指標應當口徑一致，相互可比。會計資料的可比性是會計信息的一項重要的質量規範。假如企業的會計信息能與其他企業或本企業前後期同類信息相對比，信息的有用性就會大大提高。因此，企業在日常會計處理和編製財務報表時，應當採用大體相同的會計原則和會計方法，以便使所提供的會計信息有可比性。

一致性（Consistency）是指會計人員在處理相同經濟業務時所採用的會計期間、會計基礎、會計方法等一經確定之後，就應當保持相對穩定，持續地使用下去，而不要輕易變更，以便對前後銜接的各期財務報表進行相互比較、分析，從中肯定成績，找出差距，有助於判斷會計實體的經營業績。

一致性原則，只是要求在一定時期內對會計方法、會計原則保持相對穩定，而並非指會計方法永久不變。如果確要變更，則應該採取替代的補救措施，加以說明。說明的內容包括變更的具體內容、變更的理由、變更的累積影響數。如果不能合理地確定累積影響數，應當說明不能確定的理由。

（五）實質重於形式原則

實質重於形式（Substance Over Form）原則要求企業應當按照交易或事項的經濟實質進行會計確認、計量和報告，而不應當僅僅以它們的法律形式作為依據。

在會計核算過程中，可能會碰到一些經濟實質與法律形式不吻合的業務或事項。例如，融資租入的固定資產，在租期未滿時，從法律形式上講，所有權並沒有轉移給承租人，但是從經濟實質上講，與該項固定資產相關的收益和風險已經轉移給承租人，承租

人實際上也能行使對該項固定資產的控制。因此，承租人應該將其視同自有的固定資產，一併計提折舊和大修理費用。

遵循實質重於形式原則，體現了對經濟實質的尊重，能夠保證會計核算信息與客觀經濟事實相符。

（六）重要性原則

重要性（Materiality）原則也叫例外原則。重要性原則是指那些對企業財務報表有較大影響，能影響會計資料使用者據以做出評價和決策的重要會計事項，應嚴格遵循會計方法，通過既定的會計程序按一貫性原則做出合理的表達並單獨列入報表；對於某些經濟價值較小，對財務報表準確性影響不大的會計事項，則不必固守嚴格的會計方法進行會計處理，不一定要在報表中單獨列示，可與其他不重要的會計信息合併列示於會計報表中。

（七）穩健性原則

穩健性（Conservatism）原則也叫保守性原則或謹慎性原則。穩健性原則要求會計人員在進行會計處理時，應持穩健態度，即當某一個會計程序有幾種處理方案可供選擇時，會計人員應該選擇對所有者權益瞬間影響最不樂觀的那一個方案，使企業的財務狀況在財務報表上獲得保守性的表達以減少企業的風險。

在市場經濟條件下，對企業來說，未來的經濟活動存在著風險和不確定性。企業面臨著各種不確定性因素的影響，會計人員在處理會計業務時，應該對未來可能取得的收益盡量少估，對未來可能發生的損失盡量多估，以保證企業的真正淨收入建立在穩妥的基礎之上，減少企業潛在的經營風險。提取壞帳準備，採用加速折舊和「成本與市價孰低」原則估計存貨、短期投資成本等都是穩健性原則的體現。但是，穩健性原則並不能與蓄意隱瞞利潤、逃避納稅畫上等號。因此，會計制度中規定禁止提取各項不符合規定的秘密準備。

（八）及時性原則

及時性（Timeliness）原則是指會計記錄都要按時登記，並在規定的期限內及時編製財務報表，不得拖延。會計確認、計量和報告如果不及時，就很難準確地反應企業在一定時點上的財務狀況和一定時期的經營成果及現金流量。個別單位甚至通過提前或延後確認收入、費用來人為地調節利潤，造成會計信息失真。如果會計信息在使用者需要時不能及時提供，過時的會計信息對於企業管理者和投資者來說是一堆廢紙，並且會嚴重影響企業內部和外部人員進行重要的經營決策和投資決策。

會計確認、計量和報告的及時性必須與其真實性、準確性和相關性聯繫起來，不能只追求及時性而忽視了準確性和相關性。

二、會計計量屬性

《企業會計準則——基本準則》第九章單獨提出了會計計量，並規定企業在將符合

確認條件的會計要素登記入帳並列入會計報表及其附註時，應當按照規定的會計計量屬性進行計量，確定其金額。會計計量屬性包括歷史成本、重置成本、可變現淨值、現值和公允價值。

（一）歷史成本

在歷史成本計量下，資產或負債按照購置時支付（或承擔）的現金或現金等價物的金額，或者按照購置資產時所付出的對價的公允價值計量。負債也是如此。

（二）重置成本

在重置成本計量下，資產（或負債）按照現在購買（或償付）相同或者相似資產所需支付的現金或現金等價物的金額計量。

（三）可變現淨值

在可變現淨值計量下，資產按照其正常對外銷售所能收到的現金或現金等價物的金額扣減該項資產至完工時估計將要發生的成本、估計的銷售費用以及相關稅費后的金額計量。

（四）現值

在現值計量下，資產或負債按照預計從其持續使用和最終處置中所產生（或預計期限內需要償還）的未來淨現金流入量的折現金額計量。

（五）公允價值

在公允價值計量下，資產和負債按照在公平交易中，熟悉情況的交易雙方自願進行資產交換或者債務清償的金額計量。

企業在對會計要素進行計量時，一般應當採用歷史成本。採用其他計量屬性計量時，應當保證所確定的會計要素金額能夠取得並可靠計量。

復習思考題

1. 簡述中西方會計發展歷史。
2. 會計的基本職能有哪些？怎樣理解？
3. 會計的作用有哪些？會計的職能和作用有何不同？
4. 何為會計目標？其具體內容是什麼？
5. 會計管理論和會計信息論有何不同？你的觀點偏向於哪一種？為什麼？
6. 會計方法和會計核算方法的關係是怎樣的？
7. 會計核算方法有哪些？各種方法之間的聯繫怎樣？
8. 會計方法與會計循環是否有矛盾或重複？
9. 為什麼要有會計的基本假設？有哪幾種基本假設？
10. 簡述會計原則的概念、意義和具體內容。各項原則之間是否有矛盾？如何理解？

第二章 會計要素

通過第一章的學習，我們對會計的反應職能和監督職能有了一般的瞭解。但是，會計反應和監督的具體內容是什麼，會計具體反應什麼、監督什麼，不反應什麼、不監督什麼，我們沒有進一步地論述。會計反應和監督的具體內容是資產、負債、所有者權益、收入、費用和利潤等會計要素。

第一節 會計要素概述

一、會計要素的含義

每一個會計主體發生的經濟業務是多種多樣、錯綜複雜的，如工業企業供應過程的經濟業務、生產過程的經濟業務、銷售過程的經濟業務、資金進入企業和退出企業的經濟業務。由經濟業務的發生引起價值量變化的項目更是為數甚多。如果會計採用流水帳的方式，對價值量發生變化的項目不進行分門別類的反應，只是雜亂無章地進行一些記錄，這就好像一本毫無規律可循的字典，對於使用者來說，很難迅速得到所需的信息。另外，雜亂無章地進行記錄，也不便於會計工作的實施，難以提供有用的會計信息。因此，會計應該對由於經濟業務的發生所引起的價值量發生變化的項目加以歸類，為每一個類別進行恰當的命名，這就是會計要素（Accounting Factor）。

會計要素是構成會計客體的必要因素，是對會計事項確認的項目所進行的歸類。會計要素是設定會計報表結構和內容的依據，也是進行確認和計量的依據。對會計要素加以嚴格定義，為會計核算奠定了堅實的基礎。按照中國《企業會計準則》的規定，會計要素分為資產、負債、所有者權益、收入、費用和利潤。其中，前三個要素反應價值運動的相對靜止狀態，稱為靜態要素；后三個要素反應價值運動的顯著變動狀態，稱為動態要素。

二、會計要素的一般特徵

會計要素的一般特徵主要如下：

（一）會計要素不能與經濟概念等同

我們把引起價值運動而又必須由會計加以計算、記錄的一切經濟業務稱為會計事項。會計事項和會計要素的關係如圖2-1所示。

图 2-1 會計事項和會計要素的關係

也就是說，會計要素是對會計事項從財務的角度進行抽象。例如，某工業企業銷售一批產品，當月尚未收回貨款。發生的這筆經濟業務引起了價值的運動（產品已經賣出去了），會計必須予以反應，所以它是該企業的一個會計事項。將產品銷售出去，必然使得企業的銷售收入增加；貨款尚未收回，企業應收回的貨款也應該增加。因此，上述這個會計事項至少引起「產品銷售收入」和「應收帳款」兩個會計項目的變化。「產品銷售收入」是企業在銷售商品的業務中實現的收入，可以和「其他業務收入」等一起按同質原則列入「收入」要素。「應收帳款」是法律賦予企業的一種可收回帳款的權利，可以和其他有形資產及無形資產一起，按同質原則列入「資產」要素。

會計要素是對會計事項的財務抽象，與經濟概念不完全一致。經濟概念是對現實世界經濟事實進行的抽象，經濟概念是通過對各種經濟事實進行高度概括和總結後得出來的。當然，為了便於會計信息使用者的理解，會計要素或會計項目應盡可能和經濟概念一致。例如，材料、現金、固定資產等會計項目便與經濟現象和事實基本吻合。

（二）會計要素依存於會計主體假設

會計主體假設是對會計的內容及會計工作的空間範圍進行的限定。會計主體不同，對同一會計事項所涉及的會計要素也就不同。例如，甲企業將產品銷售給乙企業，貨款尚未收回，乙企業將甲企業的產品作為勞動對象。甲企業在這一會計事項中涉及「產品銷售收入」收入要素和「應收帳款」資產要素。乙企業在這一會計事項中，則涉及「應付帳款」負債要素和「原材料」資產要素。會計主體的類別不同，會計要素也不盡相同。

（三）會計要素是會計記錄、報告和核算方法的基本依據

如前所述，會計項目是會計事項的財務印象，會計要素是對會計項目按同質原則進行的合併與歸類。會計要素的逆向再分類——會計項目是設置帳戶的依據，而帳戶是會計記錄的主要工具，會計要素是構建財務報表的材料。例如，資產負債表等靜態報表的構建材料主要是資產、負債和所有者權益等靜態要素；而損益表等動態報表的構建材料主要是收入、費用和利潤等動態要素。會計要素也是會計核算方法的決定因素之一。例如，特定會計要素的數量關係表現為：

$$期初餘額 \pm 本期變化額 = 期末餘額$$

這種數量關係正是帳戶基本結構的決定因素。例如，各要素間的數量關係還決定著會計報表的結構，資產負債表便是按「資產＝負債＋所有者權益」來設計的。

第二節　靜態要素

會計要素可分為靜態要素和動態要素。靜態要素（Static Factor）是對價值運動的某一時點呈現的會計項目進行的歸類，包括資產、負債和所有者權益，是會計要素的基本要素。

一、資產

資產（Assets）是由過去交易或事項形成的、由企業擁有或者控制的、預期會給企業帶來經濟利益的資源。資產包括各種財產、債權和其他權利。被確認為資產的對象是企業從事生產經營的物質基礎，是能為企業帶來未來利益的經濟資產，所以被稱為經濟資源。它們要麼是生產經營過程中不可缺少的要素，要麼用於對外投資，都可以為企業未來帶來一定的經濟利益。

（一）資產的特點

資產的特點主要表現在以下幾個方面：

1. 資產的實質是經濟資源

之所以把資產稱為經濟資源，原因之一是因為它是企業通過當前或過去的生產和交換而取得的對它的使用和支配的權利。例如，資產可以當成一種購買力來使用（如貨幣資金），可以是一種要求付款的權利（如應收帳款），可經出售而轉變為某種貨幣資金或某種債權（如原材料、應收帳款），可以為企業提供服務和效用（如機器設備）。資產作為一種經濟資源，必須有益於企業生產經營者，是企業生產經營的基本條件和基礎。

2. 資產是由過去的交易、事項所形成的

資產的成因是資產存在和計價的基礎。未來的、尚未發生的事項的可能后果不能確認為資產，也沒有可靠的計量依據。

3. 資產必須是企業擁有或能夠加以控制的經濟資源

一項經濟資源要成為某個企業的資產，必須是該企業擁有或能夠加以支配的，否則就不能成為企業的資產。值得注意的是，一項資產是否屬於某一企業，從會計角度和法律角度得出的結論可能不一定相同。法律上的所有權概念是會計進行資產計量的一項依據，卻不是唯一的依據。法律上的所有權是從形式上判斷一項資產是否歸屬於企業的一項依據，而在實際經濟業務中，一些資產從法律形式上儘管不屬於企業所有，卻作為企業的資產列入資產負債表中，如融資租賃的固定資產。

4. 資產預期能給企業帶來經濟利益

強調未來的經濟利益流入是資產定義的一大改進，也是對資產作為經濟資源這一本質屬性的突出強調。按照這個規定，企業的一些已經不能帶來未來經濟利益流入的項目，如陳舊毀損的實物資產、已經無望收回的債權一類，都不能再作為資產來核算和呈報。現在很多企業資產和利潤被虛誇，會計信息失真，潛虧嚴重，其中很重要的原因之一就是在會計核算上沒有強調構成資產的這一標準，從而導致許多已經不能帶來未來經濟利益的項目被列為資產，形成巨額的不良資產，積重難返。實際上，對一些資產項目採用帳面價值與可收回金額孰低的原則列報，對存貨、應收帳款、固定資產、在建工程、無形資產、短期投資、長期投資等資產項目提取減值準備（跌價準備），也是強調資產的這一屬性的具體體現。可以說，強調資產的這一屬性是中國企業會計制度改革的重大突破之一，對於擠干企業會計信息中的「水分」，促使企業會計信息真實、完整地反應客

觀實際情況，具有非常重要的意義。

5. 資產是可以用貨幣計量的

以貨幣作為主要計量尺度是會計核算的重要特徵。如果屬於某一企業控制的一項資源不能用貨幣計量，它就不能列為企業的資產。例如，人力資源是企業的一項重要資源，但人力資源還不能用貨幣計量（儘管當前有不少會計界人士正在探索人力資源的會計問題，但人力資源的價值確定是一個尚待解決的難題），所以人力資源還不能作為企業的資產項目列於資產負債表上。

（二）資產的分類

企業的資產種類繁多，各式各樣。為了進一步掌握資產要素，便於資產計量，有利於資產管理，有必要對資產按不同標準進行分類。對資產進行科學、合理分類是進行會計核算和編製財務報告的基礎。

1. 企業的資產按其是否具有實物形態，可分為有形資產和無形資產

有形資產（Tangible Assets）是指具有一定實物形態的資產，如房屋建築物、機器設備、材料和產成品一類資產。有形資產是企業的主要資產。無形資產（Intangible Assets）是指可以長期使用而沒有實物形態的資產，如專利權、商標權、著作權、土地使用權和非專利技術一類資產。它們都可以在企業若干經營週期內使用，並為企業帶來經濟利益，所以無形資產是企業的一種重要的資產。

2. 企業的資產按計價方式分類，可分為貨幣性資產和非貨幣性資產

貨幣性資產（Monetary Assets）是指企業擁有的貨幣形態的資產和以一定數量的貨幣為限的權利，如庫存現金、銀行存款、應收帳款、應收票據一類資產。非貨幣性資產（Nonmonetary Assets）是指以實物形態或非貨幣形式存在的資產，如廠房、機器設備、存貨、無形資產一類資產。

3. 企業的資產按流動性分類，可分為流動資產和非流動資產

流動資產（Current Assets）是指在一年或一個營業週期內變現或耗用的資產。這裡所說的一個營業週期是指從現金（包括銀行存款，下同）購買材料到銷售產品變為現金所需要的時間。企業擁有的流動資產包括貨幣資金、存貨、短期投資、應收及預付款等。非流動資產（Noncurrent Assets）是指不屬於流動資產的經濟資源，包括長期投資、固定資產、在建工程、無形資產、遞延資產和其他資產。

（三）資產的內容

中國的《企業會計準則——基本準則》將資產分成流動資產、長期投資、固定資產、無形資產、遞延資產和其他資產。

1. 流動資產

流動資產是指可以在一年或者超過一年的一個營業週期內變現或者耗用的資產。流動資產包括現金及各種存款、短期投資、應收及預付款項、存貨等。

（1）現金及各種存款。現金是指庫存的現款，各種存款是指儲存在銀行及其他金融機構的款項。現金及各種存款是企業資產中流動性最強的流動資產。現金和各種存款應當分幣種（如人民幣、美元、英鎊）進行反應。

（2）短期投資。短期投資是指能隨時變現，並且持有時間不準備超過一年的投資，包括股票、債券和基金等。

（3）應收及預付款項。應收及預付款項是指企業因生產經營活動而發生的與其他單位的往來款項所形成的債權，包括應收票據、應收帳款、其他應收款、預付貨款等。

（4）存貨。存貨是指企業在正常生產經營過程中持有以備出售的產成品或商品，或者為了出售仍然處在生產過程中的在產品，或者將在生產過程或提供勞務過程中耗用的原材料、物料等，包括為銷售、生產或耗用而儲存的商品、產成品、半成品、在產品以及各種材料、燃料、包裝物、低值易耗品等。企業應根據其經營管理的需要，對存貨的各個項目分別進行反應。

2. 長期投資

長期投資是指短期投資以外的投資，即不準備在一年內變現的投資，也就是說，持有時間擬超過一年的投資。長期投資與前述短期投資的區別，主要表現在該項投資持有時間的長短和投資的目的上。如果投資的目的是為了長期持有而不準備在近期內出售，應作為長期投資處理。相反，準備在一年內出售的投資，由於某種原因未能如期出售，持有時間雖超過了一年，仍然應作為短期投資。長期投資包括長期股權投資、長期債權投資和其他長期投資。

3. 固定資產

固定資產是指為生產商品、提供勞務、出租或經營管理而持有的，使用期限超過一年，單位價值較高的有形資產，具體包括房屋及建築物、機器設備、運輸設備和工具器具等。固定資產的主體是勞動資料，其特點是：可以多次參與生產經營活動，在被替換以前保持原來的物質形態不變；價值因物質損耗、陳舊過時等原因逐漸地、部分地轉移到其參與的生產經營活動中去，構成產品成本或價值的一部分。

4. 無形資產

無形資產是指企業為生產商品、提供勞務、出租給他人或為管理目的而持有的沒有實物形態的非貨幣性長期資產，包括專利權、非專利技術、商標權、著作權、土地使用權等。無形資產的特點是：不存在實物形體；表明企業所擁有的一種特殊的權利，有助於企業獲得超額收益。

5. 遞延資產

遞延資產或長期待攤費用是指不能全部計入當年損益，應當在以後年度內分期攤銷的各項費用，包括開辦費、租用固定資產的改良支出、股票債券發行費用等。遞延資產的特點是：已經發生支出的費用；發生費用所產生的效益主要體現於以後的會計期間；必須從以後期間的收入中得到補償。

6. 其他資產

其他資產是指除以上各項目以外的資產，如特種儲備物資、凍結物資和凍結存款一類的資產。特種儲備物資是指由於特殊的目的而儲存的各種財產物資，如商業企業的戰備糧、戰備鹽一類物資。凍結物資是指由於戰爭等原因企業不能靈活調度的各種財產物資，或者因訴訟被法院、檢察院等司法機構查封的各種財產物資。其他資產的主要特點就在於該資產不參加企業正常的生產經營活動，與企業正常的生產經營活動沒有直接的關係。

資產的內容如表 2-1 所示。

表 2-1　　　　　　　　　　　　　　資產的內容

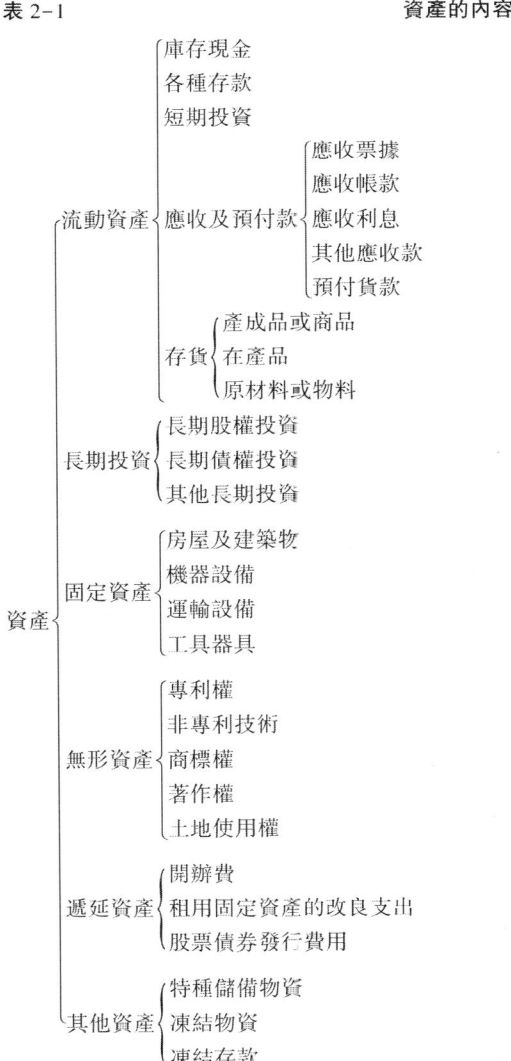

二、負債

負債（Liabilities）是指由過去的交易或事項形成的、預期會導致經濟利益流出企業的現時義務。負債是企業債權人對企業資產的要求權。企業所承擔的債務是由過去已發生的經濟業務引起的現時義務。這些義務的了結通常應通過企業付出資產（如庫存現金、銀行存款、產品一類的資產）或向債權人提供勞務等方式來進行，會導致經濟利益流出企業。負債有狹義和廣義之分。上面定義的負債為狹義的負債，僅指債權人的權益。會計上所稱的負債一般為狹義的負債。目前，狹義的負債概念也是世界各國通用的負債概念。廣義的負債是指企業資產負債表中的全部權益，包括企業債權人權益和投資者權益（所有者權益）。也就是說，廣義的負債包含了狹義的負債，狹義的負債和投資人權益一起構成了廣義的負債。

（一）負債的特點

負債的特點主要表現在以下幾個方面：

1. 負債是過去或目前的會計事項所構成的現時義務

企業已收到其他企業或個人提供的資產或勞務，而現在仍然存在的債務，應列為企業的負債。反之，如果必須根據將來的交易或將來的會計事項才能確定的債務，則不能列為企業的負債。

2. 負債是企業未來經濟利益的犧牲

負債一般都有明確的債權人和償付日期，必須在未來某個時間以資產或勞務償付。當然，有的負債有明確的債權人，而償付日期不明確。但是，明確的債權人和償付日期並不是確認負債的唯一條件。只要是負債，便需要進行償付，將來肯定要以資產或勞務償付。企業不能單方面無條件地將負債取消。

3. 負債必須能以貨幣計量，是可以確定或估計的

會計的基本特徵是以貨幣作為主要計量尺度，凡是不能用貨幣計量的經濟業務均不能構成會計核算的內容。因此，負債也必須符合會計的這一基本特徵。負債通常在約定時間內用現金償付，但也常常採用其他方式進行償付。例如，預收購貨單位貨款的負債是以交付商品的方式來清償的，無須償還現金。

（二）負債的分類

負債的種類很多，各種負債的特點各不相同。只有對負債進行科學的分類，才能掌握各類負債的性質，以便對負債進行正確的會計處理。

1. 按照負債金額是否明確，可將負債分為應付金額能肯定的負債和不能肯定的負債

應付金額能肯定的負債是指在確認負債時，就有明確的償付金額和償付期，如短期借款、長期借款、應付票據、應付帳款、應付債券一類的負債。應付金額不能肯定的負債是指這類負債在確認負債時，償付金額事先沒法肯定或者需要進行估計的負債。

2. 按照負債的流動性分類，可將負債分為流動負債和長期負債

流動負債是指在一年或者超過一年的一個營業週期內需清償的債務，如短期借款、

應付票據、應付帳款、預收貨款、應付職工薪酬、應交稅費、應付利潤、其他應付款一類的債務。長期負債是指償還期在一年或者超過一年的一個營業週期以上的債務，如長期借款、應付債券和長期應付款一類的債務。

（三）負債的內容

中國的企業會計準則按照負債的流動性將負債分為流動負債和長期負債。

1. 流動負債

流動負債是指在一年內（或超過一年的一個營業週期內）到期，需要償還的債務。流動負債主要包括短期借款、應付票據、應付帳款、預收帳款、應付利息、應付職工薪酬、應交稅費、應付利潤、其他應付款等。

（1）短期借款。短期借款反應企業從銀行等金融機構借入的臨時週轉的短期資金。

（2）應付票據。應付票據是指企業生產經營過程中發生的承諾在不超過一年，按票面規定的日期支付的商業票據。依據規定，應付票據是企業必須按照票據上的期間、數額、利息計算方法等支付的債務。

（3）應付帳款。應付帳款是企業生產經營過程中因購買商品或接受對方提供的勞務而發生的債務。應付帳款不包括購買商品或接受勞務以外而發生的其他應付款項。

（4）預收帳款。預收帳款是指在生產經營過程中收取的購買單位預付給本單位的購貨款。

（5）應付職工薪酬。應付職工薪酬包括應付給職工的工資與福利。

應付工資反應企業已經發生但尚未支付給職工的工資額，包括計入工資總額的各種工資、津貼、補貼和獎金等。

應付福利費是指企業提取的準備用於職工福利方面的資金。

（6）應交稅費。應交稅費反應企業應當上繳國家財政的流轉稅（如增值稅）、所得稅及各種附加費等。應交稅費應在每一會計期末，根據實際發生營業收入和實際實現的利潤數額計算確定。

（7）應付利潤。應付利潤是指企業確定利潤分配後，尚未支付給投資者的利潤。對於應付利潤來說，應分別對確定的應付利潤和實際支付的利潤進行反應。

（8）其他應付款。其他應付款反應企業與其他單位或單位內部以及企業與個人發生的商品銷售和提供勞務以外的各種應付款項。

2. 長期負債

長期負債是指償還期在一年以上（或超過一年的一個營業週期以上）的債務。也就是說，凡不需要在一年內（或超過一年的一個營業週期以內）清償的負債，就是長期負債。長期負債一般包括長期借款、應付債券、長期應付款等。

（1）長期借款。長期借款是指企業從銀行等金融機構和其他單位借入的資金。

（2）應付債券。應付債券是企業通過發行公司債券，從社會上籌集資金而發生的債務。

（3）長期應付款。長期應付款包括引進設備款、融資租入固定資產應付款等。

負債的內容如表 2-2 所示。

表 2-2　　　　　　　　　　　負債的內容

$$
負債\begin{cases} 流動負債 \begin{cases} 短期借款　應付票據　應付帳款　預收帳款 \\ 應付職工薪酬　應交稅費 \\ 應付利潤　應付利息　其他應付款 \end{cases} \\ 長期負債 \begin{cases} 長期借款　應付債券　長期應付款 \end{cases} \end{cases}
$$

三、所有者權益

所有者權益（Owner's Equity）是企業所有者（投資人）在企業資產中享有的經濟利益，又稱為淨資產。企業投資人，對國有企業來說是國家，對獨資或合夥企業來說是業主或合夥人，對股份公司或有限責任公司來說則是股東。企業淨資產是指企業總資產扣除企業承擔負債后的剩餘部分。在數量上，所有者權益等於企業全部資產減去負債后的餘額。所有者權益包括企業投資人對企業投入資本以及形成的資本公積金、盈餘公積金和未分配利潤等。

（一）所有者權益的特點

所有者權益與負債都是企業的資金來源，但是所有者權益有其自身的特點。這裡著重通過對所有者權益和負債的對比來說明所有者權益的特點。所有者權益和負債的區別主要表現在以下三個方面：

1. 性質不同

負債是債權人對企業全部資產的索償權，企業往往在取得資產的同時承擔了債務，所取得的資產便是債務資產。債務資產的取得是有償性的，債權人在取得債務資產后的一定時日要付出一定量的資產，履行償還本金的義務。

所有者權益是企業投資者，如國家、法人、個人、外商等對企業淨資產的求索權。出資人在對企業進行投資時，或以貨幣資金的方式投入，或以固定資產等方式投入，這時企業收到的資產稱為所有權者資產。所有權者資產的取得無須償還本金（即資本金），但是將來要用經營所獲付出一定量的收益性資產。

2. 權限不同

從權益持有者（債權人和所有者）與企業經營管理的關係來看，債權人無權過問企業的經營活動，而所有者則有權參與企業經營管理。借款性質的負債，如短期借款、長期借款、應付債券，除了要求到期償付借款額以外，還要求支付一定的利息；企業的所有者有對企業收益的要求權，但其收益的多寡不能事先確定，所分利潤的多少和所獲股利的大小要根據企業的經營狀況來確定。

3. 償付期不同

就負債來說，不管是流動負債還是長期負債，都有約定的償付期。但是，所有者權益是企業接受的一項永久性投資，在企業存續期間內投資人不得任意抽回投資，即所有

者權益的償付是沒有期限的。

(二) 所有者權益的分類和內容

所有者權益具體包括企業投資人對企業的投入資本以及形成的資本公積、盈餘公積和未分配利潤等。

1. 投入資本

企業要進行生產經營活動，首先必須取得資金，需要投資者對本企業投入資本。投入資本是企業所有者權益構成的主體，是企業註冊成立的基本條件之一，也是企業正常運行所必需的本錢。

2. 資本公積

資本公積是指企業由於投入資本本身所引起的各種增值，也就是說是由資本交易本身所帶來的盈餘，一般與企業的生產經營活動沒有直接的聯繫。資本公積是相對於企業正常生產經營活動所引起的盈餘而言的。資本公積包括股本溢價、法定財產重估增值等。

3. 盈餘公積

盈餘公積是指企業按照國家有關規定從利潤中提取的各種累積。企業盈餘公積包括法定盈餘公積和任意盈餘公積。法定盈餘公積是指企業按照國家的有關規定從實現的淨利潤中提取的公積而形成的累積。任意盈餘公積是指企業從實現的利潤中按照國家有關規定提取法定公積后，根據企業董事會的決定提取的各種累積。

4. 未分配利潤

企業未分配利潤是企業留於以后年度分配的利潤或待分配利潤。企業的未分配利潤是本年度的稅后利潤經過提取公積（包括法定公積和任意公積）、分配利潤（或股利）后剩餘的利潤。

所有者權益的分類和內容如表 2-3 所示。

表 2-3　　　　　　　　　　所有者權益的分類和內容

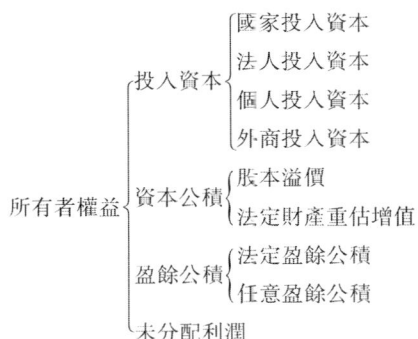

第三節　動態要素

動態要素（Dynamic Factor）是指對價值運動的顯著變動狀態所呈現的會計項目進行的歸類。也就是說，動態要素項目是反應資產、負債、所有者權益變動的原因或結果的項目。動態要素是對這些動態項目進行的歸類。動態要素包括收入、費用、利潤三個方面。

一、收入

收入（Revenue）是企業在日常活動中形成的、會導致所有者權益增加、與所有者投入資本無關的經濟利益的總流入。廣義的收入應包括營業收入、企業投資收益和與營業活動無直接關係的收入（營業外收入）等。中國的收入要素包括的營業收入是一種狹義的收入。

收入對一個企業來說具有非常重要的意義。收入是企業持續經營的基本條件。企業要持續經營下去，必須在銷售商品或者提供勞務等經營業務中取得收入，以便能購買原材料、更新設備、支付工資和費用，從而保證生產經營活動不間斷地進行。企業的收入也是企業獲得利潤、實現盈利的前提條件。企業只有取得收入，並補償在生產活動中已消耗的各種支出，才能形成利潤，進而滿足企業自身發展的需要。

（一）收入的特點

收入的特點主要表現在以下兩個方面：

1. 收入反應企業在一定時期所取得的成就

營業收入是企業資產總額的增加或負債數額的減少。企業資產總額之所以增加，負債數額之所以減少，是因為企業從事了生產經營活動。營業收入反應企業在一定時期所獲得的成就。成就減去代價（費用反應企業在一定時期所付出的代價）所得出的淨成就，就是企業的收益或利潤。

2. 營業收入是在整個生產經營過程中取得的收入

營業收入不僅僅是在產品銷售過程中取得的收入，而是在整個生產經營過程中獲得的收入。企業整個生產經營過程的內容有：從不同的渠道獲取貨幣資金→購買各項生產經營要素→使用各項生產經營要素生產產品和提供勞務→銷售產品（或商品）並取得銷售收入→分配貨幣資金。企業的營業收入是在以上整個生產經營過程中取得的，並不僅僅是在生產銷售過程中取得的。離開了銷售過程以前的生產經營過程，企業不可能獲得營業收入。

（二）收入的分類和內容

各個企業都可能提供許多不同的產品（商品）或勞務，其中有的業務明顯地不屬於

企業的主要經營範圍，所以營業收入有基本業務收入和其他業務收入之分。

基本業務收入也叫主營業務收入，是指企業主要生產經營活動所取得的收入。在工業企業中，產品銷售收入屬於基本業務收入，是指銷售產成品、自製半成品、提供工業性勞務等取得的收入。

其他業務收入也叫附營業務收入，是指企業主要經營活動以外的業務所帶來的收入。在工業企業裡，銷售材料、出租包裝物或固定資產、銷售外購商品、轉讓無形資產使用權和提供非工業性勞務等取得的收入都屬於其他業務收入。

值得注意的是，基本業務和其他業務的劃分是相對而言的。某一業務收入在一個企業是基本業務收入，在另一個企業可能是其他業務收入。就一個企業來說，判斷某項業務是基本業務還是其他業務，其標準是看該項業務收入佔全部營業收入的比重和該項業務的經常性程度。

還要注意的是，預收款項不是營業收入。有時企業在出售商品或提供勞務之前就收到了款項。企業在出售商品或提供勞務之前，這筆預收帳款是本企業的負債。只有當企業交付商品或提供勞務之後，這筆債務才算清償，負債才轉換成營業收入。

二、費用

費用（Expense）是指企業日常活動中發生的、會導致所有者權益減少、與向所有者分配利潤無關的經濟利益的流出。企業要進行生產經營活動必然要發生一定的費用，如工業企業在生產過程中要耗費原材料、燃料和動力，要發生機器設備的折舊費用和修理費用，要支付職工的工資和其他各項生產費用。費用是企業經濟利益的流出，是企業收入的扣減項目。費用計算的正確與否，直接影響企業的經營成果，關係國家稅收等財政收入。

（一）費用的分類

如前所述，企業的費用多種多樣，為了進一步瞭解費用，有必要對費用進行分類。

1. 按費用的用途分類

費用按其用途可以分為以下三類：

（1）為生產商品（產品）或提供勞務而發生的由產品成本負擔的生產費用。

（2）行政管理部門為組織和管理生產而發生的管理費用和財務費用。管理費用是企業生產經營管理所發生的各項費用；財務費用是企業理財活動所發生的有關費用。

（3）為銷售產品或提供勞務而發生的銷售費用。

2. 按費用的補償形式與方法分類

費用按其補償形式與方法分類可以分為以下兩類：

（1）在成本中補償的費用。企業發生的生產費用計入產品生產成本，在成本中補償。

（2）在當期實現的銷售收入中補償的費用。管理費用、財務費用、銷售費用的效益

只限於本期，因此均作為期間費用全部計入本期損益，在當期實現的銷售收入中補償。

(二) 費用的內容

企業在一定會計期間發生的所有費用分為製造成本和期間費用。製造成本包括直接費用和間接費用。直接費用直接計入產品的製造成本，間接費用運用一定的方法和程序分配計入產品的製造成本。

直接費用是企業直接為生產產品或提供勞務等發生的直接人工、直接材料和其他直接費用。間接費用是指企業為生產商品或提供勞務而發生的應當由產品製造成本或勞務負擔的，但又不能直接計入各產品製造成本或勞務的有關費用。

期間費用是指與產品生產沒有直接關係，屬於某一時期耗用的、必須從當期營業收入中得到補償的費用。期間費用包括管理費用、財務費用和銷售費用等。

費用的內容如表 2-4 所示。

表 2-4　　　　　　　　　　　　　費用的內容

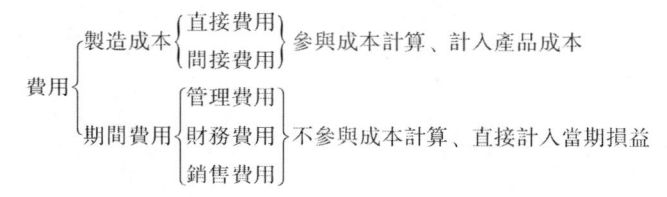

$$\text{費用}\begin{cases}\text{製造成本}\begin{cases}\text{直接費用}\\ \text{間接費用}\end{cases}\text{參與成本計算、計入產品成本}\\ \text{期間費用}\begin{cases}\text{管理費用}\\ \text{財務費用}\\ \text{銷售費用}\end{cases}\text{不參與成本計算、直接計入當期損益}\end{cases}$$

三、利潤

利潤（Profit or Income）是企業在一定期間的經營成果。利潤是收入與費用配比相抵后的差額。如果收入小於費用則表現為虧損。不同的企業有著不同的利潤構成。根據中國企業會計準則的規定，利潤要素包括收入減去費用後的淨額、直接計入當期利潤的利得和損失，也就是營業利潤、投資淨收益和營業外收支淨額。

(一) 營業利潤

營業利潤是企業經營成果的主要部分。營業利潤是企業營業收入減去營業成本、期間費用（管理費用、財務費用、銷售費用等）和各種流轉稅及附加費后的餘額。

(二) 投資淨收益

投資淨收益是指對外投資收益與投資損失的差額。投資收益主要包括對外投資分得的利潤、股利和債券利息，投資到期收回或者中途轉讓取得的款項高於帳面價值的差額等。投資損失主要是指投資到期收回或者中途轉讓取得款項低於帳面價值的差額等。

(三) 營業外收支淨額

營業外收支淨額是指營業外收入與營業外支出的差額。營業外收入是指與企業生產經營沒有直接關係的各項收入，包括罰款收入、因債權人原因確實無法支付的應付款項等。營業外支出是指與企業生產經營沒有直接關係的各項支出，包括賠償金、違約金、公益救濟性捐贈、固定資產、無形資產盤虧、報廢、毀損和出售的淨損失等。

第四節　會計要素之間的關係

通過前面的論述我們可以知道，會計要素可分為資產、負債、所有者權益、收入、費用和利潤。每個會計要素都有其自身的特點，各自包含不同的內容。但是，各個會計要素之間也存在一些內在的、必然的聯繫。下面分別論述會計要素之間的關係。

一、靜態要素之間的關係

(一) 資產和權益的靜態平衡關係

資產是由過去交易或事項形成、被企業擁有或者控制的資源，權益是投資者和債權人對資產的所有權。儘管兩者的構成和性質均不相同，但是從某個時點看，兩者經貨幣計量以後，即呈現出相等的關係。也就是：

$$資產 = 權益 \qquad ①$$

在某一個時點企業的資產等於權益是由資產和權益的關係決定的。資產和權益是相互聯繫、相互依存的，彼此都以對方的存在作為自身存在的前提，兩者之間如影隨形，不可分離。有一定數額的資產，必然有一定的主體（包括債權人和投資者）對其具有一種可以主張的權利，即具有要求權。因此，有一定數額的資產，也就必然有一定數額的權益，不存在沒有權益的資產；反之，一定數額的權益總是表現為一定數額的資產，也不存在沒有資產的權益。任何企業在任何特定的時刻（實際工作中往往指某日或某時），所有的資產總額總是等於所有的權益總額。

由於權益包括債權人權益（即負債）和所有者權益，所以①式又可表示為：

$$資產 = 負債 + 所有者權益 \qquad ②$$

以上公式表明了三個靜態要素之間的關係，它既是價值運動的起點，又是企業價值運動在一定時期的終點。因此，它是設置帳戶的依據，也是記錄每一項引起會計要素變動的經濟業務的出發點，更是復式記帳法的基礎。會計方程式主要是指這一公式。

例如，秀峰機械廠201A年3月31日的資產與權益的狀況如表2-5所示。

表2-5　　　　　　　　　**秀峰機械廠資產與權益狀況**

201A年3月31日　　　　　　　　　　　　單位：元

資產項目	金額	權益項目	金額
庫存現金	5,000	負債：	
銀行存款	48,000	銀行借款	15,000
應收帳款	7,000	應付帳款	5,000
原材料	60,000	所有者權益：	
在產品	30,000	實收資本——甲	300,000
庫存商品（產成品）	50,000	未分配利潤	180,000
固定資產	300,000		
資產合計	500,000	權益合計	500,000

表 2-5 說明，秀峰機械廠 201A 年 3 月 31 日擁有的資產總額為 500,000 元，這些資產表現為各種不同的形態。對應 500,000 元資產，債權人的權益為 20,000 元，所有者的權益為 480,000 元。權益總額為 500,000 元，與資產總額 500,000 元保持著平衡關係。

(二) 資產和權益的動態平衡關係

資產總額和權益總額在某一時刻是相等的。但是，企業在生產經營過程中，有時只有資產內部發生變化，有時只有權益內部發生變化，有時資產和權益同時發生變化。發生變化以後，企業的資產總額和權益總額是否仍然相等呢？這需要進一步說明。一個企業在生產經營過程中發生的會計事項是非常多的，內容各不相同，但是從它們對資產、負債和所有者權益所引起的變化來看，不外乎以下九種類型：

1. 一項資產增加，另一項資產減少

【例 2-1】4 月 2 日，秀峰機械廠（以下業務均為該廠 4 月份發生的業務）開出支票從銀行提取現金 3,000 元。

這一會計事項的發生使企業的一項資產——庫存現金增加 3,000 元，同時又使得企業的另一項資產——銀行存款減少 3,000 元。該企業 4 月 1 日各項資產和負債、所有者權益狀況與 3 月 31 日相同。因此，發生該項經濟業務以後，企業的資產總額仍為 500,000 元，負債和所有者權益的合計數仍為 500,000 元，平衡關係仍然成立。

發生的此類業務使得某些資產增加，而另一些資產減少，資產的增加額等於資產的減少額。因此，此類業務發生，不會影響資產總額等於權益總額的平衡關係，即不會影響「資產＝負債+所有者權益」的平衡關係。

2. 一項負債增加，另一項負債減少

【例 2-2】4 月 3 日，秀峰機械廠向銀行借款 3,500 元直接歸還前欠大華工廠的貨款。

這一會計事項的發生使得企業的一項負債——銀行借款增加 3,500 元，同時又使得企業的另一項負債——應付帳款減少 3,500 元。發生此項業務以後，企業的資產總額為 500,000 元，負債和所有者權益合計數仍為 500,000 元，沒有影響其平衡關係。

此類業務的發生使得企業的某些負債增加，而另一些負債減少，負債的增加數和負債的減少數相等，故發生此類業務后和發生此類業務前相比較，負債總額相同。此類業務的發生並未涉及資產和所有者權益項目的變化。因此，此類業務的發生不會影響「資產＝負債+所有者權益」的平衡關係。

3. 一項所有者權益增加，另一項所有者權益減少

【例 2-3】4 月 6 日，秀峰機械廠的甲投資者將一部分投資 180,000 元轉讓給該企業的乙投資者。

甲投資者將其投資轉讓給乙投資者，使得甲投資者的權益減少 180,000 元，同時乙投資者的權益增加 180,000 元。發生此類業務以後，企業的資產總額為 500,000 元，負債和所有者權益的合計數為 500,000 元，平衡關係沒有受到影響。

此類業務的發生使得企業一部分所有者的權益增加，而另一部分所有者的權益減少，增減金額相等。故此類業務發生后與此類業務發生前相比較，所有者權益總額相同，此類業務的發生並沒有影響資產和負債。因此，此類業務的發生不會影響「資產＝負債＋所有者權益」的平衡關係。

4. 負債增加，所有者權益減少

【例2-4】4月17日，經過研究，秀峰機械廠決定給投資者分配利潤80,000元，暫時尚未分發。

對於秀峰機械廠來說，決定分配給投資者的利潤尚未分發，增加了企業的負債——應付利潤80,000元，同時減少了所有者權益——未分配利潤80,000元。發生此類業務以后，企業的資產總額為500,000元，負債和所有者權益的合計數為500,000元，平衡關係並沒有被破壞。

此類業務的發生使得企業的負債增加，而所有者權益減少，增減金額相等，故發生此類業務以后和發生此類業務以前相比較，負債和所有者權益的合計數相同，此類業務並沒有對企業的資產產生影響。因此，此類業務的發生不會影響「資產＝負債＋所有者權益」的平衡關係。

5. 負債減少，所有者權益增加

【例2-5】4月18日，秀峰機械廠將所欠丙顧客的債務14,000元轉為股本。

丙顧客將其債權轉為股權，會使企業所有者權益增加。與此同時，所欠丙顧客的債務已了結，表示企業的負債減少。發生此類業務以后，企業的資產總額為500,000元，負債和所有者權益的合計數仍為500,000元，平衡關係仍然成立。

此類業務的發生使得企業的負債減少，所有者權益增加，增減金額相等。因此，此類業務發生后與此類業務發生前相比，負債和所有者權益的合計數相同，此類業務並未涉及企業的資產。因此，此類業務的發生也不會影響「資產＝負債＋所有者權益」的平衡關係。

6. 資產增加，負債增加

【例2-6】4月19日，秀峰機械廠向立珊公司購入20,000元材料，款項未付（所有購入材料和銷售產品的業務均未涉及增值稅）。

購入材料使得企業的資產——材料增加20,000元，同時企業的負債——欠立珊公司的貨款也增加了20,000元。這一變化的結果，使得企業的資產總額由4月18日的500,000元變為520,000元，同時也使得企業的負債和所有者權益的合計數由500,000元變成520,000元。由此可見，平衡關係仍未打破。

此類業務的發生使得企業的資產和負債都有所增加，但增加金額相等，而此類業務又沒有涉及所有者權益，因此發生此類業務以后，「資產＝負債＋所有者權益」的平衡關係仍得以維持。

7. 資產增加，所有者權益增加

【例2-7】4月23日，甲投資者向秀峰機械廠投資一臺固定資產，價值為130,000元。

甲投資者投入固定資產，無疑會使企業的資產——固定資產增加130,000元，同時甲對企業的投資增加，會使得甲這個所有者的權益增加。投入固定資產后，企業的資產總額由4月19日的520,000元變成650,000元，負債和所有者權益的合計數也由4月19日的520,000元變成650,000元。平衡關係依然存在。

此類業務的發生使得企業的資產和所有者權益都有所增加，增加的金額相等，而此類業務又沒有涉及負債，因此此類業務的發生不會影響「資產＝負債＋所有者權益」的平衡關係。

8. 資產減少，負債減少

【例2-8】4月26日，秀峰機械廠以銀行存款歸還銀行借款2,000元。

銀行借款得以清償，顯然減少企業的銀行借款2,000元。銀行借款是以企業在銀行的存款來歸還的，同時又會使得企業的銀行存款減少2,000元。銀行借款被歸還以後，企業的資產總額由4月23日的650,000元變成648,000元，負債和所有者權益的合計數也由650,000元變成648,000元。平衡關係仍然存在。

此類業務的發生使企業的資產和負債都有所減少，減少的金額相等，而此類業務並沒有涉及所有者權益。因此，此類業務的發生不會破壞「資產＝負債＋所有者權益」的平衡關係。

9. 資產減少，所有者權益減少

【例2-9】4月28日，經協商，甲投資者撤走秀峰機械廠的新設備一臺，價值18,000元，作為減少對企業的投資。

將設備撤走，會減少企業的資產——固定資產18,000元。撤走設備的同時，甲投資者對企業的投資也減少了18,000元，也就是減少了甲這個所有者的權益。此筆業務發生後，企業的資產總額由4月26日的648,000元變為630,000元，負債和所有者權益也由648,000元變為630,000元。平衡關係沒有受到影響。

上述九類業務又可歸為兩大類：第一類是不影響總額變動的業務，如前述的1、2、3、4、5五類業務。這些業務的發生，不會影響資產總額和權益總額，即這些業務發生後和發生前相比較，資產總額和權益總額均相同。企業發生這五筆業務以前資產總額和權益總額為500,000萬元，到4月18日發生了總共五筆業務以後，企業的資產總額和權益總額依然為500,000元，便可以充分說明這一點。第二類是影響總額變動，但不影響平衡關係的業務，如前述的6、7、8、9四類業務。這些業務的發生會使資產總額和權益總額發生變化，但是發生變化以後，資產總額仍然等於權益總額。企業發生這些業務以前的資產總額和權益總額（即18日的餘額）均為500,000元，發生了四筆業務以後，資產總額和負債總額都變成了630,000元（即4月28日的餘額）。

每筆業務發生以後，資產、負債和所有者權益項目的餘額以及所有業務發生後各個

具體項目的增減變動及結餘情況如表 2-6 和表 2-7 所示。

表 2-6 　　　　　　　　　　秀峰機械廠資產和權益狀況

201A 年 4 月 28 日　　　　　　　　　　　　　　單位：元

年		業務號	資產餘額	權益餘額		
月	日			負債	所有者權益	合計
4	1		500,000	20,000	480,000	500,000
	2	1	500,000	20,000	480,000	500,000
	3	2	500,000	20,000	480,000	500,000
	6	3	500,000	20,000	480,000	500,000
	17	4	500,000	100,000	400,000	500,000
	18	5	500,000	86,000	414,000	500,000
	19	6	520,000	106,000	414,000	520,000
	23	7	650,000	106,000	544,000	650,000
	26	8	648,000	104,000	544,000	648,000
	28	9	630,000	104,000	526,000	630,000

表 2-7　　　　　　　　秀峰機械廠各項目增減變動及結餘狀況　　　　　　　單位：元

資產項目	期初金額	變動情況		變化結果	權益項目	期初金額	變動情況		變化結果
		增	減				增	減	
庫存現金	5,000	3,000		8,000	負債				
銀行存款	48,000		5,000	43,000	短期借款	15,000	3,500	16,000	2,500
應收帳款	7,000			7,000	應付帳款	5,000	20,000	3,500	21,500
原材料	60,000	20,000		80,000	應付利潤		80,000		80,000
在產品	30,000			30,000	所有者權益				
庫存商品(產成品)	50,000			50,000	股本（甲）	300,000	144,000	198,000	246,000
固定資產	300,000	130,000	18,000	412,000	股本（乙）		180,000		180,000
					未分配利潤	180,000		80,000	100,000
資產合計	500,000	153,000	23,000	630,000	權益合計	500,000	427,500	297,500	630,000

　　引起資產、負債和所有者權益三個靜態要素發生變化的會計事項有前述九類，並且只可能是這九類（複雜的經濟業務可分解成這九類當中的兩類或兩類以上）。在這九種情況下，以下平衡關係始終存在：

$$資產 = 負債 + 所有者權益 \qquad ②$$

　　因此，靜態要素之間的關係便如公式②所示。

　　根據公式②的基本方程式，我們還可以推導出如下兩個方程式：

（負債方程式） 負債＝資產－所有者權益 ③
（所有者權益方程式） 所有者權益＝資產－負債 ④

二、動態要素之間的關係

在每一個會計期間（如一個會計年度），企業的資產、負債和所有者權益是會發生變動的。以工業企業為例，影響這些變動的原因主要有：企業由於開展生產經營活動而使用資產所發生的投入；在生產和銷售產品時所發生的產出。由於企業在主要生產經營活動中的投入可轉為費用（成本），而其產出則稱為收入。把收入和費用進行配比，其差額反應了企業在一定期間內的生產經營成果，即純收入，也稱為利潤，收入不足抵補費用的部分就變成虧損。這樣在收入、費用和利潤三個會計基本要素之間又形成另一個具有特定數量關係的公式：

收入－費用＝利潤（或虧損） ⑤

上述公式側重反應了價值運動的動態表現。

三、靜態要素與動態要素之間的關係

通過前面分析我們已經知道，會計的動態要素是會計要素在顯著變動時所呈現的狀態，而靜態要素又是引起這種顯著變動的原因或變化的結果，它們之間是相互聯繫的。例如，收入的發生，必然伴隨著資產的增加或負債的減少，資產增加或負債減少是發生收入的原因；費用的發生必然伴隨著資產的減少或負債的增加，減少資產或增加負債是發生費用的結果。而某一時期實現的利潤不僅是本期收入減去費用的一個差額，而且表現為期末淨資產（淨資產為資產減負債后的餘額）大於期初淨資產的一個順差；虧損則相反。本期實現的利潤或虧損在分配之前，又是所有者權益的組成部分。因此，我們將會計靜態要素和動態要素之間的這種關係用公式表示如下：

資產＝負債＋所有者權益 ②
↑
收入－費用＝利潤 ⑤

也就是：

資產＝負債＋［所有者權益＋（收入－費用）］ ⑥

還可以變換成：

資產－負債＝所有者權益＋利潤 ⑦
資產＋費用＝負債＋所有者權益＋收入 ⑧

公式⑥⑦⑧是公式②和公式⑤的綜合反應。其間的會計基本要素展示了會計內容的各個組成部分在企業生產經營活動中的變動情況及其變動結果。由此可見，這三個關係

既勾畫出了價值運動的動態，又反應了價值運動的靜態。

復習思考題

1. 什麼是會計要素？會計要素可以按照哪些標準分類？
2. 什麼是資產？其特點如何？
3. 資產的內容包括哪些？
4. 為什麼說無形資產應屬於資產要素？
5. 什麼是所有者權益？所有者權益與負債有何聯繫與區別？
6. 何為收入？收入的內容有哪些？
7. 何為費用？費用的內容是怎樣的？
8. 為什麼說「資產＝負債＋所有者權益」永遠恆等？
9. 試述資產與權益的動態平衡關係。
10. 試述靜態要素與動態要素之間的關係。

練習一

一、目的：練習會計要素的分類。
二、資料：

序號	經濟內容	資產	負債	權益	收入	費用	利潤
1	庫存現金						
2	成品庫中的完工產品						
3	欠銀行的長期借款						
4	在銀行的存款						
5	企業的機器設備						
6	未繳納的增值稅						
7	應收回的貨款						
8	預先收到的訂貨款						
9	材料庫中的原材料						
10	銷售產品的收入						
11	銷售產品發生的廣告費						
12	銷售材料的收入						
13	收到的投入資本						
14	對外進行的投資						

上表(續)

序號	經濟內容	資產	負債	權益	收入	費用	利潤
15	支付的訂貨訂金						
16	發生的辦公費用						
17	年末未分配的利潤						
18	製造產品發生的費用						
19	本年累計實現的淨利潤						
20	企業的房屋和建築物						
21	企業的專利技術						
22	車間內未完工的產品						
23	應付職工的工資						
24	法定財產重估增值						
25	投資獲得的收益						
26	發生的利息費用						
27	企業以前購入的國庫券						
28	材料庫中的低值易耗品						
29	尚未繳納的所得稅						

三、要求：判斷上述經濟內容分別屬於哪個會計要素，請在對應的欄目內畫「∨」。

練習二

一、目的：練習對經濟業務的分類。

二、資料：大宇企業201A年12月份發生下列經濟業務：

1. 12月3日，企業通過銀行收到長江廠投資50,000元。
2. 12月6日，從銀行提取現金5,000元備用。
3. 12月8日，通過銀行收回惠通公司前欠的貨款28,000元。
4. 12月11日，企業通過銀行歸還前欠大華公司的貨款20,000元。
5. 12月14日，與銀行協商后，將前欠200,000元長期貸款轉為銀行對本企業的投資。
6. 12月19日，經本企業同意，東風公司抽走原投入的固定資產100,000元。
7. 12月22日，企業改造設備，從銀行獲得長期借款100,000元。
8. 12月25日，生產車間為生產甲產品領用原材料10,000元。
9. 12月27日，月末結轉完工A產品的生產成本30,000元，數量為3,000件。

三、要求：根據資料，分析各項經濟業務的類型，填入下表。

經 濟 業 務 類 型	業務序號
1. 一項資產增加，另一項資產減少	
2. 一項負債增加，另一項負債減少	
3. 一項所有者權益增加，另一項所有者權益減少	
4. 一項負債增加，一項所有者權益減少	
5. 一項負債減少，一項所有者權益增加	
6. 一項資產增加，一項負債增加	
7. 一項資產減少，一項負債減少	
8. 一項資產增加，一項所有者權益增加	
9. 一項資產減少，一項所有者權益減少	

第三章　帳戶和復式記帳

會計目標是根據會計主體所發生的各項經濟業務，採用一套科學的會計方法，為企業內部和外部單位或個人提供財務報表形式的會計信息。設置帳戶和復式記帳是完成會計目標的重要方法。本章將詳細介紹設置帳戶的意義、帳戶結構、會計科目與帳戶的聯繫以及復式記帳法的借貸記帳原理。

第一節　設置帳戶

一、設置帳戶的意義

一個企業的經營資金，從其資金的運用方面看，是各項資產；從其資金的來源方面看，是各項負債和所有者權益。企業的資產、負債和所有者權益是企業經營資金的兩個不同方面。企業在生產經營過程中，由於人力、物力和財力的消耗，不斷地發生費用支出；由於產品生產，不斷形成產品成本；由於產品的銷售，收入的實現，不斷取得業務收入和其他收入；由於稅金的解繳和利潤的分配，不斷使企業經營資金退出企業。所有這些經濟業務的發生都會引起企業資產、負債和所有者權益發生增減變化，並且都要反應到企業財務報表內有關項目的記錄中去。是否對每一經濟業務所引起資產、負債和所有者權益的變化，都要在企業財務報表中做出相應的反應呢？當然不可能也沒有必要採用發生一筆經濟業務就編製一次財務報表的辦法。因為一筆經濟業務只能引起財務報表內少數項目發生變化，為此而一次又一次地編製財務報表是得不償失的。況且，這樣一次一次地編表並沒有記錄企業經濟業務，也沒有加以分類歸納，更不能反應出由於企業經營過程的進行而引起企業資產、負債和所有者權益的變化情況及其結果。要系統地、分門別類地、連續地記載企業的生產經營情況及其資產、負債和所有者權益的增減變化結果，便於提供完整的財務報表信息，就必須設置帳戶。

設置帳戶是根據經濟管理的要求，按照會計要素，對企業不斷發生的經濟業務進行日常歸類，從而反應、監督會計要素各個具體類別並提供各類動態、靜態指標的一種專門方法。設置帳戶是會計的一種專門方法。帳戶是用來記錄各個會計科目所反應的經濟業務內容的一個空間或場所。每一個帳戶既要有明確的內容（這個內容是由會計科目決定的），又要有一定的結構和便於記載的格式。如果將性質相同或者相近的經濟內容歸納為一個項目，每一個項目設置一個帳戶來記載，這樣每一個帳戶就代表某一類的經濟

內容。每一個帳戶都是根據企業經濟管理的要求，按照會計要素分類的項目所設置的。會計要素的分類項目，在會計上稱為會計科目。會計科目是帳戶的名稱，是不同經濟內容即會計要素的分類標誌。例如，企業日常經營活動中少不了庫存現金，為了反應和監督庫存現金的收支及其結存情況，企業可以設置一個「庫存現金」帳戶把有關現金收入和現金支出逐筆地記載在該帳戶內。這樣，既可以在這個帳戶中看到庫存現金的每筆收支和全部收支，又可以隨時結算餘額，知道企業出納手中還結餘多少現金。

企業日常發生的大量經濟業務全部都要按照會計要素的分類標誌——會計科目分門別類地記載在各個帳戶之中，並在帳戶之間進行清理結算。企業的財務狀況和生產經營結果需要通過各個帳戶來反應，企業的債權、債務及所有者權益需要通過有關帳戶來監督以保證其財產完整無缺。因此，設置帳戶是做好會計工作、完成會計任務的重要環節。

一個企業應該怎樣設置帳戶、設置多少帳戶，是由企業會計科目決定的。會計科目的設置又取決於會計要素分類的大小。會計要素分類的大小最終取決於企業管理要求、管理水平、規模大小、業務繁簡程度，既不要過分複雜繁瑣，增加不必要的工作量，又不要過分簡單粗糙，使各項會計要素混淆不清，不能滿足會計信息使用者的需要。

綜上所述，設置帳戶具有以下兩個重要作用：

（一）按照經濟管理的要求分類地記載和反應經濟業務

如果企業沒有設置帳戶，會計人員不能將企業發生的經濟業務按照科學的方法進行整理分類、記錄反應和歸納綜合，其結果只能提供雜亂無章、無頭無緒的無用信息。通過設置和運用帳戶，對企業發生的經濟業務進行整理分類，科學歸納，再分門別類地記錄，可以提供各類會計要素的動態和靜態指標。

（二）為編製財務報表提供重要依據

企業財務報表是定期對企業日常核算資料進行匯總，綜合、全面、系統地反應企業財務狀況和經營業績的重要信息文件。財務報表的信息是否準確，在很大程度上取決於帳戶的記錄結果是否正確，因為財務報表是根據帳戶的期末餘額和發生額編製的。帳戶的記錄發生了錯誤將直接影響財務報表信息的正確性。因此，合理地設置帳戶，正確地將經濟業務記入帳戶，是會計核算工作最基本的、最重要的環節。

二、帳戶的基本結構

帳戶的結構（Account Structure）是指帳戶由哪些內容構成。由於設置帳戶的目的是按照會計要素的具體類別記錄經濟業務並提供其動態和靜態指標，而會計要素的具體類別的內容的變動又總是以「增加」「減少」的形式表現出來的，因此在設計帳戶結構時，一般應有三個基本部分，即帳戶名稱、帳戶方向、帳戶餘額。其格式如表 3-1 所示。

表 3-1

左方	帳戶名稱	右方
期初餘額		期初餘額
本期增加		本期減少
本期減少		本期增加
期末餘額		期末餘額

（一）帳戶名稱

帳戶名稱（Account Title）就是會計科目。給帳戶冠上名稱后，就為帳戶所登記的經濟內容進行了規定，即只能登記規定範圍以內的經濟內容，不能登記規定範圍以外的任何經濟內容。只有這樣，才能分門別類地、清晰地記錄和歸類反應企業發生的經濟業務，提供有用的會計信息。這就像每個人為什麼要有一個姓名一樣，如果所有的人都沒有姓名，那是無法區分、無法管理的。

（二）帳戶方向

帳戶方向（Account Direction）是指在帳戶的什麼地方記錄經濟業務增加和減少，也就是說在帳戶中怎樣反應經濟業務的增加和減少。

在借貸記帳法中，帳戶有借方（Debit or Dr）和貸方（Credit or Cr）。早在1211年，佛羅倫薩銀行就設有兩套會計帳簿，現珍藏於佛羅倫薩梅迪切奧·勞倫齊阿圖書館。這兩套會計帳簿記帳形式均為上下敘述式，每張帳頁分為上下兩部分，帳頁的上部為借方，帳頁的下部為貸方。隨著會計的發展，現代會計的帳戶一般分為左方和右方。左方為借方，右方為貸方。究竟哪一方記錄經濟內容的減少，哪一方記錄經濟內容的增加，取決於帳戶的經濟性質。帳戶按其經濟性質一般分為資產類、負債類、所有者權益類、費用類、收入類五大類帳戶。資產類帳戶和費用類帳戶的借方登記增加，貸方登記減少；負債類帳戶、所有者權益類帳戶和收入類帳戶的借方登記減少，貸方登記增加。具體形式如表 3-2 所示。

表 3-2

借	資產	貸
期初餘額 ×××		
本期增加 ×××	本期減少	×××
期末餘額 ×××		

借	負債	貸
	期初餘額	×××
本期減少 ×××	本期增加	×××
	期末餘額	×××

借	所有者權益	貸
	期初餘額	×××
本期減少 ×××	本期增加	×××
	期末餘額	×××

借	費用	貸
增加		減少

借	收入	貸
減少		增加

我們可以用一個 T 形帳戶加以說明。具體內容如表 3-3 所示。

表 3-3

借	帳戶名稱	貸
資產增加		資產減少
費用增加		費用減少
負債減少		負債增加
所有者權益減少		所有者權益增加
收入減少		收入增加

(三) 帳戶餘額

帳戶餘額（Account Balance）指帳戶借方總金額與貸方總金額之間的差額。如果帳戶期初借方餘額加本期發生額大於本期貸方發生額，就稱為借方餘額。如果帳戶期初貸方餘額加本期貸方發生額大於本期借方發生額，就稱為貸方餘額。一般情況下，資產類帳戶和費用類帳戶的期末餘額在借方。相反，所有者權益類帳戶、負債類帳戶的期末餘額在貸方。

$$資產帳戶期末借方餘額 = 資產帳戶期初借方餘額 + 資產帳戶本期借方發生額合計 - 資產帳戶本期貸方發生額合計$$

$$負債帳戶期末貸方餘額 = 負債帳戶期初貸方餘額 + 負債帳戶本期貸方發生額合計 - 負債帳戶本期借方發生額合計$$

費用帳戶的餘額與資產帳戶的餘額計算相同，所有者權益帳戶的餘額與負債帳戶的餘額計算相同。

為了教學上和科研上的方便，我們這裡介紹的帳戶結構是採用 T 字形的帳戶結構。在實際工作中，為了滿足企業經濟管理和會計核算的需要，帳戶的結構與這並不完全一致，甚至有些帳戶的結構相當複雜，見表 3-4。但是，帳戶中作為專門記錄經濟業務「增加」「減少」和「餘額」這三個內容總是不可缺少的。因此，帳戶的「借方」「貸方」和「餘額」，也就成為帳戶名稱之外的最基本的組成部分——基本結構。

表 3-4　　　　　　　　　　　　　帳戶名稱

年		憑證號數	摘要	借方金額	貸方金額	借或貸	餘額
月	日						
①		②	③	④	⑤	⑥	⑦

表 3-4 的帳戶格式是實際工作中經常使用的。上端標明帳戶名稱，如「固定資產」「銀行存款」一類名稱。第①欄是年月日欄，記載登記帳戶的日期。第②欄是憑證號數欄，記載記帳憑證種類號數。第③欄是摘要欄，用簡潔的語言說明經濟業務的內容，如「從銀行提現備用」「報銷差旅費」一類內容。第④欄是借方金額欄，記載經濟業務發生引起該帳戶借方發生額的數額。第⑤欄是貸方金額欄，記錄經濟業務發生引起該帳戶貸方發生額的數額。第⑥欄和第⑦欄作為餘額欄之用，如果是借方餘額，在第⑥欄寫一個「借」字並將金額填在第⑦欄；如果是貸方餘額，則在第⑥欄寫一個「貸」字並將金額填入第⑦欄；如果借貸軋平沒有餘額，則在第⑥欄寫一個「平」字，在第⑦欄餘額欄填一個「0」。

第二節　帳戶與會計科目

一、會計科目的層次

會計科目是對會計要素進行分類的標誌，是設置帳戶的直接依據。中國財政部門制定了統一會計制度，會計科目為其重要組成部分。統一會計制度對會計科目的名稱、編號、核算內容及帳務處理方法都進行了具體規定，就是為了使基層企業在帳戶設置和帳戶核算內容口徑一致的基礎上正確提供財務報表的各項指標，以便於對基層企業會計工作加強領導。儘管行業之間有些差別，但是會計科目的經濟性質不外乎資產、負債、權益、成本、損益五大類。

會計科目一般可分為三級：一級科目、二級科目、明細科目。企業應根據財政部門統一規定的一級科目設置總分類帳戶或一級帳戶，根據企業的具體情況和管理的要求按照二級科目或明細科目設置二級帳戶或明細分類帳戶。每一個會計科目要編列一個「科目編號」，科目編號應當層次分明，能反應科目的類別、性質及排列順序。一般先編類號（一位數），再編科目號（二位、三位數）。在科目號中可以預留空號，以便科目增減變動時不致影響整體科目號的順序。會計科目編號的作用在於能使帳戶的排列有一定的順序，能從編號反應科目的類別，使用會計科目時不易混淆，特別是在填製財務報表時，科目內容口徑容易一致，便於翻閱和查帳。應該注意，在填製會計憑證及登記會計帳簿時，可以只填會計科目名稱，不填會計科目編號或同時填會計科目編號和會計科目名稱，但不可以只填會計科目編號而省去會計科目名稱，那樣就容易造成差錯，使日后查帳困難。中國於 2011 年 10 月 18 日發布的《小企業會計準則》（財會〔2011〕17 號）規定的會計科目如表 3-5 所示。

表 3-5　　　　　　　　　　　　　小企業會計準則會計科目表

順序號	編號	會計科目名稱	順序號	編號	會計科目名稱
		一、資產類	35	2202	應付帳款
1	1001	庫存現金	36	2203	預收帳款
2	1002	銀行存款	37	2211	應付職工薪酬
3	1012	其他貨幣資金	38	2221	應交稅費
4	1101	短期投資	39	2231	應付利息
5	1121	應收票據	40	2232	應付利潤
6	1122	應收帳款	41	2241	其他應付款
7	1123	預付帳款	42	2401	遞延收益
8	1131	應收股利	43	2501	長期借款
9	1132	應收利息	44	2701	長期應付款
10	1221	其他應收款			三、所有者權益類
11	1401	材料採購	45	3001	實收資本
12	1402	在途物資	46	3002	資本公積
13	1403	原材料	47	3101	盈餘公積
14	1404	材料成本差異	48	3103	本年利潤
15	1405	庫存商品	49	3104	利潤分配
16	1407	商品進銷差價			四、成本類
17	1408	委託加工物資	50	4001	生產成本
18	1411	週轉材料①	51	4101	製造費用
19	1421	消耗性生物資產	52	4301	研發支出
20	1501	長期債券投資	53	4401	工程施工
21	1511	長期股權投資	54	4403	機械作業
22	1601	固定資產			五、損益類
23	1602	累計折舊	55	5001	主營業務收入
24	1604	在建工程	56	5051	其他業務收入
25	1605	工程物資	57	5111	投資收益
26	1606	固定資產清理	58	5301	營業外收入
27	1621	生產性生物資產	59	5401	主營業務成本
28	1622	生產性生物資產累計折舊	60	5402	其他業務成本
29	1701	無形資產	61	5403	稅金及附加
30	1702	累計攤銷	62	5601	銷售費用
31	1801	長期待攤費用	63	5602	管理費用
32	1901	待處理財產損溢	64	5603	財務費用
		二、負債類	65	5711	營業外支出
33	2001	短期借款	66	5801	所得稅費用
34	2201	應付票據			

① 根據新會計準則的要求,「包裝物」和「低值易耗品」歸類到「週轉材料」科目中核算。

會計科目雖然是對會計要素的具體內容進行分類的標誌，但各個不同的會計科目是對會計要素進行分類的結果。會計科目僅僅是一種分類，不能記錄和反應各經濟內容的增減變動情況及其結果。因此，需要根據規定的會計科目開設相應的帳戶。帳戶是指按照會計科目設置並具有一定格式，用來分類、連續、系統地記錄經濟業務的帳頁。帳戶由帳戶名稱（會計科目）、帳戶格式組成。

二、會計科目與帳戶的關係

（一）聯繫

會計科目和帳戶既有聯繫，又有區別。在實際工作中，人們往往將其混為一談。

會計科目和帳戶的聯繫表現在：帳戶是根據會計科目設置的。會計科目是帳戶的名稱，沒有會計科目，就沒有辦法設置帳戶。即使設置了很多帳頁，沒有冠上相應的會計科目，會計人員也無法按經濟業務分門別類地進行記錄和反應。就像圖書館有了許多書架，而書架上未標明應放和所放書籍的標誌，圖書管理人員將無法分門別類地將書擺在書架上，更難查到所要的書籍。只有會計科目而沒有帳戶，會計人員又無法把所發生的經濟業務記錄下來。就像圖書館有了各種分門別類的書種標誌，但由於沒有書架，圖書管理人員無法將購回的大量書籍放起來一樣。因此，會計科目和帳戶是相互依存、密切聯繫的，只有把會計科目和帳戶有機結合起來，才能完成記帳的任務。

（二）區別

會計科目和帳戶雖有密切的聯繫，但兩者又有著本質的區別。主要表現在：

1. 兩者的概念不同

會計科目是對會計要素進行分類的標誌，帳戶是記錄由於發生經濟業務而引起會計要素的各項目增減變化的空間場地。它們之間的不同，就像門牌號碼和房子的區別一樣。

2. 兩者的實物形態不同

會計科目僅僅是一個分類的標誌，沒有結構，不能記錄和反應經濟業務內容。帳戶有借方、貸方和餘額，帳戶能記錄和反應經濟業務的增減變動情況及結果。

除此之外，帳戶與會計科目的區別還表現在：設置帳戶是會計核算方法的重要方法之一，會計科目的設置則是會計制度的組成部分。

第三節　複式記帳

一、記帳方法的種類

設置帳戶是會計核算過程的基本環節，在設置帳戶的基礎上，將企業日常發生的經濟業務準確地記入各有關帳戶中是由記帳方法完成的。因此，要正確地記錄經濟業務，除設置帳戶以外，還應該採用科學的記帳方法。記帳方法是指根據一定的原理，運用一

定的記帳符號和記帳規則，記錄經濟業務於帳戶之中的一種手段。

記帳方法按其記錄是否完整分為單式記帳法和復式記帳法。

（一）單式記帳法

單式記帳法（Single Entry Method）是對發生的經濟業務，只通過一個帳戶進行單方面的登記，不要求進行全面的、相互聯繫的登記。例如，對銷售一批產品取得1,000元現金收入的經濟業務，只在「庫存現金」帳戶中記錄增加額，不需反應收入的實現、存貨的減少；對以銀行存款5,000元購入一批材料的經濟業務，只在「銀行存款」帳戶中記錄減少額，不需記錄材料存貨的增加。單式記帳法主要記錄現金，銀行存款、人欠和欠人的增減變動情況，對於存貨的增減、費用的增減、收入的實現等不進行記錄。因此，單式記帳法的記錄結果，不可能提供比較全面和完整的會計信息，同時單式記帳法記錄的正確性難以保證。由於單式記帳法不能全面、完整地反應企業每項經濟業務，因而不適應經濟活動比較複雜的企業的要求，也難以滿足不斷提高經營管理水平的需要。

（二）復式記帳法

復式記帳法（Double Entry）是與單式記帳法相對應的一種記帳方式。復式記帳法是指對每筆經濟業務發生所引起的一切變化，都以相同的金額在兩個或兩個以上的帳戶中進行相互聯繫的登記。例如，企業銷售產品一批，收到3,000元存入銀行。對於這筆經濟業務，採用復式記帳法，一方面需要在「銀行存款」帳戶中登記銀行存款增加了3,000元，另一方面需要以相等的金額在「產品銷售收入」帳戶中登記收入增加了3,000元。

採用復式記帳法，能夠把企業發生的每筆經濟業務，相互聯繫地、全面地記入有關的帳戶中，從而能夠完整地、系統地反應企業經濟活動及資金變化的來龍去脈。

復式記帳法同單式記帳法相比，主要特點是能完整地記錄企業經濟業務所引起企業資產、負債、所有者權益的增減變化，能反應經濟活動變化的來龍去脈，能保證會計記錄的正確性。

復式記帳法是經過了長期的會計實踐而逐步形成的。中國曾採用過三種復式記帳法，即借貸復式記帳法、增減復式記帳法、收付復式記帳法。其中，借貸復式記帳法是比較科學、嚴謹和完善的一種復式記帳法。中國企業會計準則規定會計記帳採用借貸記帳法。

二、借貸記帳法

（一）借貸記帳法的產生

借貸記帳法在1211年產生於義大利的佛羅倫薩，是為適應當時借貸資本的需要而產生的。帳戶的設置是將帳頁分割為上下兩部分，帳頁上部分為借方，反應企業債權的發生和債務的償還；下部分為貸方，反應企業債務的發生和債權的收回。其具體示例如表3-6所示。

表 3-6

張三（借主）		李四（貸主）	
借方	記借主張三借入數	借方	記貸主李四收回數
貸方	記借方張三歸還數	貸方	記貸主李四貸出數

這時的「借」和「貸」是從借貸資本家的角度出發的，「借」和「貸」分別指的是借主和貸主，因此記錄對象只限於借主和貸主，不能記錄購入的各種物品。從記錄的形式、記錄的範圍和記帳符號考察，這種人名帳戶不可避免地帶有稚氣，但它為復式簿記的進一步健全開創了一個良好的開端。人名帳戶以後，佛羅倫薩人又把精力主要放到如何設置和運用物名帳上，在只記錄人的債權債務的基礎上，又將物的增減變化也納入了記錄範圍，從而開拓了會計帳簿記錄對象的新領域，並且使借貸的原意消失，之後逐漸變為純技術符號。1340 年，熱那亞也出現了獨具特點的簿記方法。帳戶設置將每一帳頁分割成上下兩方改變成左右兩方，左側為借方，右側為貸方。其具體示例如表 3-7 所示。

表 3-7

借方	張三（借主）	貸方	借方	李四（貸主）	貸方
借主方記借主張三借入數	記借主張三歸還數		記借主張三借入數	借主方記借主張三歸還數	

這種左右對照的帳戶形式的出現是會計管理的要求和經濟發展的必然結果。威尼斯簿記法的產生使借貸記帳法得到了進一步的完善。通過餘額帳戶，所有總帳的借方記錄和貸方記錄的餘額得到了統一的匯總反應。借助於餘額，人們還試圖利用貸方餘額合計必須等於借方餘額合計的原理，進行平衡試算，以驗證帳目記錄的正確性。因此，餘額帳戶實際上就是試算表，是資產負債表的雛形，是體現復式記錄思想的財務報表發展的第一階段。

中國在 20 世紀 50 年代出現了幾次全國性的關於記帳方法問題的爭論，爭論的焦點都集中在這一具有高度抽象、高度概括的記帳符號「借」和「貸」二字上，試圖用別的符號代替它，從而產生了中國特有的增減記帳法和收付記帳法。黨的十一屆三中全會以後，借貸記帳法在中國漸漸得以恢復。更可喜的是中國於 1992 年出抬的《企業會計準則》已明確規定企業會計採用借貸記帳法。

（二）借貸記帳法的內容

借貸記帳法（Debit/Credit Double Entry Bookkeeping System）是借貸復式記帳法的簡稱。借貸記帳法的概念，可通過以下表述概括其實質。借貸記帳法是以「借」和「貸」為記帳符號，運用復式記帳原理登記經濟業務的一種記帳方法。其內容特徵表現在以下幾個方面：

1. 記帳符號

記帳符號（Entry Mark or Symbol）是指用來確定發生的經濟業務應當記入某一帳戶的特定部位（或方向）的標誌。只有按照記帳符號的方向去記帳，才能避免差錯，保證會計記錄的正確性。不同的記帳方法有自己特有的記帳符號。記帳符號是記帳方法的重要因素，它體現出特定的記錄方法的一個特徵，甚至可以說它在特定的記錄方法中處於非常重要的地位。借貸記帳法採用的記帳符號是「借」（Debit，簡寫為 Dr）和「貸」（Credit，簡寫為 Cr）二字。「借」和「貸」二字最初分別有借進、貸出之實際意義。隨著物名帳戶和資本、費用、收入帳戶的出現，「借」和「貸」已失去了原有意義，僅僅作為符號或標誌。

2. 會計平衡公式

會計平衡公式（Accounting Equation）是設置帳戶、復式記帳和編製財務報表的重要依據，不同記帳方法對客觀存在的平衡有不同的認識。借貸記帳法的平衡公式如下：

$$資產 = 負債 + 所有者權益$$
$$資產 = 負債 + 所有者權益 + 收入 - 費用$$
$$資產 = 負債 + 所有者權益 + 利潤$$

3. 帳戶的設置

借貸記帳法的帳戶設置與會計平衡公式存在著內在聯繫。按照會計平衡公式左邊資產的有關具體項目設置的帳戶，一般都屬於借方餘額型帳戶；按照會計平衡公式右邊負債和權益的有關具體項目設置的帳戶，一般都屬於貸方餘額型帳戶。除此之外，為了核算企業的收益，還要設置損益類帳戶，包括收入類帳戶、支出類帳戶。損益類帳戶年末一般沒有餘額，因此稱為虛帳戶（Nominal Account）或臨時性帳戶（Temporary Account）。資產類帳戶、負債類帳戶、權益類帳戶一般都有餘額，因此稱為實帳戶（Real Account）或永久性帳戶（Permanent Account）。

企業經濟業務的發生，無論多麼複雜，不外乎資產、負債、所有者權益的增減變化。在這些變化中，何者視為借，何者視為貸是有一定規律可循的。會計要素的變化情況一般有以下 10 項（本章「權益」表示的均為「所有者權益」）：

（1）資產增加。

（2）資產減少。

（3）負債增加。

（4）負債減少。

（5）權益增加。

（6）權益減少。

（7）費用增加。

（8）費用減少。

（9）收入增加。

(10) 收入減少。

「借」和「貸」與增和減不完全相同,究竟什麼時候記入帳戶的借方,什麼時候記入帳戶的貸方,取決於會計要素的性質。一般來說,凡引起資產增加時,應記入資產類帳戶的借方;相反,凡引起資產減少時,應記入資產類帳戶的貸方。凡引起負債或權益增加時,應記入負債或權益類帳戶的貸方;相反,凡引起負債或權益減少時,應記入負債或權益類的借方。由於收益的增減為權益的增減,所以收入類帳戶借、貸與權益類帳戶借、貸是一致的;由於費用的增減為權益的減增,所以費用類帳戶借、貸與權益類帳戶借、貸相反,而與資產類帳戶的借、貸是一致的。

4. 記帳規則

記帳規則(Recording Regulation)不是由人們的主觀意志制定的規定,而是記帳方法各組成要素有機結合構成的方法體系本身的內在要求。記帳規則可以作為該種記帳方法記錄經濟業務的指導,也可以作為事後檢查記帳、算帳是否正確的依據。因此,記帳規則的科學與否直接體現了該種記帳方法的科學與否。

借貸記帳法的記帳規則是什麼?是否科學?我們可以通過以下例子加以歸納、總結。

如果從資產、負債、權益、費用和收入五個要素考察的話,企業經濟業務歸納起來不外乎 25 類。由於收入－費用＝利潤,從資產、負債、權益和利潤四個要素考察的話,企業經濟業務歸納起來不外乎 16 類。又由於利潤也就是所有者權益,從資產、負債、權益三個要素考察的話,企業經濟業務歸納起來不外乎 9 類。具體如圖 3-1 所示:

圖 3-1　企業經濟業務歸納

圖 3-1 中,①~⑨表示如下內容:
①資產與資產交換。
②負債與負債交換。
③以負債取得資產。
④以資產償還負債。
⑤資產、權益同增。
⑥增加權益減少負債。
⑦承擔負債減少權益。
⑧放棄資產減少權益。

⑨權益交換權益。

①②③④是不伴隨權益變動的資產、負債變動，⑤⑥是營業收入、溢餘和所有者投資變動，⑦⑧是分派給所有者利潤以及費用、損失的發生，⑨是不伴隨負債、資產變動的權益內部變動。

【例 3-1】企業收到投資者投入現金 10,000 元。

此經濟業務一方面引起企業庫存現金增加 10,000 元，另一方面引起實收資本增加 10,000 元。現金增加表示資產增加，應記入「庫存現金」帳戶的借方；實收資本增加表示權益增加，應記入「實收資本」帳戶的貸方。其情形如下：

借	庫存現金	貸	借	實收資本	貸
	①10,000 （資產增加）				①10,000 （權益增加）

【例 3-2】企業以現金 2,000 元購入設備一臺。

此經濟業務一方面引起現金資產減少 2,000 元，另一方面引起設備資產增加 2,000 元。現金減少表示資產減少，應記入「庫存現金」帳戶的貸方；設備增加表示資產增加，應記入「固定資產」帳戶借方。其情形如下：

借	固定資產	貸	借	庫存現金	貸
	②2,000 （資產增加）			①10,000	②2,000 （資產減少）

【例 3-3】企業購買 4,000 元材料，貨款暫欠，材料已驗收入庫。

此經濟業務一方面引起材料增加，另一方面引起應付款增加。材料增加表示資產增加，應記入「原材料」帳戶的借方；應付帳款增加表示負債增加，應記入「應付帳款」帳戶的貸方。其情形如下：

借	原材料	貸	借	應付帳款	貸
	②4,000 （資產增加）				③4,000 （負債增加）

【例 3-4】企業從銀行取得短期借款 2,500 元償還應付帳款。

此經濟業務一方面引起短期借款增加，另一方面引起應付帳款減少。短期借款增加表示負債增加，應記入「短期借款」帳戶的貸方；應付帳款減少表示負債減少，應記入「應付帳款」帳戶的借方。其情形如下：

借	應付帳款	貸		借	短期借款	貸
④2,500		③4,000				④2,500
（負債減少）						（負債增加）

【例3-5】企業以庫存現金 1,500 元償還銀行短期借款。

此經濟業務一方面引起現金減少，另一方面引起短期借款減少。現金減少表示資產減少，應記入「庫存現金」帳戶貸方；短期借款減少表示負債減少，應記入「短期借款」帳戶的借方。其情形如下：

借	短期借款	貸		借	庫存現金	貸
⑤1,500		④2,500		①10,000		②2,000
（負債減少）						⑤1,500
						（資產減少）

【例3-6】企業以庫存現金 1,000 元退還某投資者的投入資本。

此經濟業務一方面引起庫存現金減少，另一方面引起實收資本減少。庫存現金減少表示資產減少，應記入「庫存現金」帳戶的貸方；實收資本減少表示權益減少，應記入「實收資本」帳戶的借方。其情形如下：

借	實收資本	貸		借	庫存現金	貸
⑥1,000		①10,000		①10,000		②2,000
（權益減少）						③1,500
						⑥1,000
						（資產減少）

【例3-7】企業宣布發放股利 3,000 元。

此經濟業務一方面引起應付股利增加，另一方面引起利潤分配增加（權益減少）。應付股利增加表示負債增加，應記入「應付股利」帳戶的貸方；利潤分配增加表示權益的減少，應記入「利潤分配」帳戶的借方。其情形如下：

借	利潤分配	貸		借	應付股利	貸
⑦3,000						⑦3,000
（權益減少）						（負債增加）

【例3-8】企業將應付債券 1,500 元轉化為資本。

此經濟業務一方面引起實收資本增加，另一方面引起應付債券減少。實收資本增加表示權益增加，應記入「實收資本」帳戶的貸方；應付債券減少表示負債減少，應記入「應付債券」帳戶的借方。其情形如下：

借	應付債券	貸		借	實收資本	貸
⑧1,500				⑥1,000		①10,000
(負債減少)						⑧1,500
						(權益增加)

【例 3-9】企業按規定標準提取盈餘公積 800 元。

此經濟業務一方面引起盈餘公積增加 800 元，另一方面引起利潤分配增加 800 元。盈利公積增加表示權益增加，應記入「盈餘公積」帳戶的貸方；利潤分配增加表示權益減少，應記入「利潤分配」帳戶的借方。其情形如下：

借	利潤分配	貸		借	盈餘公積	貸
⑦3,000						⑨800
⑨800						(權益增加)
(權益減少)						

上述 9 項經濟業務，可用綜合方式列表。其具體內容如表 3-8 所示。

表 3-8　　　　　　　　　　　經濟業務綜合表　　　　　　　　　　單位：元

經濟業務	資產	=	負債	+	所有者權益
	借(+)	貸(-)	借(-)	貸(+)	借(-)	貸(+)
①	10,000					10,000
②	2,000	2,000				
③	4,000			4,000		
④		2,500	2,500			
⑤		1,500	1,500			
⑥		1,000				1,000
⑦				3,000	3,000	
⑧		1,500				1,500
⑨					800	800
	16,000	4,500	5,500	9,500	4,800	12,300
	11,500	=	4,000	+	7,500

根據以上 9 項經濟業務的記錄情況，我們不難發現，借貸記帳法本身存在著這樣一個客觀規律，即任何一筆經濟業務發生記入帳戶時，都要記入一個帳戶（或幾個帳戶）的借方，同時還要記入另一個帳戶（或幾個帳戶）的貸方。沒有哪筆經濟業務發生只記入帳戶的借方，不記入帳戶貸方，也沒有只記入帳戶貸方而不記入帳戶借方的情況。因此，人們對這一規律用十個字歸納為「有借必有貸，借貸必相等」。這就是借貸記帳法的記帳規則。借貸記帳法的這一記帳規則，已成為借貸記帳法完整的科學方法體系的一個重要因素。記帳規則與借貸記帳法的其他內容（平衡公式、記帳符號、帳戶設置和試

算平衡等）相互依存、相互制約、相互協調，構成完整的、科學的借貸記帳法的方法體系。

5. 試算平衡

試算平衡（Trial Balance）也是借貸記帳法完整方法體系的又一重要因素。人們在記帳的過程中不可避免地會出現某些錯誤。記帳的結果是否正確？用什麼方法檢查？不同的復式記帳法在這些方面各不相同。借貸記帳法試算平衡的方法有以下兩種：

（1）帳戶本期發生額試算平衡。由於借貸記帳法的記帳規則是「有借必有貸，借貸必相等」，即每一筆經濟業務發生都有借方發生額和貸方發生額，並且借貸金額相等，因此企業在一定時期內無論發生多少筆經濟業務，都能保證所有帳戶的借方發生額的合計數等於所有帳戶的貸方發生額合計數，這就稱為本期發生額試算平衡。其公式為：

$$\text{所有帳戶本期借方發生額合計} = \text{所有帳戶本期貸方發生額合計}$$

（2）帳戶餘額試算平衡。借貸記帳法的會計平衡式是「資產＝負債＋所有者權益」。無論企業發生多少經濟業務，這一平衡公式總是平衡的。我們可以從表 3-8 中發現這一點。由於資產類帳戶的餘額一般在借方，負債類和權益類帳戶的餘額一般在貸方，因此餘額試算平衡的公式為：

$$\text{所有資產類帳戶借方餘額之和} = \text{所有負債、權益類帳戶貸方餘額之和}$$

如果試算平衡成立，則說明有關經濟業務在數字計算、帳戶使用及登記方向等方面基本正確（不一定絕對正確），可據以編製財務報表。如果試算平衡不成立，則說明有關經濟業務在數字計算、帳戶使用或者登記過程中有錯誤，必須及時查明，並予以更正。

三、借貸記帳法的優點

借貸記帳法自 1905 年傳入中國，經歷了不同發展階段，得到了逐步完善。實踐證明，借貸記帳法的方法體系嚴密完整，能夠系統地、全面地反應經濟活動變化情況，是一種比較科學的記帳方法。其優點主要如下：

（一）記帳規則科學

借貸記帳法的記帳規則以「有借必有貸，借貸必相等」十個字高度概括，言簡意賅、含義明確、易記易用、運用方便。根據「有借必有貸，借貸必相等」的規則進行記帳的結果，可以做到時時平衡、處處平衡，即所謂「自動平衡」，而且這種平衡方法簡便易行，有利於防止或減少差錯，從而保證會計信息的正確性。

（二）對應關係清楚

由於借貸記帳法的記帳規則是「有借必有貸，借貸必相等」，按照此規則將經濟業務記入帳戶後，能清楚地反應帳戶之間的對應關係，並能體現出經濟活動中價值運動的來龍去脈。

（三）試算平衡簡便

每一項經濟業務發生，都是按照一方面記入有關帳戶的借方，另一方面記入有關帳戶的貸方，並且借方和貸方以相等金額進行登記的，其結果是所有帳戶的借方發生額之和必定等於所有帳戶貸方發生額之和。按照這一平衡原理進行試算時，方法極為簡便，且易於發現錯誤。

除此之外，採用借貸記帳法有利於會計電算化的普及和發展，有利於對外開放，引進外資，加強國際經濟合作，有利於中國會計與國際會計慣例接軌。

復習思考題

1. 為什麼要設置帳戶？
2. 帳戶的基本結構是什麼？
3. 帳戶與會計科目的關係如何？
4. 試述借貸記帳法中「借方」和「貸方」在各類帳戶中表示經濟業務的增減之意。
5. 試述借貸記帳法的平衡公式。企業經濟業務的發生是否會破壞這一平衡公式？為什麼？
6. 借貸記帳法的科學性主要體現在哪裡？
7. 企業經濟業務一般有哪幾種類型？試舉例說明。

練習一

把下面經濟業務，按借貸記帳法的記帳規則列出它們之間的要素的對應關係。

業務內容	借方科目	金額	貸方科目	金額
1. 以銀行存款購買 5,000 元材料已入庫				
2. 從銀行借入 10,000 元存入銀行				
3. 從外單位購入 3,000 元材料，貨款暫欠				
4. 將庫存現金 1,000 元存入銀行				
5. 通過銀行轉來投資者投資款 50,000 元				
6. 收到外單位投入的固定資產，計價 20,000 元				
7. 以銀行存款償還應付款 2,000 元				
8. 以庫存現金支付廠部電話費 500 元				

練習二

某企業 201A 年 5 月發生了以下經濟業務：

1. 5 月 1 日，收到甲對企業的現金投資 500,000 元存入銀行；乙對企業投資 1 臺設備，協商作價 200,000 元；丙對企業投資 1 項無形資產土地使用權，協商作價

300,000 元。

2. 5月2日，從銀行借入短期借款400,000元存入銀行。

3. 5月3日，企業用銀行存款從B公司購入一批甲材料已入庫。材料的實際成本為200,000元。

4. 5月4日，企業從A公司購入一批乙材料已入庫，價款150,000元，貨款暫欠。

5. 5月5日，企業從銀行借入短期借款150,000元，償還A公司的購貨款。

6. 5月6日，生產車間從材料倉庫領用30,000元材料用於生產產品a。

7. 5月7日，企業從銀行提取現金10,000元以備零用。

8. 5月8日，企業以銀行存款35,000元購入設備1臺。

9. 5月9日，企業向股東宣告將發放現金股利250,000元，股利暫時還未發放。

10. 5月10日，企業經其他股東同意，丙抽回其投資100,000元，企業以現金支付。

11. 5月11日，企業以銀行存款償還銀行短期借款180,000元。

12. 5月12日，經全體股東同意，將銀行借款200,000元轉作投資，銀行成為企業股東之一。

13. 5月13日，企業預收N公司的購貨款40,000元存入銀行。

14. 5月14日，企業以銀行存款80,000元向H公司投資，成為H公司的股東之一。

15. 5月15日，經全體股東同意，企業將以前未分配完的利潤轉作股本100,000元（分配股票股利）。

將以上各項經濟業務填入下表，並檢驗其平衡關係。

經濟業務	資產		=	負債		+	所有者權益	
	借(+)	貸(-)	借(-)	貸(+)			借(-)	貸(+)

第四章 會計循環（上）

企業每天發生的經濟業務多達成百上千筆。會計人員作為會計信息的提供者應如何處理這些經濟業務並通過加工，以滿足會計信息使用者的需要呢？本章將介紹會計循環——會計人員收集資料、記錄加工、編製報表、提供信息的過程。

第一節 會計循環概述

一、會計循環的意義

會計循環（Accounting Cycle）是指企業會計人員根據日常經濟業務，按照會計準則的要求，採取專門的會計方法，將零散、複雜的會計資料加工成滿足會計信息使用者需要的信息處理過程。之所以稱為會計循環，是因為在會計期間假設的前提下，會計人員在某一會計期間內處理會計事項均是按照比較固定並依次繼起的幾個步驟來完成的，下一個會計期間又是按照第一個會計期間的那些步驟來處理會計事項，提供會計信息的。

正確組織會計循環的意義在於：第一，能將企業發生的多且複雜的經濟業務通過收集、加工、編製報表，為會計信息使用者提供必要信息；第二，能將會計人員的工作組織得有條有理，按照會計循環的先后順序，合理安排人員，進行分工協作，以保證按時、按質提供會計信息。

二、會計循環的具體內容

會計循環是會計人員在某一會計期間內，從取得經濟業務的資料到編製財務報表所進行的會計處理程序和步驟。一個完整的會計循環一般包括如下六個步驟：

（一）編製會計分錄（Journalizing）

這是指對企業發生的各種會計事項，應取得原始憑證，經由相關人員審核后，按照復式記帳法原理編製會計分錄，在會計分錄簿中進行序時記錄。

（二）過帳（Posting）

這是指根據會計分錄簿中記錄的情況，將會計分錄中應借、應貸金額過入相應的分類帳戶，包括總分類帳戶和明細分類帳戶。

（三）試算平衡（Trial Balance）

這是指根據會計分錄簿記錄編製本期發生額試算平衡，或根據各分類帳戶的餘額編製餘額試算平衡。

（四）調帳（Adjustment）

這是指按照權責發生制的要求，對有關收入和費用帳戶進行調整，在會計分錄簿中編製必要的調帳分錄並過入分類帳。

（五）編製報表（Prepare Statements）

這是指根據各分類帳戶的有關資料編製財務報表。資產負債表可根據各帳戶的期末餘額或餘額試算平衡表編製；損益表可根據收入、費用帳戶本期發生額編製；財務狀況變動表（現金流量表）可根據資產負債表和損益表以及其他有關資料編製；利潤分配表可根據損益表和其他有關資料編製。

（六）結帳（Closing）

這是指一般於年終將收入和費用等過渡性帳戶（虛帳戶）予以結清轉入本年利潤帳戶，於下年度重新開設此類帳戶；同時，將資產、負債和所有者權益帳戶（實帳戶）年末結清后轉入下年度期初。

以上六個步驟是會計循環的全部內容。會計循環包括的這些步驟，在實際工作中一般在年終時才全部使用，在平時則不一定每個步驟都一一辦理。這是因為企業所使用的各種會計帳簿一般都不需要經常予以結清，如收入和費用帳戶一般是按表結法計算各期收益，而不需要進行會計帳簿結清。也就是說，平時一般只進行第（一）～（五）步驟，第（六）步驟於年終進行。

會計循環如圖4-1所示。

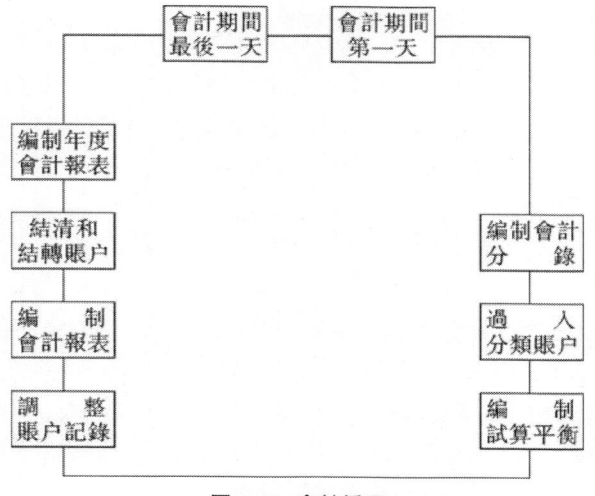

圖4-1　會計循環

第二節　編製會計分錄

一、會計事項

會計事項（Accounting Event or Transaction）也叫交易事項或經濟業務。會計人員需要處理的不是企業發生的所有事項，而僅僅指交易事項，即會計事項。會計上所稱的交易，其含義與通常的交易略有不同。就會計觀點而言，凡足以使企業資產、負債和所有者權益發生增減變化的事項或行為稱為會計交易事項。例如，企業銷售產品一批收到現金，一方面引起企業現金資產增加，另一方面引起企業收入（所有者權益）增加。同時，一方面會引起企業產成品資產減少，另一方面引起企業成本費用增加（所有者權益減少）。這種事項當然屬於交易事項。假如企業因火災燒毀房屋一棟，雖然從一般意義上講不屬於交易行為，但就企業本身來說已引起損失的發生而減少了企業資產。就會計觀點而言，它屬於會計交易事項。相反，如果企業與他人訂立購貨合同或與外單位簽訂銷貨合同，雖然從一般意義上講是一種交易行為，但是此種事項並未引起企業資產、負債和所有者權益發生變化。就會計觀點而言，它不屬於會計交易事項。因此，會計上的交易事項，即會計事項，其特點是：第一，能夠以貨幣計量的經濟事項；第二，能引起企業（會計主體）資產、負債、所有者權益增減變動的經濟事項。

會計事項（交易事項）可按不同的標準分為不同的種類。按交易事項發生的地點不同會計事項可以分為對外交易事項（External Transaction）和對內交易事項（Internal Transaction）。對外交易事項是指企業發生此筆業務與企業外部單位或個人有關，如銷售產品、購入材料一類交易事項。對內交易事項是指企業發生此筆業務與企業外部單位或個人無關，僅與企業內部單位或個人有關，如職工借支、車間領用材料一類交易事項。按交易內容的繁簡不同會計事項可以分為簡單交易事項和複雜交易事項。簡單交易事項發生只涉及企業兩個會計科目，而複雜交易事項的發生會涉及企業兩個以上的會計科目。

二、會計分錄

企業發生的每筆會計事項，都應該獲得一張原始憑證作為會計人員記錄的依據。會計人員根據審核無誤的原始憑證所記載的經濟業務內容進行分析，按照復式記帳法的規則，在相應的帳戶內進行會計記錄，這種會計記錄稱為會計分錄。換句話說，會計分錄（Accounting Entry）是會計人員根據企業經濟業務發生所取得的審核無誤的原始憑證，按照復式記帳規則，指明應借、應貸會計科目及其金額的一種記錄。編製會計分錄是會計循環的第一步驟，也是最基本、最重要的一個環節。會計分錄的正確與否不僅直接影響會計循環的其他環節，而且會影響最后提供的會計信息的質量。因此，及時收集會計資料，嚴格審核會計憑證，認真分析業務內容，正確編製會計分錄，對提供及時的、完整的、高質量的會計信息具有重要意義。

會計分錄根據會計事項的繁簡不同，可分為簡單會計分錄和複合會計分錄。簡單會計分錄（Single Entry）是指會計事項發生只需要在兩個帳戶中進行反應的記錄。複合會計分錄（Compound Entry）是指會計事項發生需要在兩個以上的帳戶中進行反應的記錄。

【例4-1】某企業財務部門開出現金支票一張，從銀行提取現金1,000元作為備用金。

該項會計事項的原始憑證是財務部門自己開出的現金支票。該項業務發生，一方面引起財務部門的現金增加1,000元，另一方面引起企業銀行存款減少1,000元。其會計分錄為：

借：庫存現金　　　　　　　　　　　　　　　　　　　　1,000
　　貸：銀行存款　　　　　　　　　　　　　　　　　　　　1,000

由於該項業務發生只需在「庫存現金」和「銀行存款」帳戶中進行記錄，因此稱為簡單會計分錄。

【例4-2】某企業購買原材料5,000千克，單價10元，合計價款50,000元，以銀行存款支付40,000元，餘款暫欠（暫不考慮增值稅）。

該項業務發生，一方面引起企業材料資產增加50,000元，另一方面引起企業銀行存款減少40,000元，還引起企業負債增加10,000元。其會計分錄為：

借：原材料　　　　　　　　　　　　　　　　　　　　　50,000
　　貸：銀行存款　　　　　　　　　　　　　　　　　　　40,000
　　　　應付帳款　　　　　　　　　　　　　　　　　　　10,000

由於該項業務發生需要在「原材料」「銀行存款」「應付帳款」三個帳戶中進行記錄，因此稱為複合會計分錄。

【例4-3】某企業銷售電視機一批50臺，單價2,000元，貨款共計100,000元，其中60,000元已收到轉帳支票存入銀行，餘款對方暫欠（暫不考慮增值稅）。

該項業務發生，一方面引起企業收入增加100,000元，另一方面引起企業銀行存款增加60,000元，還引起企業債權增加40,000元。其會計分錄為：

借：銀行存款　　　　　　　　　　　　　　　　　　　　60,000
　　應收帳款　　　　　　　　　　　　　　　　　　　　40,000
　　貸：主營業務收入　　　　　　　　　　　　　　　　100,000

由於該項業務發生需要在「銀行存款」「應收帳款」「主營業務收入」三個帳戶中記錄，因此稱為複合會計分錄。

例4-1的會計分錄為一借一貸的會計分錄，即簡單會計分錄。例4-2的會計分錄為一借二貸的會計分錄。例4-3的會計分錄為二借一貸的會計分錄。例4-2和例4-3均為複合會計分錄。一筆複合會計分錄可以編製成多筆簡單會計分錄。我們可以把例4-2業務編製成如下兩筆簡單會計分錄：

（1）借：原材料　　　　　　　　　　　　　　　　　　　40,000
　　　　貸：銀行存款　　　　　　　　　　　　　　　　　40,000

(2) 借：原材料 10,000
　　　貸：應付帳款 10,000

這樣編製的會計分錄也是正確的，只是顯得比較麻煩，一般沒有必要這樣分開編製。編製會計分錄需要注意的問題如下：

(1) 每筆經濟業務均需編製一個會計分錄。在實際工作中，為了簡化手續，減少記帳工作量，也可以在同類經濟業務加以匯總的基礎上，編製一個會計分錄。

(2) 從理論上講，會計分錄只能編製一借一貸、一借多貸、多借一貸的會計分錄，不能編製多借多貸的會計分錄，因為多借多貸的會計分錄難以反應會計帳戶的對應關係。但是，隨著經濟業務的不斷複雜化，在實際工作中也允許編製多借多貸的會計分錄，以簡化會計核算手續。

(3) 會計分錄的正確書寫應該是先借后貸，並且借、貸符號，帳戶名稱（會計科目）及其金額都應錯開，以保持借貸帳戶清晰明瞭。「借」的符號、會計科目、金額均應分別在「貸」的符號、會計科目、金額前一個字。借、貸符號后均帶「：」（冒號）。在一借多貸的會計分錄中可寫多個「貸」，也可只寫第一個「貸」，后面的「貸」可省略。在多借一貸的會計分錄中，可寫多個「借」，也可只寫第一個「借」，其餘的「借」可省略。

三、分錄簿的格式和登記

對於企業發生的經濟業務，在取得原始憑證后，按會計分錄的形式記錄下來，以便作為過帳的依據。在實際工作中，編製會計分錄是在記帳憑證中進行的。記帳憑證將在第八章具體介紹。會計分錄簿（Journal）是一種最初記錄會計分錄的序時簿記，一般適用於小型企業和會計教學。

分錄簿又稱為日記帳，是一種序時記錄簿。分錄簿主要用來對企業日常發生的經濟業務，按照業務發生的先后順序，指出其應借與應貸會計科目、金額以及記載其發生日期與必要說明的初步記錄，故又稱原始記錄簿。在分錄簿中進行登記的主要作用如下：

(1) 減少記帳的錯誤。企業的會計事項如果不通過分錄簿而直接記入各有關帳戶，就很有可能發生漏記或重記的錯誤，使用分錄簿以后，便可以使這類錯誤減少到最低限度。這是因為每筆會計事項應借、應貸的帳戶記在一起，即使存在某些錯誤，發現問題也極為容易。

(2) 瞭解會計事項的概貌。分錄簿中的每筆分錄，除了應借、應貸的帳戶外，還記有簡要的說明。這些簡要說明都已提供了每筆會計事項的概貌，便於瞭解企業的經營情況和經營過程。

(3) 便於日后查考。分錄簿是按照會計事項發生日期的順序所編製的會計記錄，如果企業需查閱過去某一日或某一期間發生的經濟業務，只需查閱分錄簿便能得到所需資料。

由於分錄簿具有以上三個作用，因此經濟業務發生后，首先就要記入分錄簿。分錄簿的格式如表 4-1 所示。

表 4-1　　　　　　　　　　　　　　　分錄簿　　　　　　　　　　　　單位：元

201A 年		序號	摘要	會計科目	借方金額	貸方金額
月	日					
5	1		開出支票提取現金	庫存現金	1,000	
				銀行存款		1,000
5	2		以銀行存款購料，餘款暫欠	原材料	50,000	
				銀行存款		40,000
				應付帳款		10,000
5	8		銷售產品一批，收到部分款項，餘款暫欠	銀行存款	60,000	
				應收帳款	40,000	
				銷售收入		100,000

　　第一欄為年、月、日。該日期為編製會計分錄之日期，有時與原始憑證的填製日期相同，有時在原始憑證填製日期之後，大部分情況是后者。

　　第二欄為序號。該欄標明的序號是經濟業務的順序號，也可以說是記帳憑證的編號。

　　第三欄為摘要。分錄簿的摘要是會計分錄的補充說明，目的是使有關人員對交易事項有更清晰的瞭解。摘要欄要求用簡潔明瞭、高度概括的文字，扼要註明每筆業務的內容事實和完成過程。

　　第四欄為帳戶名稱（會計科目）。會計分錄的應借、應貸科目既要列明總帳科目，又要列明明細帳科目（有明細科目的帳戶）。如果一個總帳科目有幾個明細帳科目，只需寫一個總帳科目。

　　第五欄為借方金額，第六欄為貸方金額。在簡單會計分錄中，借、貸各有一相等的金額。如果為複合會計分錄，則借方金額之和必定等於貸方金額之和。

　　必須注意，在登記分錄簿時，如果某一項最后剩餘部分不夠記載一筆會計事項的全部分錄，可以任其空白，而將該分錄全部記入下一頁，切不可將其分記在前後兩頁上。

　　為了保持會計反應、控制的連續性，分錄簿的第一頁登記完畢，需要轉入第二頁時，應將借方、貸方金額分別加總，記入第一頁的最後一行，並在摘要欄內寫上「轉次頁」；在第二頁首行的摘要欄內寫上「承前頁」。每日登記完畢應將借方、貸方金額加計總數，檢查雙方金額是否平衡。

　　序時帳簿從分錄簿開始，后來發展到特種日記帳、普通日記帳、多欄式日記帳。在現代會計實踐中，為了減少核算工作的重複勞動，一般採用以會計分錄為主要內容的記帳憑證，按照經濟業務內容分類，根據經濟業務發生的先後順序依次排列，並裝訂成冊，用記帳憑證代替分錄簿的序時記錄。

第三節　過入分類帳

一、分類帳的概念及其種類

會計所用主要會計帳簿，除日記帳以外，還有分類帳。分類帳（Ledger）是按照會計要素的具體內容分類設置的帳戶，它與日記帳不僅在使用程序上有先后之別，而且在記載方式上也不完全相同。一切經濟業務發生以后，首先根據原始憑證記入分錄簿和日記帳，然后再過入分類帳。一般來說，每一會計科目設立一個帳戶，專記這一科目的內容的增減數額。匯集帳戶於一處的帳冊，稱為分類帳簿。也就是說，分類帳是帳戶的整體，帳戶是分類帳的個體。分類帳具有如下三個特點：

（1）分類帳是歸類的會計帳簿。分類帳的每一帳戶，代表資產、負債、所有者權益、收入、費用的每一個項目，有關這一項目的經濟業務，方可記入這一科目的帳戶內。分類帳是將分錄簿所記的內容進行重新歸類，分類帳的設置則以會計科目為依據。

（2）分類帳是終結的記錄。經濟業務發生后，首先記入分錄簿，故稱為原始記錄。分錄簿所記載的內容，必須轉記到分類帳的各帳戶中，以便對會計事項進行分門別類的整理。因此，分類帳屬於最后的終結記錄。

（3）分類帳是為編製報表提供依據。會計的目標是使會計信息使用者瞭解企業資產、負債、所有者權益的狀況和經營損益的結果。依據資產、負債、所有者權益的數額可以判斷企業財務狀況的優劣，依據損益的數額可以判斷企業經營業績的好壞。這兩者均有賴於財務報表的編製。然而編製報表的資料無法從分錄簿和日記帳中獲得，只能從分類帳中得到。

分類帳按照反應經濟業務的詳細程度不同可分為總分類帳（General Ledger）和明細分類帳（Subsidiary Ledger）。總分類帳按照一級科目設置，提供總括資料的分類帳；明細分類帳按照二級科目或明細科目設置，提供詳細資料的分類帳。

二、設置總分類帳戶和明細分類帳戶的意義

同時設置總分類帳戶和明細分類帳戶主要是為了滿足經營管理的要求。經營管理者要求會計人員一方面要提供會計要素各項目的綜合總括資料，另一方面也要提供會計要素各項目的詳細具體資料。綜合總括資料可以通過總分類帳戶來提供，詳細具體的資料可以通過明細分類帳戶來提供。例如，「原材料」總分類帳戶可以提供企業在占用原材料方面的資金數額，用以反應原材料方面占用的資金是否過多，是否超過了預定限額，以便控制原材料方面占用的資金，使其保持在合理的範圍之內。但是，只瞭解原材料占用的總額還不夠，還需要瞭解各種原材料的占用情況。在實際工作中也可能出現原材料占用總額在合理的數額之內，而個別原材料存在超儲積壓的情況，或者原材料總額超過

了規定的限額，而個別原材料不足的情況。這些情況只有通過明細分類帳戶才能反應出來。因此，同時設置總分類帳戶和明細分類帳戶，可為經營管理者提供既綜合總括，又詳細具體的會計信息，便於經營管理者進行生產經營控制和決策。

總分類帳戶和明細分類帳戶的關係是怎樣的呢？總分類帳戶是其所屬明細分類帳戶的綜合帳戶，對所屬明細分類帳戶起著統馭作用；明細分類帳戶是有關總分類帳戶指標的具體化和必要補充，對有關總分類帳戶起著輔助和補充作用，它是有關總分類帳戶的從屬帳戶。總分類帳戶和明細分類帳戶都是根據同一會計事項，為說明同一經濟指標，相互補充地提供既總括綜合又詳細具體的會計信息。

總分類帳戶和明細分類帳戶也存在著一定的區別。總分類帳戶與明細分類帳戶除在設置的依據、提供的指標詳細程度不同外，在使用量度上也有不同點。由於總分類帳戶是按照一級會計科目設置的，主要提供綜合總括資料，因此主要採用貨幣量度，只反應金額，不反應數量。由於明細分類帳戶是按照明細科目設置的，主要提供詳細具體資料，因此除了採用貨幣量度外，還要採用實物量度或勞動工時量度，如原材料的明細帳戶既要反應金額又要反應數量。正因為總分類帳戶和明細分類帳戶提供的指標詳細程度不同，採用的量度單位不同，因而這兩種帳戶的格式也有差別。總分類帳戶的格式是借、貸、餘三欄式，明細分類帳戶的格式既有借、貸、餘三欄式，又有數量金額欄式、多欄式。具體格式和內容見第九章。

三、總分類帳戶和明細分類帳戶的平行過帳

在進行總分類帳戶和明細分類帳戶過帳時，兩者是同時過入的——平行過帳。兩者過帳沒有先后之分，既不是先過總分類帳戶，后過明細分類帳戶，又不是先過明細分類帳戶，后過總分類帳戶。這種平行過帳，同時進行並不是絕對地指兩只手同時在總分類帳戶和明細分類帳戶中進行登記，主要是強調兩者沒有先后之分，是緊密相連的。

總分類帳戶和明細分類帳戶平行過帳的要點有以下三個：

（1）同時過入：對於企業發生的與總分類帳戶和明細分類帳戶有關的經濟業務（不是所有的業務都涉及明細分類帳戶），一方面要過入有關總分類帳戶，另一方面要隨即過入該總分類帳戶的所屬明細分類帳戶中。

（2）方向相同：對於企業發生的與總分類帳戶和明細分類帳戶有關的經濟業務，在過入總分類帳戶和明細分類帳戶時，所記入帳戶的方向應保持一致。總分類帳戶過入借方，其所屬明細分類帳戶也應過入借方；總分類帳戶過入貸方，其所屬明細分類帳戶也應過入貸方。

（3）金額相等：對於企業發生的與總分類帳戶和明細分類帳戶有關的經濟業務，在過入總分類帳戶和明細分類帳戶時，總分類帳戶的金額應該與過入其所屬明細分類帳戶的金額之和相等。

如果嚴格地按照以上三個要點進行總分類帳戶和明細分類帳戶過帳，其過帳結果必

然會出現以下四組等量關係:

$$\frac{各總分類帳戶的}{期初餘額} = \frac{其所屬明細分類}{帳戶的期初餘額之和}$$

$$\frac{各總分類帳戶的}{本期借方發生額} = \frac{其所屬明細分類帳戶}{本期借方發生額之和}$$

$$\frac{各總分類帳戶的}{本期貸方發生額} = \frac{其所屬明細分類帳戶}{本期貸方發生額之和}$$

$$\frac{各總分類帳戶的}{期末餘額} = \frac{其所屬明細分類}{帳戶的期末餘額之和}$$

對於會計來說,這四組等量關係具有非常重要的意義,有利於錯帳的查找,從而保證總分類帳戶和明細分類帳戶記錄的正確。

四、過帳舉例

(一) 期初資料

假設某企業 201A 年 5 月 31 日資產負債表如表 4-2 所示。

表 4-2　　　　　　　　　　　　資產負債表
201A 年 5 月 31 日　　　　　　　　　　　　單位:元

資產項目	金額	負債及權益項目	金額
資產		負債	
庫存現金	1,500	短期借款	1,800
銀行存款	44,300	應付帳款	6,500
應收帳款	10,000		
存貨	152,500	所有者權益	
固定資產	500,000	實收資本	600,000
減:累計折舊	50,000	資本公積	50,000
資產合計	658,300	負債及權益合計	658,300

存貨中包括在產品 10,000 元,產成品 5,000 元,原材料 137,500 元,「原材料」帳戶的明細資料如下:

甲材料	400 噸(1 噸=1,000 千克,下同)	單價	50 元	金額	20,000 元
乙材料	5,000 千克	單價	20 元	金額	100,000 元
丙材料	3,500 件	單價	5 元	金額	17,500 元
	合計				137,500 元

「應付帳款」明細資料如下:

紅星工廠	貸方餘額	1,500 元
天心公司	貸方餘額	5,000 元
	合計	6,500 元

「應收帳款」帳戶的明細資料如下：

八一工廠	借方餘額	6,000 元
五一工廠	借方餘額	4,000 元
合計		10,000 元

(二) 本期資料

該企業 201A 年 6 月發生下列經濟業務：

① 6 月 2 日，從紅星工廠購入原材料一批，共計貨款 6,000 元，材料入庫，貨款尚未支付。其中：

乙材料　250 千克×單價 20 元＝5,000 元

丙材料　200 件×單價 5 元＝1,000 元

② 6 月 5 日，生產車間生產產品領用材料一批，價值 24,000 元。其中：

甲材料　20 噸×單價 50 元＝1,000 元

乙材料　1,000 千克×單價 20 元＝20,000 元

丙材料　600 件×單價 5 元＝3,000 元

③ 6 月 8 日，以銀行存款償還紅星工廠和天心公司的欠款 6,500 元。其中：紅星工廠 1,500 元，天心公司 5,000 元。

④ 6 月 10 日，以銀行存款從天心公司購進甲材料 30 噸，單價 50 元，共計 1,500 元，材料已驗收入庫。

⑤ 6 月 20 日，生產車間從倉庫領取 2,500 元材料用於生產產品。其中：

甲材料　40 噸×50 元＝2,000 元

丙材料　100 件×5 元＝500 元

⑥ 6 月 23 日，收回購買單位應收帳款 5,000 元存入銀行。其中：五一工廠 2,000 元，八一工廠 3,000 元。

⑦ 6 月 28 日，以銀行存款償還短期借款 1,800 元。

(三) 會計處理

根據以上業務設置各有關帳戶，編製會計分錄，記入分錄簿，總分類帳戶與明細分類帳戶平行過入並進行核對。

第一，根據經濟業務和管理方面的需要設置各有關總分類帳戶和明細分類帳戶，並登記期初餘額。總分類帳戶包括「庫存現金」「銀行存款」「應收帳款」「原材料」「產成品」「生產成本」「固定資產」「累計折舊」「短期借款」「應付帳款」「實收資本」「資本公積」。明細分類帳戶有「原材料」明細帳戶，包括「甲材料」「乙材料」「丙材料」；「應收帳款」明細帳戶包括「五一工廠」和「八一工廠」；「應付帳款」明細帳包括「紅星工廠」和「天心公司」。

第二，編製會計分錄，登記分錄簿，如表 4-3 所示。

表 4-3　　　　　　　　　　　　　　　　分錄簿　　　　　　　　　　　　　　單位：元

201A 月	日	序號	摘要	會計分錄	總帳	明細帳	總帳	明細帳
6	2	1	購料未付款	借：原材料 　　　——乙材料 　　　——丙材料 　　貸：應付帳款 　　　——紅星工廠	6,000	5,000 1,000	6,000	6,000
	5	2	生產領用材料	借：生產成本 　　貸：原材料 　　　——甲材料 　　　——乙材料 　　　——丙材料	24,000		24,000	1,000 20,000 3,000
	8	3	以存款還欠款	借：應付帳款 　　　——紅星工廠 　　　——天心公司 　　貸：銀行存款	6,500	1,500 5,000	6,500	
	10	4	以存款購買材料	借：原材料 　　　——甲材料 　　貸：銀行存款	1,500	1,500	1,500	
	20	5	生產領用材料	借：生產成本 　　貸：原材料 　　　——甲材料 　　　——丙材料	2,500		2,500	2,000 500
	23	6	收回應收款存入銀行	借：銀行存款 　　貸：應收帳款 　　　——五一工廠 　　　——八一工廠	5,000		5,000	2,000 3,000
	28	7	以銀行存款償還短期借款	借：短期借款 　　貸：銀行存款	1,800		1,800	
					47,300	47,300	47,300	47,300

　　第三，過帳，包括總帳和明細帳平行過帳。由於總分類帳戶的格式一般為借、貸、餘三欄式，為了減少篇幅，採用 T 形帳代替總帳，明細分類帳按規定格式設置。總分類帳戶如表 4-4 所示。

表 4-4

借	庫存現金	貸	借	銀行存款	貸
期初餘額　1,500			期初餘額　44,300	③	6,500
			⑥　　　　5,000	④	1,500
				⑦	1,800
發生額　　—	發生額　　—		發生額　5,000	發生額	9,800
期末餘額　1,500			期末餘額　39,500		

借	應收帳款		貸		借	原材料		貸
期初餘額	10,000	⑥	5,000		期初餘額	137,500		
					①	6,000	②	24,000
					④	1,500	⑤	2,500
發生額	—	發生額	5,000		發生額	7,500	發生額	26,500
期末餘額	5,000				期末餘額	118,500		

借	生產成本		貸		借	庫存商品		貸
期初餘額	10,000				期初餘額	5,000		
②	24,000							
⑤	2,500							
發生額	26,500	發生額	—		發生額	—	發生額	—
期末餘額	36,500				期末餘額	5,000		

借	固定資產		貸		借	累計折舊		貸
期初餘額	500,000						期初餘額	50,000
發生額	—	發生額	—		發生額	—	發生額	—
期末餘額	500,000						期末餘額	50,000

借	短期借款		貸		借	應付帳款		貸
		期初餘額	1,800				期初餘額	6,500
⑦	1,800				③	6,500	①	6,000
發生額	1,800	發生額	—		發生額	6,500	發生額	6,000
		期末餘額	0				期末餘額	6,000

借	實收資本		貸		借	資本公積		貸
		期初餘額	600,000				期初餘額	50,000
發生額	—	發生額	—		發生額	—	發生額	—
		期末餘額	600,000				期末餘額	50,000

原材料明細帳分別見表 4-5、表 4-6、表 4-7，應付帳款明細帳分別見表 4-8、表 4-9，應收帳款明細帳分別見表 4-10、表 4-11。

表 4-5　　　　　　　　　　原材料明細帳　　　　甲材料

201A年		憑證	摘要	收入			發出			結存		
月	日			數量（噸）	單價（元）	金額（元）	數量（噸）	單價（元）	金額（元）	數量（噸）	單價（元）	金額（元）
6	1		期初結存							400	50	20,000
	5	2	生產領用				20	50	1,000	380	50	19,000
	10	4	購入材料	30	50	1,500				410	50	20,500
	20	5	生產領用				40	50	2,000	370	50	18,500
			本期發生額及餘額	30	50	1,500	60	50	3,000	370	50	18,500

表 4-6　　　　　　　　　　原材料明細帳　　　　乙材料

201A年		憑證	摘要	收入			發出			結存		
月	日			數量（千克）	單價（元）	金額（元）	數量（千克）	單價（元）	金額（元）	數量（千克）	單價（元）	金額（元）
6	1		期初結存							5,000	20	100,000
	2	1	購入材料	250	20	5,000				5,250	20	105,000
	5	2	生產領用				1,000	20	20,000	4,250	20	85,000
			本期發生額及餘額	250	20	5,000	1,000	20	20,000	4,250	20	85,000

表 4-7　　　　　　　　　　原材料明細帳　　　　丙材料

201A年		憑證	摘要	收入			發出			結存		
月	日			數量（件）	單價（元）	金額（元）	數量（件）	單價（元）	金額（元）	數量（件）	單價（元）	金額（元）
6	1		期初結存							3,500	5	17,500
	2	1	購入材料	200	5	1,000				3,700	5	18,500
	5	2	生產領用				600	5	3,000	3,100	5	15,500
	20	5	生產領用				100	5	500	3,000	5	15,000
			本期發生額及餘額	200	5	1,000	700	5	3,500	3,000	5	15,000

表 4-8　　　　　　　　　　應付帳款明細帳　　　　紅星工廠　　　　　　　　　　單位：元

201A年		憑證	摘要	借方金額	貸方金額	借或貸	餘額
月	日						
6	1		期初結存			貸	1,500
	2	1	購料欠款		6,000	貸	7,500
	8	3	償還欠款	1,500		貸	6,000
			本期發生額及餘額	1,500	6,000	貸	6,000

表 4-9　　　　　　　　應付帳款明細帳　　　天心公司　　　　　　單位：元

201A年		憑證	摘要	借方金額	貸方金額	借或貸	餘額
月	日						
6	1		期初結存			貸	5,000
	8	3	償還欠款	5,000			
			本期發生額及餘額	5,000		貸	0

表 4-10　　　　　　　應收帳款明細帳　　　五一工廠　　　　　　單位：元

201A年		憑證	摘要	借方金額	貸方金額	借或貸	餘額
月	日						
6	1		期初結存			借	6,000
	23	6	收回應收帳款		2,000	借	4,000
			本期發生額及餘額		2,000	借	4,000

表 4-11　　　　　　　應收帳款明細帳　　　八一工廠　　　　　　單位：元

201A年		憑證	摘要	借方金額	貸方金額	借或貸	餘額
月	日						
6	1		期初結存			借	4,000
	23	3	收回應收款		3,000	借	1,000
			本期發生額及餘額		3,000	借	1,000

第四節　試算平衡

一、試算平衡的作用

企業會計事項發生時，均是根據復式記帳原理在兩個或兩個以上的帳戶中，以借方、貸方相等的金額進行分錄簿的記錄，過入分類帳戶后，其帳戶的借、貸方向與金額沒有絲毫變化，故借貸雙方數額也應相等。事實上，會計事項由編製分錄到過帳，借方與貸方金額究竟是否相等，仍需要經過一番測試、驗算方可確定。此種測試、驗算會計記錄的過程稱為試算。由於以試算的結果是否平衡來檢查會計記錄和過帳是否有錯誤，所以稱為試算平衡。

在每一會計期間或每一會計循環過程中，試算次數的多少應視實際情況而定，除期末必須試算一次外，其他時間可以經常試算，不宜隔得太久，以免增加查核錯誤的困難。

編製試算平衡表的主要作用如下：

（一）試算平衡表可用來檢查分類帳的過帳工作和記錄情況是否正確和完備

試算平衡表是根據借貸記帳法則和會計平衡公式，將各分類帳戶借貸數額匯列一起，

查明借貸雙方是否平衡，決定記錄和過帳是否有錯誤的一種方法。如果試算結果不能平衡，那麼過帳或會計記錄中肯定有錯誤。但是，如果試算結果平衡了，只能說過帳和會計記錄基本上是正確的，而不能保證過帳和記錄完美無缺，這是值得注意的問題。為什麼會出現此種情況呢？試算平衡表合計總額的平衡只能說明分類帳的記錄大致沒有錯誤，因為借貸雙方平衡只能表示分類帳戶的借貸雙方曾經記入了相等的金額。但是，記入的金額即使相等，不一定就是正確、完整的記錄。有許多錯誤對於借貸雙方平衡並不產生影響，因而就不能通過試算表發現。這類錯誤一般有如下幾種：

（1）一筆會計事項的記錄全部遺漏或者一筆會計事項的記錄全部重複，其結果仍然平衡。這是因為等量減等量其差仍然相等或等量加等量其和仍然相等。

（2）在編製會計分錄時，一筆會計事項的借貸雙方都少記相同金額或多記相同金額，其結果仍然平衡。這同樣是因為等量減等量其差仍然相等或等量加等量其和仍然相等。

（3）在編製會計分錄時，一筆會計事項應借、應貸的帳戶互相顛倒或誤用了帳戶名稱，對試算平衡無影響。例如，正確會計分錄是「借：銀行存款，貸：產品銷售收入」，而誤編成為「借：庫存現金，貸：產品銷售收入」，均對試算平衡無影響。

（4）在過入分類帳時，會計分錄的借貸雙方或一方誤記入同類帳戶。例如，應過入「短期借款」帳戶，而誤過入「長期借款」帳戶；應過入「實收資本」帳戶，而誤過入「資本公積」帳戶。

（5）在編製會計分錄或過帳時，借方或貸方的各項金額偶然一多一少，其金額恰好相互抵銷。例如，某筆會計事項「資產」帳戶少記（多記）的金額恰好等於另一筆會計事項「資產」帳戶多記（少記）的金額。

由於會計帳簿上的記錄可能有以上錯誤而不能通過試算平衡表來發現，所以會計人員在處理一切會計事項時必須經常或定期進行復核，以求數據的準確。

（二）試算平衡表所匯列的資料為會計人員定期編製財務報表提供了方便

試算平衡表除了可據以檢查分類帳的過帳和記錄的正確性以外，在會計上還可以用來作為編製資產負債表和其他報表的依據。

雖然會計人員可以直接根據分類帳的記錄來編製財務報表，但是試算表已經集中了各帳戶的期末餘額或本期發生額，就可以不需要翻閱分類帳的記錄了。這樣，會計人員在編表工作上可以少費一些精力，達到事半功倍的效果。

二、試算平衡的方法

試算平衡一般採用兩種以下方法：

（一）本期發生額試算平衡

本期發生額試算平衡是依據借貸復式記帳法的記帳規則「有借必有貸，借貸必相等」的原理為依據進行試算平衡的。因為每一筆會計事項都必須在兩個或兩個以上的帳

戶中以借貸相等金額進行登記，也就是說每筆會計分錄的借方金額和貸方金額相等，那麼無論多少筆會計事項的借方金額之和肯定等於其貸方金額之和。試算平衡公式如下：

$$\text{所有帳戶本期借方發生額之和} = \text{所有帳戶本期貸方發生額之和}$$

（二）餘額試算平衡

餘額試算平衡是依據會計的平衡式，即「資產＝負債＋所有者權益」為依據進行試算平衡的。因為在任何一個時點上，企業的資產、負債、所有者權益的餘額都滿足這一會計平衡式，所以利用此平衡式可隨時檢查資產、負債、所有者權益帳戶的餘額是否符合這一平衡公式。試算平衡公式如下：

$$\text{所有帳戶借方餘額之和} = \text{所有帳戶貸方餘額之和}$$

如果沒有發生錯誤，則編製的以上兩種試算平衡表都會平衡。也就是說，如果以上試算平衡結果不平衡的話，說明在過帳程序中或編製會計分錄時發生了錯誤，必須及時查明原因。

1. 試算平衡表上發生不平衡的一般原因

（1）所編試算平衡表中各金額欄加算的錯誤。這要求加總時認真、細心，在確定無誤的前提下再查找其他原因。

（2）編製試算平衡表過程中的錯誤。例如，編表寫錯數字，或者錯記金額和借、貸方向，或者漏列某一帳戶的發生額或餘額。

（3）各分類帳戶的餘額計算錯誤。

（4）過帳時的錯誤。例如，在根據分錄簿過入分類帳時，就將借、貸方向或金額記錯了，或者某一帳項根本就被漏掉或重複過帳。

2. 糾正試算平衡表錯誤的一般步驟

（1）重新加總試算平衡表中借、貸欄或餘額欄的金額，並復核合計數，檢查本表的加總工作是否有錯誤。

（2）按照試算平衡表中所列帳戶的名稱和金額，逐一與分類帳戶所記的本期發生額或餘額核對。重點注意是否有抄錯的數字或漏列的金額，是否將借貸方向填錯了。如資產帳戶的餘額是否填入表中的貸方，負債和所有者權益帳戶餘額是否填入表中的借方。

（3）將分類帳戶所列的期初餘額和上期資產負債表相核對。重點注意是否有抄錯的數字或漏掉的帳戶餘額，並檢查各帳戶借、貸方本期發生額的匯總及其餘額是否有錯誤。

（4）按分類帳戶的記錄，逐筆與分錄簿相核對。重點注意各帳項或借、貸方向是否有過帳錯誤，是否有遺漏或重複過帳的帳項。

三、試算平衡表的格式和編製

試算平衡表的格式有兩種：一種是本期發生額試算平衡表。它是根據各分類帳戶借

方、貸方本期發生額合計數編製而成的（見表4-12）。另一種是餘額試算平衡表。它是根據各分類帳戶在試算時結出的借方餘額之和與貸方餘額之和編製而成的（見表4-13）。

試算平衡表可以採用上下單列式或左右雙列式。上下單列式，帳戶名稱先列資產帳戶（含成本費用帳戶），后列負債帳戶，最后列權益帳戶（含收入帳戶）。左右雙列式，資產帳戶（含成本費用帳戶）列左邊，負債帳戶、權益帳戶（含收入帳戶）列右邊。兩種試算平衡方法中，餘額試算平衡方法應用最廣，因其所列數字較少，便於計算，並且報表的編製也是以此種試算平衡表為依據的。任何一種試算平衡表的表首都必須填註標題，說明編製單位名稱、表格名稱和編表日期。

試算平衡表的數字是從各總分類帳戶中獲得的，因此在編製試算平衡表之前，必須先計算各帳戶於試算之日止的本期借、貸方發生額和餘額，然后再將各帳戶名稱及其金額抄錄於試算平衡表內。經過的程序可分兩項說明。

（一）分類帳金額的計算

第一步，加計各帳戶借貸雙方金額，求出總和，用鉛筆記於各帳戶最末一項「金額」之下。由於這是臨時匯總於試算時的本期發生額，不需用鋼筆填寫，只需用鉛筆填寫。

第二步，將各分類帳戶借方發生總金額、貸方發生總金額及期初餘額結出在試算時各帳戶的餘額。計算公式如下：

$$\text{試算時帳戶借方餘額} = \text{期初借方餘額} + \text{本期於試算時借方發生額合計} - \text{本期於試算時貸方發生額合計}$$

$$\text{試算時帳戶貸方餘額} = \text{期初貸方餘額} + \text{本期於試算時貸方發生額合計} - \text{本期於試算時借方發生額合計}$$

將計算出來的結果用鉛筆記於各分類帳戶餘額欄最末一項「金額」之下。為了減少計算工作量，有些帳戶本月發生業務較少甚至沒有發生業務的可以不必匯總和結餘額。

（二）填製試算平衡表的步驟

第一步，填寫單位名稱、表格名稱、編表日期。

第二步，將各分類帳戶的名稱按資產、負債、所有者權益的先後順序填入表內。

第三步，將各分類帳戶所得借、貸總額或餘額填入表中相應帳戶名稱的借、貸或餘額欄，分別以本期發生額試算平衡公式或餘額試算平衡公式加總，檢查是否平衡。

現以表4-4的總分類帳戶資料為依據，編製兩個試算平衡表（見表4-12、表4-13）。

表 4-12 某企業本期發生額試算平衡表

201A 年 6 月 30 日　　　　　　　　　　　單位：元

帳戶名稱	借方發生額	貸方發生額
銀行存款	5,000	9,800
應收帳款		5,000
原材料	7,500	26,500
生產成本	26,500	
短期借款	1,800	
應付帳款	6,500	6,000
合　　計	47,300	47,300

表 4-13 某企業餘額試算平衡表

201A 年 6 月 30 日　　　　　　　　　　　單位：元

帳戶名稱	試算時借方餘額	試算時貸方餘額
庫存現金	1,500	
銀行存款	39,500	
應收帳款	5,000	
原材料	118,500	
生產成本	36,500	
庫存商品	5,000	
固定資產	500,000	
累計折舊		50,000
短期借款		0
應付帳款		6,000
實收資本		600,000
資本公積		50,000
合　　計	706,000	706,000

復習思考題

1. 簡述會計循環的概念及內容。
2. 何為會計分錄？會計分錄按記錄會計事項的繁簡可分為哪些類型？
3. 什麼是會計事項？企業的所有經濟活動都是會計事項嗎？為什麼？
4. 什麼是分錄簿？分錄簿的作用如何？
5. 什麼是總帳和明細帳？兩者的關係如何？
6. 什麼是試算平衡？其方法一般有哪幾種？

7. 試算平衡的作用有哪些？試算平衡結果平了，是否能說明其會計帳簿記錄完全正確？為什麼？

練習一

根據某企業某月以下業務編製會計分錄：
1. 李廠長出差借支 1,000 元，出納以現金支付。
2. 從銀行借入短期借款 50,000 元存入銀行。
3. 出納開出現金支票從銀行提取現金 10,000 元以備零用。
4. 張三回廠報銷差旅費 800 元，出納以現金支付。
5. 李廠長回廠報銷差旅費 600 元，餘款 400 元交回現金。
6. 李明持銀行轉帳支票去市內紅星工廠購回 20,000 元材料，材料已入庫。
7. 企業銷售產品一批，貨款 80,000 元，60,000 元收回存入銀行，餘款對方暫欠。
8. 以銀行存款支付廣告費 5,000 元。
9. 收到某購貨單位上月購貨欠款 2,000 元，存入銀行。
10. 以銀行存款 10,000 元，購回計算機一臺。
11. 以銀行存款支付本月銀行借款利息支出 5,000 元。
12. 以銀行存款購買 500 元辦公用品。
13. 將庫存現金 1,000 元存入銀行。
14. 以銀行存款 1,200 元預付全年報紙雜誌費。

練習二

根據以下資料，編製會計分錄，過入總分類帳和明細分類帳並編製發生額及餘額試算平衡表。

1. 有關帳戶期初餘額如下：
(1)「原材料」總帳餘額　　　　借　　　　　50,000 元
　其中：甲材料　　10 噸　　單價　500 元　　金額　5,000 元
　　　　乙材料　1,000 千克　單價　10 元　　金額　10,000 元
　　　　丙材料　　500 千克　單價　70 元　　金額　35,000 元
(2)「應付帳款」總帳餘額　　　貸　　　　　10,000 元
　其中：紅星工廠　　　　　　　　　　　　　3,000 元
　　　　風華公司　　　　　　　　　　　　　7,000 元
(3) 其他總帳餘額為：「庫存現金」1,000 元，「銀行存款」200,000 元，「應收帳款」2,000 元 (東風工廠)，「庫存商品」10,000 元，「生產成本」15,000 元，「固定資

產」100,000元，「累計折舊」20,000元，「實收資本」318,000元，「資本公積」12,000元，「短期借款」18,000元。

2. 企業本月發生下列經濟業務：

（1）向紅星工廠購入甲材料20噸，單價500元，乙材料2,000千克，單價10元，合計貨款30,000元，貨款暫欠，材料已驗收入庫。

（2）從銀行借款15,000元，償還紅星工廠欠款10,000元，償還風華公司欠款5,000元。

（3）生產用甲材料15噸，乙材料1,500千克，丙材料300千克。

（4）從風華公司購入乙材料2,000千克，單價10元，丙材料1,000千克，單價70元，合計貨款90,000元，貨款以銀行存款支付，材料已驗收入庫。

（5）以存款償還風華公司欠款2,000元，償還紅星工廠欠款20,000元。

（6）收到東風工廠上月所欠購貨款2,000元存入銀行。

第五章 會計循環（下）

上一章已經介紹了會計循環的前三個階段，即根據企業發生的會計事項，按照復式記帳原理編製會計分錄，記入日記簿；根據會計分錄的借、貸帳戶名稱過入有關總分類帳戶和明細分類帳戶；根據總分類帳戶資料編製試算平衡表。本章將繼續介紹會計循環的后兩個階段，即期末調帳和年終結帳。編製財務報表的內容將在第十二章介紹。

第一節 調帳

一、調帳的概念及內容

（一）調帳的概念

一個企業在日常經營活動中發生的會計事項，經過編製會計分錄記入分錄簿，過入分類帳，並利用試算平衡原理進行試算平衡，以檢查分類帳的記錄是否正確，然後即可進行財務報表的編製。由於會計期間假設的建立，會計人員所提供的會計信息必須按照權責發生制原則、收入與費用配比的原則進行加工處理。也就是說，企業在某一會計期間已經實現的收入和已經發生的費用是否都已入帳，或者雖已入帳，是否都屬於本期的經營收入和經營費用。為了正確確定某一會計期間的經營成果，為會計信息使用者提供有用的會計信息，在編製財務報表之前，就一些有關帳項進行適當的或必要的調整，就稱為調帳（Adjustment）。帳項之調整必須先編製會計分錄，然后過入有關帳戶，以使帳面記錄正確。在日記簿中為調帳所編製的會計分錄稱為調整分錄（Adjusting Entry）。

（二）調帳的內容

企業在會計期間終了時所需調整的帳項，一般有以下幾類：

1. 應收、應付帳項的調整

（1）應收收入：那些在本期已經賺得，即收入在本期已經實現，但尚未收到入帳的經營收入。應收收入是企業的一項債權資產。

（2）應計費用：那些在本期已經發生，即屬於取得本期收入而應付的代價，應確認為本期的費用，但尚未支付的費用。應計費用是企業的一項負債。

2. 遞延事項，即預收、預付事項的調整

（1）預收收入的分攤：那些在收入賺得或實現之前就已收到貨幣款項並予以入帳，但必須在后期提供產品或勞務或按期分攤的經營收入。預收收入也叫預收帳款，是企業

的一項負債。

(2) 預付費用：那些在費用發生之前就已經實際支付並入了帳，但必須在后期按期分攤的費用。預付費用列入企業的資產項目。

3. 壞帳與折舊事項的調整

壞帳與折舊事項類似於應計費用的調整，因為壞帳與折舊是企業重要的會計事項，將其歸於第三類單獨介紹。

4. 對帳后的帳項調整

對帳是指企業定期對財產物資、往來款項、貨幣資金進行核對，核查帳實、帳帳以及帳證是否相符的方法。如果發現不符，就必須在期末進行調整，以保證會計帳簿記錄與實存相符。

二、會計基礎

會計期間假設為企業計算費用、收入和利潤規定了一個起止時間界限，但沒有解決在此會計期間內對收入和費用的確認問題。這個問題的解決，有賴於會計基礎的選定。

會計基礎（Accounting Basis）是指企業會計人員確認和編報一定會計期間的收入和費用等會計事項的基本原則和方法。會計基礎有兩種，即收付實現制和權責發生制。

(一) 收付實現制

收付實現制又稱實收實付制或現金制（Cash Basis）。收付實現制是按照是否在本期已經收到貨幣資金（現金、銀行存款）為標準來確定本期收入和費用的一種會計基礎。收付實現制要求在確定本期收入時，只將那些在本期已經實際收到貨幣資金的收入（預收收入），不管是否已經提供了產品或勞務（收入是否實現或賺得）均作為本期的收入；相反，對於那些本期沒有收到貨幣資金的收入（應收收入），儘管已經提供了產品或勞務（收入已實現或賺得），也不作為本期的收入。在確定本期費用時，只將那些在本期實際已經支付了貨幣資金的費用（包括預付和應付費用），不管是否屬於本期的費用或為取得本期收入所付的代價，均作為本期的費用；相反，即使有些費用應該屬於為取得本期收入所付的代價，由於沒有實際支付貨幣資金，也不作為本期費用處理。對此，現用四例予以說明：舉例一，某企業預收購貨單位一批貨款10,000元存入銀行，雖然企業未提供產品或勞務給對方，但是按收付實現制確認為本期收入入帳。舉例二，某企業銷售產品一批給購貨單位，貨款5,000元，貨已發給對方，對方尚未付款。雖然產品已經提供，收入已經實現，由於貨款未收到，按收付實現制不作為本期收入入帳。舉例三，某企業以銀行存款6,000元支付全年報紙雜誌費。雖然本月只應負擔1/12，即500元，由於本期費用已全部以銀行存款支付了，6,000元都作為本期費用。舉例四，某企業應支付銀行借款利息1,000元，由於銀行是按季收取，企業暫時未付，不作為本期費用入帳。

(二) 權責發生制

權責發生制又稱應收應付制或應計制（Accrual Basis）。權責發生制是以應收應付

(是否應該屬於本期)為標準來確定本期收入和費用的一種會計基礎。權責發生制要求,凡應屬於本期的收益,無論是否在本期實際收到貨幣資金,均應作為本期收入;凡不應屬於本期的收入,即使已經收到了貨幣資金,也不作為本期收入;凡應屬於本期的費用,不論是否已經實際支付了貨幣資金,均應作為本期費用;凡不應屬於本期的費用,即使已經支付了貨幣資金,也不作為本期費用。仍以上述四例予以說明:舉例一,儘管企業已經收到了貨幣資金,但由於該產品未提供,該項收入未實現(未賺得),不作為本期收入入帳。舉例二,儘管該批產品的貨款 5,000 元未收到,但由於該項收入已經實現了(收入已經賺得),應該作為本期收入。舉例三,雖然企業支付了 6,000 元現款,但是只有其中的 1/12 屬於本期的費月,確認本期費用應為 500 元。舉例四,雖然利息支出沒有支付,但是本期應該負擔使用銀行借款的資金成本是 1,000 元,應作為本期費用入帳。

收付實現制和權責發生制的根本區別在於收入和費用的確認(入帳)時間不同,前者以收入或費用的收到或支付貨幣資金的時間作為確認(入帳)時間,后者則以收入或費用的實現(賺得)或發生的時間作為確認(入帳)時間。由於本期實際收入、支付的款項都必須在本期入帳,因此會計帳簿日常記錄的收入和費用與收付實現制確定本期收入和費用的要求是完全一致的,不需要於期末進行帳項調整。收付實現制會計處理手續十分簡便,但按此方法確定的各會計期間的經營成果是不準確的,也是不合理的。權責發生制是按歸屬期來確定各會計期間的收入和費用,因而前期的應計收入和費用是在會計帳簿日常記錄的基礎上進行帳項調整來計算求得的。這樣做雖然手續較為複雜,但是只有這樣處理才能正確確定各個會計期間的收入、費用和利潤,為會計信息使用者提供正確的、有用的會計信息。表 5-1 為採取兩種不同會計基礎所確定的收入、費用和利潤。

表 5-1　　　　採用兩種不同會計基礎所確定的收入、費用和利潤　　　　單位:元

會　計　事　項	權責發生制 收入	權責發生制 費用	收付實現制 收入	收付實現制 費用
①預收購貨款 10,000 元存入銀行			10,000	
②銷售產品貨款 5,000 元,對方暫欠	5,000			
③收到上月購貨單位欠款 2,000 元			2,000	
④發出一批產品(貨款 2,000 元)給購貨單位,該單位上月已經預付了貨款 4,000 元	2,000			
⑤以銀行存款 6,000 元支付全年報刊費		500		6,000
⑥計提本月的銀行借款利息 1,000 元		1,000		
⑦計算本月應提折舊費 1,500 元		1,500		
⑧提取壞帳準備 1,800 元		1,800		
⑨收到上月銷貨欠款 3,000 元			3,000	

表5-1(續)

會計事項	權責發生制		收付實現制	
	收入	費用	收入	費用
⑩銷售產品一批（貨款8,000元），其中6,000元收到存入銀行，餘款暫欠	8,000		6,000	
⑪計算應交稅費2,500元並繳納1,000元		2,500		1,000
⑫結轉發出銷售產品的成本4,000元		4,000		
⑬本期購入10,000元材料，其中6,000元已付				6,000
利　　潤	3,700		8,000	

三、應收收入的調整

應收收入（Accrual Revenue or Revenue Receivable）是指那些在會計期間終了時已經獲得或實現但尚未收到款項和未入帳的經營收入。例如，應收出租包裝物收入、應收企業長期投資或短期投資收益以及應收銀行存款利息收入和應收出租固定資產收入。

【例5-1】某企業出租包裝物一批，按合同每月應收到租金收入200元。企業將包裝物出租給承租單位，按合同規定承租單位每月應支付包裝物租金200元給出租單位，租期為一年。如果到月終承租單位將200元租金按時付給出租單位，出租單位在月終不存在應計收入調整問題。如果到月終出租單位尚未收到承租單位的本月租金收入200元，出租單位於月終應編製應收收入調整分錄如下：

借：應收收入（其他應收款）　　　　　　　　　　　　　　　　200
　　貸：其他業務收入　　　　　　　　　　　　　　　　　　　　　　200

如果租約合同規定在租期到後一次支付租金，則出租單位在租約期間每月終都應編製此種調整分錄。通過調整分錄確認收入實現，影響利潤表，同時形成應收款資產，影響資產負債表。

為了反應應收收入的情況，需設置「應收收入」帳戶，該帳戶借方記錄已經提供產品或勞務但尚未收到貨款的各種收入；貸方記錄在后期收到的應收收入款；餘額在借方反應期末結存尚未收到的應收收入。如果是企業主要經營業務的應收收入，可用「應收帳款」帳戶代替「應收收入」帳戶。如果是企業其他業務的應收收入，可用「其他應收款」帳戶代替「應收收入」帳戶。注意：該帳戶屬於資產類帳戶。

【例5-2】企業本年1月1日按面值購入W公司債券作為投資，債券面值為50,000元，票面利率為10%，期限為3年，屬於分期計息、一次還本付息的債券，應於年末確認利息收入5,000元。

企業購入分期計息、一次還本的債券投資，雖然於年末未收到利息，但是根據權責發生制的要求，企業應於年末確認利息收入，影響利潤表，同時確認應收債權，影響資

產負債表。因此，企業年末應編製調整分錄如下：

借：應收利息   5,000
  貸：投資收益（利息收入）   5,000

四、應計費用的調整

應計費用（Accrual Expense）是指本期已經發生或已經受益，按受益原則應由本期負擔，但由於尚未實際支付，而還沒有入帳的費用。應計費用應歸屬於本期，但由於應計費用都是平時未作本期費用登記入帳的，因而應於期末調整入帳。應計費用是指應由本期負擔，但本期尚未支付，因而需要預先提取的費用。如期末應付而未付職工工資，應付而未付的房屋租金、水電費、銀行借款利息以及應付而未付的職工福利費一類費用，這類費用是企業的一項負債。對於這些費用，如果在會計期間終了時不予調整，就會嚴重影響成本和收入的配合以及期末編製的收益表和資產負債表。

為了反應應計費用的情況，需設置「應付帳款」「應付職工薪酬」「其他應付款」「應付利息」和「應交稅費」等帳戶。該類帳戶的貸方記錄應由本期成本負擔但尚未實際支付的費用（負債）；借方記錄實際支付，預先計入成本已提取的費用；餘額在貸方，反應期末結存已經從成本中提取，尚未支付的費用。該類帳戶屬負債類帳戶。

【例5-3】計提銀行借款利息費1,000元。

企業從銀行取得借款需按借款數額與規定借款利率計付利息。銀行規定通常於每季的季末計算利息一次並自動從銀行存款中扣取。儘管本月應付的銀行借款利息1,000元未實際支付，但是應作為本月使用借款的資金成本列入財務費用，應預先提取到時支付。在各月月末提取費用時，編製的調整分錄為：

借：財務費用   1,000
  貸：應付利息   1,000

此調整分錄確認本期應負擔的費用1,000元，影響利潤表，同時形成應付而未付的債務1,000元，影響資產負債表。

企業職工工資是由職工逐日工作，企業逐日積欠，但無法逐日支付，到月終需通過調整分錄處理這一會計事項。

【例5-4】某企業計算所有職工本月工資為15,000元，其中生產工人工資10,000元，車間管理人員工資1,000元，廠部管理人員工資4,000元。編製的調整分錄為：

借：生產成本   10,000
  製造費用   1,000
  管理費用   4,000
  貸：應付職工薪酬   15,000

該調整分錄一方面確認應由本期負擔的費用，影響利潤表，另一方面形成應付給職工而尚未支付的負債，影響資產負債表。

五、收入分攤的調整

企業的經營收入有時候是在收入獲得以前就入帳了。這種情況的發生多是由於企業尚未提供產品和勞務時，或者企業依照合同規定事前開具帳單交給顧客時，即先行收到了現金。也就是說，企業在這種情況下所收到的現金還不是已經獲得的收入，而只是一種預收性質的經營收入。這種預收的經營收入，在會計上稱為遞延收入或預收收入。預收收入（Deferred Revenue or Unearned Revenue）是指已經收到款項入帳但不應該歸屬於本期，而應於以後提供產品或勞務的會計期間才能獲得（確認）的各項收入，如預收銷貨款、預收出租包裝物租金一類收入。

預收銷貨款是指尚未向購貨方提供商品或勞務，而購貨方已預付的款項。預收出租包裝物租金是按照包裝物租用合同，由租用單位預先交付的款項。雖然這些款項已經收到，但是按應予歸屬的標準判斷，還不能作為本期經營收入，而只能作為一種預收款登記入帳。一項預收收入的發生，標誌著企業承擔了一項義務或債務，該項債務到期應由企業提供一定的產品或勞務償還。

對於預收的收入，如果所需提供的商品或勞務是在本期內全部完成，從而獲得它的全部收入的，自然可以在該會計事項發生時作為本期的收益，直接記入有關經營收入帳戶。但是，如果所需提供的商品或勞務不能在本期內全部完成，而要在以後各期完成，則其收到的預收款就不應全部作為本期的收益，而應按照各期提供商品或勞務的情況逐漸轉化為正常的經營收入。正因為如此，各會計期期末應根據各會計期提供的商品或勞務情況進行調整。

為了反應預收收入增減變動情況，需設置「預收收入」帳戶。該帳戶的貸方記錄尚未提供產品或勞務，預先從購貨單位收取的款項；借方記錄以後各期按提供的產品或勞務比例逐漸轉化為正常經營收入的款項；餘額在貸方，反應期末結存預先收到尚未提供產品或勞務的貨款。在實際工作中一般用「預收帳款」帳戶代替「預收收入」帳戶。該帳戶屬於負債類帳戶。

【例 5-5】企業預收購貨單位的一批貨款 10,000 元存入銀行。編製會計分錄為：

借：銀行存款　　　　　　　　　　　　　　　　　　　　　　10,000
　　貸：預收帳款　　　　　　　　　　　　　　　　　　　　　　10,000
　　　　（預收收入或遞延收入）

此會計事項發生，一方面使企業存款增加，另一方面使企業負債增加。儘管企業收到的是預收收入，但實際上未實現收入，只能形成負債，待以後提供商品或勞務時，才轉化成實際的收入。注意：這個會計分錄不是調整分錄。

【例 5-6】假設幾個月後，該企業發給預付購貨款單位一批貨，貨款 4,000 元。其調整分錄為：

借：預收帳款 4,000
　　貸：主營業務收入 4,000

該調整分錄一方面減少負債，借記「預收帳款」科目，影響資產負債表，另一方面確認收入，貸記「主營業務收入」科目，影響利潤表。

六、成本分攤的調整

(一) 預付費用的攤銷

應由本期負擔的費用與預付后期的費用，因受會計期間的限制，兩者性質迥然不同。有些費用其受益期只是發生費用付出的會計期間，這些費用自然歸屬於發生支出的會計期間，屬於本期應負擔的費用，即本期費用。有些費用其受益期會延續幾個會計期間，對本期而言，此種費用是為下期墊付的費用，稱為預付費用（Prepaid Expense）。如果費用的受益期延續在一年之內，則需要在一年內按月攤銷，金額不大可不攤銷，一次計入費用。如果費用的受益期延續在一年以上，則稱為遞延資產或長期待攤費用（Long-term Deferred Expense）。預付短期費用主要有預付全年報紙雜誌費、預付保險費、應攤銷的低值易耗品和其他物料等。這些預付一年內受益的費用現行會計準則規定可不分攤，發生時一次計入當期費用。遞延資產主要有租入固定資產改良支出、開辦費、需在一年以上分期攤銷的設備修理費等。

為了反應預付長期費用的增減變動情況，需設置「遞延資產」帳戶或「長期待攤費用」帳戶。

【例 5-7】企業於 1 月 1 日以銀行存款支付全年的報紙雜誌費 1,200 元。

由於該費用在年內 12 個月產生效益，因此需分期攤於年內每個月。此會計事項的發生，一方面產生「遞延費用」使資產帳戶的數額增加，另一方面由於以銀行存款的支付而減少了企業銀行存款資產帳戶的數額。該費用不能全部作為本月費用，需按 12 個月分攤。其會計分錄（不是調整分錄）為：

借：預付帳款 1,200
　　貸：銀行存款 1,200

【例 5-8】月末計算應由本月負擔的報紙雜誌費用 100 元。其調整分錄為：

借：管理費用（影響利潤表） 100
　　貸：預付帳款——待攤費用（影響資產負債表） 100

以后每個月月末均需編製同樣的調整分錄。

【例 5-9】企業發生固定資產修理費 7,200 元，以銀行存款支付，需在近兩年內分期攤銷。其會計分錄（不是調整分錄）為：

借：長期待攤費用 7,200
　　貸：銀行存款 7,200

【例 5-10】該項遞延資產需在兩年期間分攤，每月應分攤費用 300 元。各月月末編製調整分錄為：

借：管理費用（影響利潤表） 300
　　貸：長期待攤費用（影響資產負債表） 300

（二）折舊費的提取

固定資產中除土地一項以外，其他固定資產，如房屋、建築物、機器設備，由於物質上或經濟上的原因，終有不堪使用或不便使用之時，而喪失其原有價值或減低原有價值。此種損失因與使用各期有關，不能由任何一個會計期間單獨負擔。例如，某企業購買設備一臺，價值 50,000 元，估計可以使用 10 年，其全部成本不應視為第一年的損耗，因為除第一年外，其餘 9 年使用期也應分攤；當然也不能視為最後一年的損耗，因為過去的 9 年已享有其效益，並非只在最後一年使用。為了合理地把固定資產由於使用或其他原因引起其損耗的價值補償回來，必須將其損耗的價值分期攤入成本。因此，固定資產分攤於各使用期間，由各期分攤的固定資產價值損耗，稱為折舊費（Depreciation Expense）。

為了反應固定資產價值的損耗，即折舊情況，需設置「累計折舊」帳戶。該帳戶貸方記錄各期攤入成本的應提固定資產折舊額，即各期固定資產的損失價值；借方記錄因固定資產調出、報廢等原因，離開企業而轉銷的已提折舊額；餘額在貸方，反應期末累計已提固定資產折舊額。該帳戶是「固定資產」帳戶的抵減帳戶（Allowance Account），該帳戶的貸方餘額與「固定資產」帳戶借方餘額比較，能反應出企業固定資產的新舊程度。

固定資產應攤轉於成本的全部數額叫應提折舊額。固定資產應提折舊額有時等於固定資產的原值（Original Cost of Fixed Asset），有時等於固定資產原值減預計淨殘值（Net Scrap Value）。固定資產原值是指取得某項固定資產時所支付的一切貨幣資金代價。預計淨殘值是指固定資產報廢時預計殘值收入減去預計清理費之差額（淨額）。計算各期應提取折舊費數額的方法很多，有直線折舊法（也叫平均使用年限法）和加速折舊法兩大種類。現以直線折舊法為例，計算公式如下：

$$固定資產應提折舊總額 = 原值 - （預計殘值 - 預計清理費）$$

$$每年應提折舊額 = \frac{原值 - 預計殘值 + 預計清理費}{預計使用年限}$$

$$每月應提折舊額 = \frac{每年應提折舊額}{12}$$

【例 5-11】某企業購入設備一臺投入使用，原值 10,000 元，預計報廢殘值收入 600 元，預計清理費 200 元，預計使用 8 年。計算並提取每月折舊費。

$$每月折舊額 = \frac{10,000 - 600 + 200}{8 \times 12}$$

提取折舊的調整分錄為：

借：製造費用（影響利潤表）　　　　　　　　　　　　　　　100
　　（管理費用）
　　貸：累計折舊（影響資產負債表）　　　　　　　　　　　　100

(三) 壞帳的計提

隨著市場經濟的建立，企業之間的競爭日益加劇。企業要生存且在市場上佔有一席之地，不得不採取提供商業信用的方式銷售商品，因而應收帳款隨之形成，並且數額不斷增大。由於有些債務人的經濟效益較差，在激烈的競爭中處於不利地位，甚至無力償還其債務，對於債權人來說不可避免地會出現收不回債權的壞帳（Bad Debts or Bad Account）或稱為呆帳。此種無法收回的壞帳，既然是由於應收帳款形成的，自應作為帳款放出期間損失來處理。但事實上，往往帳款放出在本期，而壞帳的發生在后期。換句話說，負擔壞帳損失的期間在先，證實壞帳發生的期間在後。為求當期收入與當期費用的配比，無法等到壞帳發生后再計算前期的損失。因此，可以根據過去的經驗與當前的情況，估計可能發生的壞帳數額，編製調整分錄。一方面表示當期費用的增加，另一方面表示債權資產的減少。

由於壞帳是因應收帳款產生的，所以預提壞帳準備數額的確定一般是按每月應收帳款的一定比例計算。中國《企業財務通則》規定，壞帳準備（Bad Debts Provision or Allowance for Bad Debts）按每月應收帳款的3‰計提。其公式為：

$$應提壞帳準備 = 應收帳款平均餘額 \times 3‰$$

壞帳是按應收帳款一定比例估算的，不僅實際發生的壞帳數額無法事先確定，究竟哪些客戶的帳款收不回來也難以推斷，提取的壞帳準備如果直接衝減應收帳款自然不便且欠合理。因此，會計人員在調整分錄中，均不直接貸記「應收帳款」科目，而改用專設「壞帳準備」帳戶進行反應。「壞帳準備」帳戶的性質是「應收帳款」帳戶的備抵帳戶。該帳戶貸方記錄按規定標準分期從成本中提取的壞帳準備金；借方記錄后期實際發生的壞帳註銷（Baddebts Written-off）數額；餘額在貸方，表示期末結存已經提取尚未註銷的壞帳準備。

【例 5-12】某企業期末「應收帳款」餘額為 300,000 元，按 3‰ 提取本月壞帳準備。其調整分錄為：

借：資產減值損失（影響利潤表）　　　　　　　　　　　　　900
　　貸：壞帳準備（影響資產負債表）　　　　　　　　　　　　900

以后各期計提壞帳準備的計算比較複雜，在《中級財務會計》中有詳細介紹。

以上介紹的期末調整帳項共有六種：應收未收收入的調整，是資產與收入的記載；應付未付費用的調整，是費用與負債的記載；預付費用的調整，是資產與費用的劃分；預收收入的調整，是負債與收入的劃分；壞帳的調整是無法收回帳款的調整；折舊的調整是固定資產成本的分攤。

以上所有調整事項都需登記入會計分錄簿,然后過入總分類帳戶和明細分類帳戶。調整會計分錄的特點是:一方面,涉及資產負債表的相關項目;另一方面,涉及利潤表的相關項目,但不涉及現金和銀行存款。

第二節　結帳

上一節已經介紹了會計循環的第四個階段——帳項調整。會計循環的最后兩個階段是編製財務報表和結帳(Closing)。本節將暫不討論財務報表的編製,主要討論結帳工作,其原因有兩個:一方面,本書將單獨在第十二章專門討論財務報表的編製;另一方面,由於採用的結帳方法不同,使結帳工作和編製報表工作的先后次序不同。如果收入、費用帳戶的結轉每月採取表結法,年終一次結帳,則每月會計循環就只有編製會計分錄—過帳—試算平衡—調帳—編製財務報表五個環節。五個環節重複循環,年終加入結帳環節。這樣,編製報表工作就在結帳之前進行。如果收入、費用帳戶的結轉每月採取帳結法,則每月會計循環就有編製會計分錄—過帳—試算平衡—調帳—結帳—編製財務報表。這樣,編製財務報表工作就在結帳之后進行。無論採用帳結法,還是表結法,有些結帳工作總是按月進行,即在編製財務報表之前進行,如存貨帳戶之間的結轉、費用帳戶之間的結轉。因此,先介紹結帳后介紹財務報表是符合會計循環的循環順序的。

會計循環的編製會計分錄、過帳與試算三個環節屬於平時的帳務處理,期末的會計循環環節,除期末調帳以外,還有期末結帳和編製財務報表兩項重要工作。分類帳經過調整以后,所列數字均已正確,即可一方面加以結算,表示會計期間的結束,另一方面據以編製財務報表,提交會計的完工產品。帳戶結算是在年度終了時,分別計算各帳戶的餘額,然后結平借貸或結轉下期,在記載上告一段落。帳戶有虛帳和實帳之分,兩者的結算方法不同。虛帳的結算必須將一切收入帳戶與費用帳戶的餘額匯轉一處,以便比較,要求算出本期的純收益;同時結平各期帳戶,以便劃清各期記載,分別計算各期收益。實帳(有餘額的帳戶)的結帳要將其餘額結轉下年。結轉的方法是將有餘額的帳戶的餘額直接記入新帳的餘額欄內,不需要編製記帳憑證,也不必將餘額再記入本年帳戶的借方或貸方,使本年有餘額的帳戶的餘額變為零。因為既然年末是有餘額的帳戶,其餘額應當如實地在帳戶中加以反應,否則容易混淆有餘額的帳戶與沒有餘額的帳戶。於期末結轉或結算各帳戶的過程叫作結帳。

一、損益帳戶的結清

大部分損益帳戶都屬於虛帳戶。虛帳戶是指於期末結帳后一般沒有餘額的各收入、費用帳戶。設置收入與費用這些虛帳的目的在於使收入的來源與費用的內容在帳冊上有詳細的表示。收入的發生,應由企業所有者享有。費用的發生,應由企業所有者負擔。

收入的實現和費用的發生，本可直接記入所有者權益帳戶的貸方或借方，作為所有者權益的增加或減少，但是為了使會計信息使用者（經營管理者和投資者等）瞭解收入與費用增減變動的詳細情況，於平時分別列帳反應，到期末按照各項目的有關數字加總以後，即應全結清，以供下期重新記載之用。虛帳的結清，應先就日記簿作成結帳分錄，再根據分錄過帳，達到餘額轉銷而帳戶結平（Account Balanced）的目的。因此，結帳分錄是將虛帳的餘額轉入另一帳戶的分錄。

為了正確地反應企業收入的實現和費用的發生以及企業利潤的形成情況，需要設置收入帳戶、費用帳戶和利潤帳戶。

收入帳戶包括「主營業務收入」「其他業務收入」「投資收益」「營業外收入」等帳戶。費用帳戶包括「主營業務成本」「銷售費用」「稅金及附加」「其他業務成本」「管理費用」「財務費用」「營業外支出」等帳戶。利潤帳戶包括「本年利潤」和「利潤分配」帳戶。各種不同收入的實現分別於平時在相應的收入帳戶貸方登記；各種不同費用的發生分別於平時在相應的費用帳戶借方登記；年終結清收入和費用帳戶時，在「本年利潤」帳戶歸集，即將所有收入帳戶的本期貸方發生額從其借方轉入「本年利潤」帳戶的貸方；將所有費用帳戶的本期借方發生額從其貸方轉入「本年利潤」帳戶的借方。這樣，使所有收入、費用帳戶全部結清，餘額為 0，同時確定出本年實現的利潤總額。「本年利潤」帳戶，如有貸方餘額，則為本年實現的盈利總額；如為借方餘額，則為本年實現的虧損總額。餘額從其相反方向轉入「利潤分配」帳戶，即表示企業所有者權益的增減數額。因此，所有收入帳戶、費用帳戶和「本年利潤」帳戶均是過渡性帳戶（Clearing Account or Income Summary），也稱為虛帳戶。

【例 5-13】某企業 12 月 31 日各收入帳戶和費用帳戶本期發生額為：「主營業務收入」貸方餘額為 100,000 元，「主營業務成本」借方餘額 65,000 元，「稅金及附加」借方餘額 5,000 元，「銷售費用」借方餘額 6,000 元，「管理費用」借方餘額 7,000 元，「財務費用」借方餘額 2,000 元，「其他業務成本」借方餘額 3,000 元，「其他業務收入」貸方餘額 4,500 元，「投資收益」貸方餘額 4,000 元，「營業外收入」貸方餘額 1,500 元，「營業外支出」借方餘額 2,000 元，所得稅稅率為 25%。根據資料於年終編製結帳分錄如下：

（1）將所有收入帳戶結清轉入「本年利潤」帳戶貸方。

借：主營業務收入	100,000
其他業務收入	4,500
投資收益	4,000
營業外收入	1,500
貸：本年利潤	110,000

（2）將所有費用帳結清，轉入「本年利潤」帳戶。

借：本年利潤	90,000

　　　　貸：主營業務成本　　　　　　　　　　　　　　　　　65,000
　　　　　　銷售費用　　　　　　　　　　　　　　　　　　　6,000
　　　　　　稅金及附加　　　　　　　　　　　　　　　　　　5,000
　　　　　　管理費用　　　　　　　　　　　　　　　　　　　7,000
　　　　　　財務費用　　　　　　　　　　　　　　　　　　　2,000
　　　　　　其他業務成本　　　　　　　　　　　　　　　　　3,000
　　　　　　營業外支出　　　　　　　　　　　　　　　　　　2,000
　（3）計算應交所得稅＝20,000×25%＝5,000（元）
　　　　借：所得稅費用　　　　　　　　　　　　　　　　　　5,000
　　　　　　貸：應交稅費——應交所得稅　　　　　　　　　　5,000
　　　　借：本年利潤　　　　　　　　　　　　　　　　　　　5,000
　　　　　　貸：所得稅費用　　　　　　　　　　　　　　　　5,000
　（4）將「本年利潤」帳戶的餘額，即全年盈利或虧損轉入「利潤分配」帳戶
　　　　借：本年利潤　　　　　　　　　　　　　　　　　　15,000
　　　　　　貸：利潤分配——未分配利潤　　　　　　　　　15,000

二、實帳的結轉

　　實帳是指資產、負債、所有者權益帳戶。此種帳戶期末總是有餘額，其餘額代表當時實際存在的財物與權利，不能像虛帳那樣轉銷，應將其餘額轉入下期，使各帳戶在下期期初有一定的餘額，以供繼續處理。由於實帳結轉是在同一個帳戶中進行的，因此不需要編製會計分錄，只需將其借貸雙方分別加計總數，並算出每個帳戶的借方或貸方餘額。在年月日欄註明結帳日期（12月31日），摘要欄內註明「結轉下期」。將餘額轉入下期新開設的會計帳簿中時，於月初在年月日欄註明下期開始日期（1月1日），並在摘要欄內註明「上年結轉」或「期初結存」字樣，並登記餘額數字在原屬方向，即上期末餘額在借方的，登入下期帳戶借方，上期末餘額在貸方的，登入下期帳戶的貸方。

復習思考題

1. 簡述調帳的概念及內容。
2. 會計基礎有哪兩種？兩者的區別是什麼？在實際工作中，一般採用哪一種？為什麼？
3. 應計收入的調整內容有哪些？應設置哪些主要帳戶？帳戶屬於債權（資產）帳戶還是債務帳戶？如何編製調整分錄？
4. 應計費用的調整內容有哪些？應設置哪些主要帳戶？這些帳戶屬於債權（資產）帳戶還是債務帳戶？如何編製調整分錄？

5. 預收收入的調整內容有哪些？應設置哪些主要帳戶？帳戶性質為什麼？調整分錄如何編製？

6. 預付費用的調整內容有哪些？應設置哪些主要帳戶？怎樣編製調整分錄？

7. 什麼是應計費用和預付費用？兩者有何聯繫與區別？

8. 折舊費和壞帳的調整有哪幾種類型？如何編製調整分錄？

9. 對帳的內容有哪些？

10. 什麼叫結帳？結帳的內容有哪些？

11. 企業有哪些帳戶屬於虛帳？虛帳的作用如何？如何結清虛帳？

12. 企業的實帳有哪些？結實帳時是否需要編製會計分錄？為什麼？

練習題

根據某企業以下業務編製調整分錄：

1. 銷售產品一批，貨款100,000元，其中已收到的60,000元存入銀行，餘款購貨單位暫欠。

2. 月底調整應計入本期的出租包裝物租金收入200元，租金未收到。

3. 計提本月銀行借款利息1,000元。

4. 計提生產用固定資產的修理費用6,000元。

5. 從銀行轉來購貨單位預付給本單位的銷貨款10,000元。

6. 月底發出第5筆業務預收貨款的產品，貨款25,000元。

7. 以銀行存款支付全年報紙雜誌費600元。

8. 以銀行存款支付全年房屋租金12,000元。

9. 分攤應由本月負擔的報紙雜誌費和房租費。

10. 計提本月固定資產折舊費5,000元，其中車間使用固定資產折舊費4,000元，管理部門使用固定資產折舊費1,000元。

11. 從本期開始計提壞帳準備，本年年末應收帳款餘額100,000元，按3‰提取壞帳準備。

要求：第一，根據以上資料編製會計分錄。

第二，指出哪些會計分錄屬於調整分錄。

第六章　主要經濟業務的核算

前面各章已對會計假設、會計原則、會計要素、復式記帳法和會計循環等內容一一進行了闡述。在本章中，我們將以工業企業為例，說明企業如何在會計假設的前提條件下遵循會計原則對各個會計要素運用復式記帳法的原理進行會計處理。只有對主要經濟業務及其他經濟業務進行分析，對這些經濟業務所產生的各種數據按照復式記帳法的要求，設置帳戶予以反應並進一步加工處理，變成有用的會計信息，才更有利於達到既定的會計目標。

第一節　材料採購業務的核算

企業要進行商品產品的生產，首先必須獲得進行生產的物的要素，材料是這些物的要素中的要素之一。

一、材料採購業務的基本內容

在社會主義市場經濟條件下，生產所需的材料是通過供應過程獲得的。供應過程是工業企業生產經營過程中所經歷的第一個階段。在這個過程中，材料採購業務是主要的業務，企業應付出一定數量的資產或承擔一定的債務（如貨幣資金和應付帳款），以獲得生產經營活動所必需的勞動對象——材料，以便為企業生產活動做準備。企業在材料採購過程中，從生產資料市場向供應單位購進材料時，應按照等價交換的原則向供應單位支付材料價款，或者承擔支付材料價款的債務（即負債）。這時，企業由於採購材料而與供應單位之間便發生了貨款的結算業務，這是供應過程，即材料採購過程的主要經濟業務之一。材料採購成本由材料買價和採購費用構成。材料採購成本的發生是材料採購過程的另一類主要經濟業務。材料採購過程中除了上述兩類主要經濟業務外，還應於每批材料採購完成時或於月底時，計算各種購入材料的實際採購成本，以便按貨幣尺度對入庫材料進行計量。

二、材料採購業務核算應設置的主要帳戶

為了記錄上述與供應單位的結算業務、發生材料採購成本的業務以及按貨幣尺度對入庫材料進行計量的業務，應設置和運用「材料採購」「原材料」「應付帳款」「應付票

據」「預付帳款」「應交稅費——應交增值稅」等帳戶。

「材料採購」帳戶是用以核算企業購入商品、材料等的採購成本。對於購入材料的買價（可能已用銀行存款支付，也可能尚未支付）和發生的採購費用記入該帳戶的借方，驗收入庫材料的實際成本記入該帳戶的貸方。如果每一會計期間外購材料的採購活動均能全部完成，材料全部驗收入庫，則該帳戶的餘額為零，否則該帳戶便會出現借方餘額。該帳戶的借方餘額表示材料採購成本已經發生（全部或一部分），但是材料尚未運達企業或者已經運達企業而尚未驗收入庫的在途材料的實際採購成本。「材料採購」帳戶的明細分類帳戶可按外購材料的種類或名稱設置，以便分別反應各種外購材料的實際採購成本，進行明細分類核算。

「原材料」帳戶是反應庫存材料的增減變化及其結存情況，記錄庫存材料增減變化的帳戶。該帳戶的借方記錄外購、自制及其他途徑驗收入庫材料的成本，貸方記錄由於生產活動或管理活動等而發出材料的成本，餘額在借方，表示庫存材料成本。「原材料」帳戶的明細分類帳戶應按材料的名稱或種類設置，以便分別反應各種材料增減變化的具體情況。如果企業規模較小、外購材料較少、材料採購業務簡單，也可以不設「材料採購」帳戶，而將外購材料的買價和採購費用直接記入「原材料」帳戶的借方。

「應付帳款」帳戶是用來核算企業因購買材料、物資和接受勞務供應等而應付給供應單位款項的帳戶。進行材料採購而發生的應付供應單位的貨款和代墊運雜費，應記入該帳戶的貸方，表示負債的增加；當企業用貨幣資金或其他資產清償所欠供應單位款項時，應記入該帳戶的借方，意味著負債的減少。該帳戶的餘額在貸方，表示尚未歸還給供應單位的欠款，也就是未清償的負債。「應付帳款」帳戶的明細分類帳戶應按供應單位名稱設置，以便能具體反應企業與每個供應單位之間的款項結算情況。

「應付票據」帳戶是用來核算企業對外發生債務時所開出、承兌的商業匯票（包括銀行承兌匯票和商業承兌匯票）的帳戶。商業匯票是由銷貨企業或購貨企業簽發，並經購貨企業或購貨企業的開戶銀行承兌，於到期日向銷貨企業支付款項的結算憑證。企業由於採購材料而開出、承兌商業匯票時，應記入該帳戶的貸方；到期兌付給供應單位時，應將已兌付的款項記入該帳戶的借方。該帳戶的餘額在貸方，表示已開出承兌但尚未兌付的商業匯票。由於開出承兌的商業匯票可由供應單位背書（指定受款人在票據背面簽章）轉讓，不便按供應單位設置明細帳戶，所以該帳戶不設明細帳而只設備查登記簿，記錄商業匯票開出承兌和兌付的情況。

「預付帳款」帳戶是用來核算企業按照合同規定，在尚未收到所購物品以前預付給供應單位的貨款及其結算情況的帳戶。當企業按合同規定向供應單位預付材料款時，應記入該帳戶的借方；收到供應單位發來的材料，企業用預付貨款抵付所收材料的價款或收回多餘的預付款時，應記入該帳戶的貸方。該帳戶的餘額在借方，表示尚未抵付的預付帳款或尚未收回的多餘的預付款。「預付帳款」帳戶的明細分類帳戶應按照預付貨款的供應單位名稱設置，以便分別反應與各供應單位的預付貨款的結算情況。預付帳款業

務較少的企業，也可不設該帳戶，將偶爾發生的預付帳款結算業務合併到「應付帳款」帳戶核算。

「應交稅費——應交增值稅」帳戶是用來核算企業銷售產品或提供勞務而應繳納的增值稅稅額的帳戶。該帳戶的借方登記企業購進貨物或接受應稅勞務支付的進項稅額和實際已繳納的增值稅額；貸方登記銷售貨物或提供應稅勞務收取的增值稅銷項稅額等內容。期末餘額如在借方，表示企業多繳或尚未抵扣的增值稅額，尚未抵扣的增值稅額可以結轉以後各期繼續抵扣；期末餘額如在貸方，則反應企業當期應繳但尚未繳納的增值稅額。該帳戶下設「進項稅額」「已交稅金」「銷項稅額」等專欄。「進項稅額」專欄記錄企業購入貨物或接受應稅勞務支付給對方的、準予從銷項稅額中抵扣的增值稅額；「已交稅金」專欄記錄企業已繳納的增值稅額；「銷項稅額」專欄記錄企業銷售貨物或提供應稅勞務應從對方收取的增值稅額。

三、材料採購業務分析及業務舉例

如前所述，企業與供應單位的結算業務、發生材料採購成本的業務以及入庫材料採購成本計算與結轉的業務，主要是通過「材料採購」「原材料」「應付帳款」「應付票據」和「預付帳款」等帳戶來進行反應的。下面舉例說明材料採購業務在各帳戶中反應的方法。

【例6-1】201A年10月1日，秀峰機械廠結存的A、B、C三種材料的數量分別為28,000千克、4,000千克、1,000千克，其總成本分別為8,820元、4,210元、3,000元。10月2日（本章除第五節以外的所有業務均是該廠10月份發生的），秀峰機械廠從科星公司購進A材料4,000千克，單價為0.25元/千克，貨款為1,000元，進項增值稅為170元，科星公司墊付運輸費200元，共計1,370元，以銀行存款支付。

1,000元貨款和200元運輸費均構成A材料的採購成本，應記入「材料採購」帳戶的借方及其所屬明細帳戶「材料採購——A材料」的借方，進項增值稅額增加應記入「應交稅費——應交增值稅」帳戶的借方；由於支付A材料的採購材料成本和進項稅額170元而使企業的銀行存款減少1,370元，所以應記入「銀行存款」帳戶的貸方。因此，對於這筆經濟業務應編製的會計分錄如下：

借：材料採購——A材料　　　　　　　　　　　　　　　1,200
　　應交稅費——應交增值稅（進項稅額）　　　　　　　　170
　　貸：銀行存款　　　　　　　　　　　　　　　　　　　1,370

交通運輸業已將原來徵收營業稅改為徵收增值稅，增值稅稅率為11%，進項稅可以抵扣消項稅，其會計處理與購進貨物處理相同。出於簡化，本書在有關方面的處理不考慮增值稅問題。

【例6-2】10月3日，秀峰機械廠向紅光廠購進B材料1,000千克，單價為1元/千克，進項增值稅稅額為170元，紅光廠代墊運輸費用50元。款項尚未支付。

B 材料的買價 1,000 元和運輸費用 50 元均構成 B 材料的採購成本，故應記入「材料採購」總帳及其所屬的明細分類帳戶「材料採購——B 材料」帳戶的借方，增加的進項增值稅額 170 元應記入「應交稅費——應交增值稅」帳戶的借方；應付紅光工廠的貨款和代墊運輸費用尚未支付，是秀峰機械廠對紅光廠的負債，即秀峰機械廠由於採購材料而增加了債務，所以應記入「應付帳款」總帳及其所屬明細分類帳戶「應付帳款——紅光廠」帳戶的貸方。因此，對於這筆經濟業務應編製如下會計分錄：

借：材料採購——B 材料　　　　　　　　　　　　　　　　1,050
　　應交稅費——應交增值稅（進項稅額）　　　　　　　　　170
　貸：應付帳款——紅光廠　　　　　　　　　　　　　　　　1,220

【例 6-3】10 月 6 日，根據合同規定，秀峰機械廠以銀行存款 2,000 元支付向環宇公司購買 A 材料的預付款。

秀峰機械廠由於需要購買 A 材料而按合同規定向環宇公司預付貨款，可見這筆業務的發生與 A 材料的採購有一定的聯繫。但是材料採購的業務終究未發生，材料採購的成本尚不確定。因此，預付的 2,000 元貨款只能被認為是秀峰機械廠對環宇公司的債權的增加，不能作為材料採購成本來處理。這筆業務應編製如下會計分錄予以反應：

借：預付帳款——環宇公司　　　　　　　　　　　　　　　2,000
　貸：銀行存款　　　　　　　　　　　　　　　　　　　　　2,000

【例 6-4】10 月 10 日，秀峰機械廠從資江工廠購進 B 材料 5,000 千克，單價為 0.97 元/千克，應付貨款 4,850 元，進項增值稅稅額為 824.50 元，代墊運輸費用 120 元，共計 5,794.50 元。秀峰機械廠當即開出商業匯票一張，面額為 5,794.50 元，抵付兩項材料款。

購入材料而發生的貨款及運輸費用共 4,970 元，屬於材料採購成本，應記入「材料採購」總帳及其所屬明細帳「材料採購——B 材料」帳戶的借方，增加的進項增值稅稅額 824.50 元應記入「應交稅費——應交增值稅」帳戶的借方；秀峰機械廠開出承兌的商業匯票，說明秀峰機械廠承擔了到期支付（兌付）資江工廠 5,794.50 元貨款的義務，或者說增加了秀峰機械廠的負債，應記入「應付票據」帳戶的貸方。因此，對於這筆經濟業務應通過如下會計分錄予以反應：

借：材料採購——B 材料　　　　　　　　　　　　　　　　4,970.00
　　應交稅費——應交增值稅（進項稅額）　　　　　　　　　824.50
　貸：應付票據　　　　　　　　　　　　　　　　　　　　　5,794.50

【例 6-5】10 月 21 日，環宇公司根據合同發來 A 材料 10,000 千克，單價為 0.26 元/千克，貨款共計 2,600 元，進項增值稅稅額為 442 元，環宇公司代墊運輸費 400 元，兩項共計 3,442 元，其中 2,000 元以 10 月 6 日的預付款抵付，其餘 1,442 元通過銀行支付。

A 材料的買價及運輸費用共 3,000 元，均屬於 A 材料的採購成本，應記入「材料採

購」總帳及其所屬明細帳「材料採購——A 材料」帳戶的借方。3,000 元支出中，2,000 元是以原預付的貨款進行抵付，秀峰機械廠的債權即預付帳款會減少；因為原預付貨款不足以抵付應付環宇公司的款項，所以又以銀行存款補足了應付材料款與預付貨款的差額，使銀行存款減少。因此，這筆業務的發生使秀峰機械廠的兩個資產要素項目——預付帳款和銀行存款分別減少了 2,000 元、1,000 元，應分別記入「預付帳款」和「銀行存款」帳戶的貸方。對於增加的進項稅額 442 元，應記入「應交稅費——應交增值稅」帳戶的借方，可認為進項稅額全部通過銀行支付。這筆業務應編製的會計分錄為：

借：材料採購——A 材料　　　　　　　　　　　　　　　　3,000
　　應交稅費——應交增值稅（進項稅額）　　　　　　　　　442
　貸：預付帳款　　　　　　　　　　　　　　　　　　　　　2,000
　　　銀行存款　　　　　　　　　　　　　　　　　　　　　1,442

【例 6-6】10 月 27 日，秀峰機械廠向大發公司購買 A 材料 12,240 千克，單價為 0.25 元，貨款 3,060 元，進項增值稅稅額為 520.20 元，以銀行存款支付，材料尚未收到。此項經濟業務內容類似於例 6-1，因此應編製如下會計分錄：

借：材料採購——A 材料　　　　　　　　　　　　　　　　3,060.00
　　應交稅費——應交增值稅（進項稅額）　　　　　　　　　520.20
　貸：銀行存款　　　　　　　　　　　　　　　　　　　　　3,580.20

【例 6-7】10 月 28 日，秀峰機械廠以銀行存款歸還 10 月 3 日所欠紅光廠的材料款 1,220 元。

秀峰機械廠以前所欠紅光廠的材料款屬於企業的債務，用銀行存款歸還所欠材料款，表示企業債務的清償，減少了企業的負債，故應記入「應付帳款」總帳及其所屬明細分類帳戶「應付帳款——紅光廠」帳戶的借方；債務是用銀行存款來清償的，清償債務時，會使企業的資產——銀行存款減少，故應記入「銀行存款」帳戶的貸方。因此，這筆經濟業務應編製如下會計分錄：

借：應付帳款——紅光廠　　　　　　　　　　　　　　　　1,220
　貸：銀行存款　　　　　　　　　　　　　　　　　　　　　1,220

【例 6-8】10 月 29 日，秀峰機械廠收到鐵路部門的通知，上述從科星公司、紅光廠、環宇公司和資江工廠購入的材料均已運達，並從鐵路部門將材料提回，驗收入庫。秀峰機械廠應支付鐵路部門的裝卸搬運和保管費 600 元，B 材料的整理檢驗費 40 元，共計 640 元，以銀行存款付訖。

B 材料單獨發生的整理檢驗費用 40 元應直接作為 B 材料的採購成本，但是 600 元的裝卸搬運和保管費是 A、B 兩種材料共同發生的，可按 A、B 兩種材料的重量等標準進行分攤。

A 材料應負擔採購費用 = 14,000×600/(14,000+6,000) = 420（元）
B 材料應負擔採購費用 = 40+6,000×600/(14,000+6,000) = 220（元）

由於採購費用構成材料的採購成本,故應記入「材料採購」總帳的借方以及其所屬明細分類帳戶「材料採購——A 材料」和「材料採購——B 材料」的借方。又因為支付給鐵路部門裝卸搬運等費用時,使得企業的資產——銀行存款減少,所以應記入「銀行存款」帳戶的貸方。因此,這筆經濟業務應編製如下會計分錄:

借:材料採購——A 材料　　　　　　　　　　　　　　　　　　　420
　　　　　　——B 材料　　　　　　　　　　　　　　　　　　　220
　　貸:銀行存款　　　　　　　　　　　　　　　　　　　　　　640

【例6-9】10 月 30 日,根據材料入庫單,計算結轉入庫材料實際成本(除大發公司發來的 A 材料 12,240 千克尚未收到外,其餘材料均已驗收入庫)。

根據計算,A、B 兩種材料的實際採購成本應從「材料採購」總帳及其所屬明細分類帳戶「材料採購——A 材料」和「材料採購——B 材料」帳戶的貸方轉入「原材料」總帳及其所屬明細分類帳戶「原材料——A 材料」和「原材料——B 材料」帳戶的借方,表示 14,000 千克 A 材料和 6,000 千克 B 材料的採購活動的完成和庫存材料的增加。會計分錄為:

借:原材料——A 材料　　　　　　　　　　　　　　　　　　　4,620
　　　　　——B 材料　　　　　　　　　　　　　　　　　　　6,240
　　貸:材料採購——A 材料　　　　　　　　　　　　　　　　　4,620
　　　　　　　——B 材料　　　　　　　　　　　　　　　　　6,240

第二節　生產業務的核算

一、生產業務的基本內容

在生產過程中,勞動者運用勞動資料對勞動對象進行加工,改變勞動對象的性質、形態、成分、功能或位置,使其成為預期的商品產品。也就是說,生產過程既發生生產耗費,又創造出新的價值。在生產過程中,企業的經濟活動主要表現為以下幾個方面:

第一,將材料物資投入生產,其價值隨著實物形態的被消耗而一次全部轉移到所生產的產品成本中去,構成產品的材料費用。也就是說,一方面減少材料這個資產要素的數量和價值,另一方面等量地增加在產品這個資產要素的材料費用。

第二,勞動者使用的勞動資料,如廠房、機器、設備等固定資產,在生產過程中不可能一次消耗完,而是在較長時期內被使用,參加若干個生產週期的生產,其價值是隨著固定資產的不斷使用而逐漸轉移出去,構成製造費用和管理費用。也就是說,一方面以折舊的形式減少固定資產的價值,另一方面等量地增加製造費用和管理費用。

第三,勞動者在生產過程中耗費的勞動,形成了產品新的價值,其中的一部分以工資形式支付給勞動者,構成企業的工資費用。也就是說,一方面減少企業的貨幣資產,

另一方面等量地增加在產品的工資費用。

上述材料費用、折舊費用和工資費用，構成工業企業生產費用的基本要素。生產費用是指企業在一定時期內為生產產品而發生的物化勞動和活勞動耗費的貨幣表現。除以上三項基本費用以外，在生產過程中還會發生按規定的工資總額計提的職工福利費、無形資產攤銷和其他貨幣性支出等生產費用。

二、生產業務核算應設置的主要帳戶

如前所述，企業在生產過程中既要發生組織產品生產的管理費用，又要發生產品的生產費用。生產費用又可分為直接對象化的費用和間接對象化的費用，或者分為即期對象化的費用和跨期對象化的費用。產品生產費用發生的過程也就是產品成本的形成過程。要如實反應生產費用的發生、支付情況以及產品成本的形成過程，首先必須正確確認和記錄匯總生產業務的有關資料，然後在此基礎上計算產品生產成本。為此，應設置的主要帳戶有「生產成本」「製造費用」「應付職工薪酬」等。生產業務核算涉及的其他有關帳戶在本節下一部分「生產業務的分析及業務舉例」中介紹。

「生產成本」帳戶是核算企業為生產各種產品和提供勞務等所發生的，應按成本核算對象和成本項目分別歸集的各項生產費用，並據以計算完工產品生產成本的帳戶。該帳戶的借方登記產品生產的全部費用，包括直接材料費用、直接人工費用以及期末經過分配計入的製造費用等；貸方登記結轉完工產品的製造成本；餘額在借方，表示在產品的生產費用，也就是在產品的成本。「生產成本」帳戶的明細帳通常按生產產品的名稱或類別設置，以便分別歸集各種產品的生產費用，計算各種產品的成本。

「製造費用」帳戶是用於歸集和分配各車間範圍內為產品生產和提供勞務而發生的各項間接費用的帳戶。在該帳戶歸集和分配的費用包括車間生產管理人員的工資及福利費、固定資產折舊費和修理費、辦公費、水電費、機物料消耗、勞動保護費、季節性及修理期間的停工損失等。上述這些費用發生時均記入該帳戶的借方；月末按一定標準在各種產品間分配全部製造費用時，應記入該帳戶的貸方；該帳戶月末一般無餘額。「製造費用」帳戶的明細帳可按車間設置。

「應付職工薪酬」帳戶是用來核算企業應付給職工的工資總額提取及計提的福利和支付情況的帳戶。「應付職工薪酬」帳戶核算的工資是指包括在工資總額內的各種工資、獎金和津貼等，並且不論其是否在當月支付，都應通過該帳戶進行核算。不包括在工資總額內發給職工的款項，如退休費、困難補助一類款項，不在該帳戶中進行核算。當計算出應付職工工資額而尚未將工資支付給職工時，應記入該帳戶的貸方；實際發放的工資應記入該帳戶的借方。

按規定計提職工福利費時，應記入該帳戶的貸方；支付職工福利費時，應記入該帳戶的借方；該帳戶的餘額一般在貸方，表示已經計提而尚未支付的工資及職工福利費。

三、生產業務的分析及業務舉例

如前所述，企業生產過程中的基本業務主要通過「生產成本」「製造費用」「應付職工薪酬」等帳戶進行核算。下面舉例說明生產業務在各有關帳戶中反應和記錄的方法。

【例6-10】10月31日，會計部門對領料單進行整理匯總，編製「材料耗用匯總表」，如表6-1所示。

表 6-1　　　　　　　　　　　　　材料耗用匯總表

用　途	A 材料 數量（噸）	A 材料 金額（元）	B 材料 數量（噸）	B 材料 金額（元）	C 材料 數量（千克）	C 材料 金額（元）	材料耗用合計（元）
產品生產	32	10,240	5	5,225			15,465
其中：甲產品	22	7,040	2	2,090			9,130
乙產品	10	3,200	3	3,135			6,335
車間一般用					700	2,100	2,100
合　計	32	10,240	5	5,225	700	2,100	17,565

從表6-1可以得知，本月共耗用17,565元材料，其中甲產品耗用的9,130元與乙產品耗用的6,335元均屬產品生產的直接材料費用，應記入「生產成本」帳戶的借方；車間一般耗用的C材料2,100元屬於間接費用，不能直接對象化，應記入「製造費用」帳戶的借方。材料被領用，表明庫存材料減少，故應記入「原材料」帳戶的貸方。對於這筆經濟業務，應編製如下會計分錄予以反應：

借：生產成本——甲產品　　　　　　　　　　　　　　　　　9,130
　　　　　　——乙產品　　　　　　　　　　　　　　　　　6,335
　　製造費用　　　　　　　　　　　　　　　　　　　　　　2,100
貸：原材料——A材料　　　　　　　　　　　　　　　　　　10,240
　　　　　——B材料　　　　　　　　　　　　　　　　　　 5,225
　　　　　——C材料　　　　　　　　　　　　　　　　　　 2,100

【例6-11】10月6日，管理部門領用低值工具800元。

對於領用的低值易耗品，可在如下兩種會計處理方法中進行選擇：第一，當領用的低值易耗品數額不大時，比照發出材料的核算，確認為當期的費用成本；第二，當領用的低值易耗品數額較大時，可以分期攤銷處理。假設本例採用第一種方法進行處理，則此筆經濟業務應編製如下會計分錄：

借：管理費用　　　　　　　　　　　　　　　　　　　　　　800
貸：週轉材料　　　　　　　　　　　　　　　　　　　　　　800

【例6-12】財會部門根據各使用單位編製的固定資產折舊計算表編製計提折舊的會

計分錄。設該企業本月計提固定資產折舊 10,103 元,其中各車間和分廠應提折舊為 9,933 元,廠部固定資產應提折舊為 170 元。

車間或分廠範圍內使用固定資產的折舊費,應記入「製造費用」帳戶的借方,至月末時,再由「製造費用」帳戶的貸方轉至「生產成本」帳戶;企業管理部門使用的固定資產的折舊費,應記入「管理費用」帳戶的借方,到月末時,列作期間費用,從企業的銷售收入中得到補償。在本例中,由於該企業生產兩種產品,因此計提折舊時應編製如下會計分錄:

借:製造費用 9,933
　　管理費用 170
　貸:累計折舊 10,103

【例 6-13】10 月 8 日,車間的機器設備進行經常性修理,領用 D 材料價值 700 元,企業管理部門使用的固定資產進行經常性修理,領用 D 材料價值 300 元。

車間機器設備進行經常性修理而發生的 700 元的材料費用,應作為間接費用記入「製造費用」帳戶的借方;企業管理部門固定資產的日常修理費 300 元則屬於企業的管理費用,應記入「管理費用」帳戶的借方。又由於修理時領用了 D 材料,會引起企業庫存材料的減少,故還應記入該帳戶的貸方。因此,這筆經濟業務應編製如下會計分錄:

借:製造費用 700
　　管理費用 300
　貸:原材料——D 材料 1,000

【例 6-14】月末,計提本月固定資產大修理費 1,200 元,其中生產車間 700 元,車間管理部門 200 元,企業管理部門 300 元。

固定資產的大修理具有修理範圍大,相同時期內發生的次數少,前後兩次修理的間隔期長,每次修理所發生的費用多的特點。由於固定資產大修理具有這些特點,為了均衡各個時期負擔的大修理費用,正確計算各期的費用,需要對固定資產的大修理費用採用預提的辦法進行會計處理。生產車間和車間管理部門使用的固定資產計提的大修理費應作為間接費用記入「製造費用」帳戶的借方;企業管理部門使用的固定資產計提的大修理費屬於企業的管理費用,應作為期間費用記入「管理費用」帳戶借方;預提的大修理費應記入「其他應付款」帳戶的貸方,表示負債增加。因此,這筆經濟業務應編製的會計分錄為:

借:製造費用 900
　　管理費用 300
　貸:其他應付款——大修基金 1,200

【例 6-15】月末,經計算,本月應付職工工資如表 6-2 所示。

表 6-2　　　　　　　應付職工工資匯總表

職工 類別	基本生產工人			車間管 理人員	企業管 理人員	合　計
	甲產品	乙產品	小計			
金額（元）	4,000	1,000	5,000	800	400	6,200

應付職工的工資 6,200 元尚未支付給職工，形成企業對職工的負債，使企業的債務增加，因此應記入「應付職工薪酬」帳戶的貸方。對於基本生產車間生產工人的工資 5,000 元，可以直接對象化，應記入「生產成本」帳戶的借方；對於車間管理人員的工資費用，不能直接對象化，屬於間接費用，應記入「製造費用」帳戶的借方；對於企業管理人員的工資費用，應作為期間費用記入「管理費用」帳戶的借方。因此，這筆業務應編製如下會計分錄：

借：生產成本——甲產品　　　　　　　　　　　　　　　　　4,000
　　　　　　——乙產品　　　　　　　　　　　　　　　　　1,000
　　製造費用　　　　　　　　　　　　　　　　　　　　　　800
　　管理費用　　　　　　　　　　　　　　　　　　　　　　400
　貸：應付職工薪酬——職工工資　　　　　　　　　　　　　6,200

【例 6-16】月末，根據「應付職工工資匯總表」，按照職工工資總額的 14% 計提本月職工福利費。

根據上例資料，本月應提職工福利費計算如表 6-3 所示。

表 6-3　　　　　　　　　　職工福利費計算表　　　　　　　　　　單位：元

職工 類別	基本生產工人			車間管 理人員	企業管 理人員	合　計
	甲產品	乙產品	小計			
工資總額	4,000	1,000	5,000	800	400	6,200
計提比例	14%					
職工福利費	560	140	700	112	56	868

職工福利費是企業所發生的人工費用之一，因此計提職工福利費時，應與計提工資類似。對於根據基本生產車間生產工人的工資總額提取的職工福利費，應增加產品的生產成本，記入「生產成本」帳戶及其所屬明細分類帳戶的借方；對於根據車間管理人員的工資總額提取的職工福利費，應作為間接費用，記入「製造費用」帳戶的借方；對於根據企業管理人員的工資額計提的職工福利費，應作為期間費用，記入「管理費用」帳戶的借方。計提的職工福利費暫時尚未支付出去，故形成了企業的負債，應記入「應付職工薪酬」帳戶的貸方，表示負債的增加。因此，計提職工福利費時應編製如下會計記錄：

借：生產成本——甲產品

　　　　——乙產品　　　　　　　　　　　　　　　　　　　　　140
　　　製造費用　　　　　　　　　　　　　　　　　　　　　　　112
　　　管理費用　　　　　　　　　　　　　　　　　　　　　　　 56
　　貸：應付職工薪酬——職工福利　　　　　　　　　　　　　　868

【例6-17】10月16日，從銀行提取現金6,200元，準備發放工資。

　　從銀行提取現金，表示企業的一種貨幣性資產——庫存現金增加，而另一種貨幣性資產——銀行存款減少。因此，這筆業務應編製如下會計分錄：

　　借：庫存現金　　　　　　　　　　　　　　　　　　　　　6,200
　　貸：銀行存款　　　　　　　　　　　　　　　　　　　　　6,200

【例6-18】10月16日，以庫存現金支付職工工資6,200元。

　　以庫存現金支付職工工資時，表示企業對職工的負債進行了清償，負債減少，應記入「應付職工薪酬」帳戶的借方；由於應付職工薪酬這種負債是用庫存現金來清償的，無疑會減少企業的貨幣性資產——庫存現金，應記入「庫存現金」帳戶的貸方。因此，這筆經濟業務應編製如下會計分錄：

　　借：應付職工薪酬　　　　　　　　　　　　　　　　　　　6,200
　　貸：庫存現金　　　　　　　　　　　　　　　　　　　　　6,200

【例6-19】10月7日，以銀行存款1,500元支付企業租用的某設備上一季度的租金。

　　對於先使用、到一定時期期末或下一時期的期初再支付租金的固定資產，其應付租金應按月預提。預提固定資產租金時，一方面已根據固定資產的用途確認為間接費用或期間費用，另一方面已增加了企業的負債——應付帳款。當支付租金時，表示負債的清償，故應記入「應付帳款」帳戶的借方；由於負債是用企業的存款來進行清償的，所以應減少企業的貨幣性資產——銀行存款，記入「銀行存款」帳戶的貸方。因此，這筆經濟業務應編製如下會計分錄：

　　借：應付帳款　　　　　　　　　　　　　　　　　　　　　1,500
　　貸：銀行存款　　　　　　　　　　　　　　　　　　　　　1,500

【例6-20】10月26日，用銀行存款1,800元支付第二年的報紙雜誌費用。

　　對於企業來說，支付報紙雜誌費用，會引起存款的減少。但是，此時並未構成企業的真正耗費，只是企業的一種預付費用，仍屬企業的資產，這種特殊的資產只有等到該項支出的受益期（第二年）才逐月地、一部分一部分地轉化為費用。當預付報紙雜誌費時，使得企業的一種資產——銀行存款轉換成另一種資產——預付帳款。因此，這筆業務應編製如下會計分錄：

　　借：預付帳款　　　　　　　　　　　　　　　　　　　　　1,800
　　貸：銀行存款　　　　　　　　　　　　　　　　　　　　　1,800

【例6-21】10月11日，財會部部長張莎出差借差旅費500元，用庫存現金支付。

廠部管理人員的差旅費是企業的管理費用。但是，所借的差旅費僅表示企業暫時付給借款人一筆款項，以供其出差使用，借差旅費時，並未形成支出管理費用的事實。因此，暫時借給職工的差旅費，應增加企業的債權，記入「其他應收款」總帳及其明細分類帳的借方；由於預借的差旅費是以企業的現金支付的，故應記入「庫存現金」帳戶的貸方，表示現金的減少。因此，這筆業務應編製如下會計分錄：

借：其他應收款——張莎　　　　　　　　　　　　　　　　500
　　貸：庫存現金　　　　　　　　　　　　　　　　　　　　500

【例6-22】10月14日，以銀行存款支付業務招待費300元。

業務招待費屬於企業的管理費用開支範圍，會增加本期的期間費用，應記入「管理費用」帳戶的借方；招待費是以銀行存款支付的，應記入「銀行存款」帳戶的貸方。因此，這筆經濟業務應編製如下會計分錄：

借：管理費用　　　　　　　　　　　　　　　　　　　　300
　　貸：銀行存款　　　　　　　　　　　　　　　　　　　　300

【例6-23】10月17日，以銀行存款4,300元支付專利註冊費。

專利權是企業的一種無形資產。企業用銀行存款支付專利註冊費，取得了專利權，應增加企業的無形資產，記入「無形資產」帳戶的借方；用銀行存款支付該項專利註冊費，會引起銀行存款的減少，應記入「銀行存款」帳戶的貸方。因此，這筆經濟業務應編製如下會計分錄：

借：無形資產——專利權　　　　　　　　　　　　　　　4,300
　　貸：銀行存款　　　　　　　　　　　　　　　　　　　4,300

【例6-24】10月22日，張莎報銷差旅費460元，交回餘款。

張莎的差旅費應作為期間費用計入「管理費用」帳戶的借方，退回餘款40元會使得企業的貨幣性資產——庫存現金增加，故應記入「庫存現金」帳戶的借方。企業原來預付張莎差旅費時，增加了企業的債權，現張莎已將多餘款項退回，其餘款項支付了差旅費，表示企業的債權已收回，故應記入「其他應收款」帳戶的貸方。因此，這筆業務的會計分錄為：

借：管理費用　　　　　　　　　　　　　　　　　　　　460
　　庫存現金　　　　　　　　　　　　　　　　　　　　　40
　　貸：其他應收款——張莎　　　　　　　　　　　　　　500

【例6-25】用銀行存款2,269元支付本月水電費，其中車間耗用水電費1,855元，廠部耗用水電費414元。

車間發生的水電費1,855元，屬於產品生產的間接費用，應記入「製造費用」帳戶的借方；廠部辦公用水電費不屬於產品的生產費用，而應作為期間費用記入「管理費用」帳戶的借方。支付水電費時，使企業的貨幣性資產——銀行存款減少，故應記入「銀行存款」帳戶的貸方。因比，這筆經濟業務的會計分錄為：

借：製造費用	1,855
管理費用	414
貸：銀行存款	2,269

【例6-26】本月生產甲、乙兩種產品，消耗生產工人32,800個工時，其中甲產品消耗21,000個工時，乙產品消耗11,800個工時。以生產工人工時為標準，將本月發生的製造費用分配給甲、乙兩種產品。

製造費用是本期進行產品生產所發生的共同性費用，最終要轉化為產品的生產成本，由本月生產的產品來負擔。因此，期末時應將本月製造費用總額按照一定的標準分配給各有關產品，以便計算各種產品的成本。至於分配標準的選擇，可在生產工人工資、生產工人工時（工作時間）、機器工時、直接材料費用、直接成本或標準產量之間進行。分配標準不同，則各種產品所負擔的製造費用便不相同。選擇的分配標準合理與否，直接影響到各種產品所負擔的製造費用的多少，從而影響產品成本計算的正確性。因此，應選擇合理的分配標準分配製造費用。

本例選擇生產工人工時為標準分配製造費用。匯總例6-10至例6-25所發生的製造費用，本月共發生製造費用16,400元。當選用生產工人工時為標準分配製造費用時，可通過下述公式來進行計算：

製造費用分配率＝製造費用總額/生產工人工時總數

某產品應分攤製造費用＝該產品生產工人工時×製造費用分配率

本例中，製造費用的分配可通過「製造費用分配表」（見表6-4）來進行。

表6-4　　　　　　　　　　　製造費用分配表

產品	生產工時	製造費用分配率	製造費用分配額
甲產品	21,000 工時	16,400/32,800＝0.5（元/工時）	10,500 元
乙產品	11,800 工時		5,900 元
合計	32,800 工時		16,400 元

根據上表，應編製如下會計分錄：

借：生產成本——甲產品	10,500
——乙產品	5,900
貸：製造費用	16,400

【例6-27】本月完工甲、乙兩種產品的產量分別為200件、500千克。甲、乙兩種產品的產量資料和成本資料見表6-5、表6-6。計算結轉為完工甲、乙產品的成本。

表6-5　　　　　　　　　　　產量記錄

產品	計量單位	月初在產品數量	本月投產數量	本月完工數量	月末在產品數量

產品	計量單位	月初在產品數量	本月投產數量	本月完工數量	月末在產品數量
甲產品	件	40	160	200	0
乙產品	千克	150	450	500	100

表 6-6　　　　　　　　　　　　　成本資料　　　　　　　　　　　　單位：元

成本項目		直接材料	直接工資及福利	製造費用	合計
甲產品	月初在產品成本	2,270	1,140	1,500	4,910
	月末在產品成本	—	—	—	—
乙產品	月初在產品成本	2,172	340	1,800	4,312
	月末在產品成本（定額成本）	1,507	220	1,200	2,927

　　如前所述，平時我們已將直接對象化的費用分別記入了「生產成本」總帳及其所屬明細帳，如直接材料、工資費用、福利費用。期末又將製造費用按照生產工人工時分配計入甲、乙兩種產品的生產成本。因此，生產甲、乙兩種產品所發生的所有費用，包括直接費用和間接費用，均已記入「生產成本」及其所屬的明細帳。完工產品製造成本與相關指標的關係可用如下公式表示：

$$\text{月初在產品成本} + \text{本月發生生產費用} = \text{本月完工產品成本} + \text{月末在產品成本}$$

　　此例中，我們假定本月甲產品全部完工，乙產品尚有一部分沒有完工，這一部分在產品的成本按照定額成本來確定。實際工作中，完工產品成本的確定是通過「產品成本計算單」來進行的。根據前述資料（例 6-10 至例 6-27），登記「產品生產成本明細帳」，編製「產品成本計算單」（見表 6-7、表 6-8）。

表 6-7　　　　　　　　　　　　　產品成本計算單

產品名稱：甲產品　　　　　　　　　　　　完工產量：200 件　　　單位：元

成本項目	直接材料	直接工資及福利	製造費用	合計
月初在產品成本	2,270	1,140	1,500	4,910
本月發生生產費用	9,130	4,560	10,500	24,190
合計	11,400	5,700	12,000	29,100
月末在產品總成本	0	0	0	0
完工產品總成本	11,400	5,700	12,000	29,100
完工產品單位成本	57.00	28.50	60.00	145.50

表 6-8　　　　　　　　　　　產品成本計算單

產品名稱：乙產品　　　　　　　　　　　　　　完工產量：500 千克　　單位：元

成　本 項　目	直接 材料	直接工資 及福利	製造 費用	合　計
月初在產品成本	2,172	340	1,800	4,312
本月發生生產費用	6,335	1,140	5,900	13,375
合　計	8,507	1,480	7,700	17,687
月末在產品總成本	1,507	220	1,200	2,927
完工產品總成本	7,000	1,260	6,500	14,760
完工產品單位成本	14.00	2.52	13.00	29.52

　　根據上述產品成本計算可知，完工甲產品 200 件的總成本為 29,100 元，完工乙產品 500 千克的總成本為 14,760 元。產品完工驗收入庫，庫存產成品增加，應記入「產成品」總帳及其所屬明細分類帳戶的借方；產品完工，表示產品的生產過程已經結束，可根據有關資料計算出完工產品的成本，應記入「生產成本」總帳及其所屬明細分類帳戶的貸方。因此，對於完工的甲產品和乙產品，應根據有關資料編製如下會計分錄：

　　　借：庫存商品——甲產品　　　　　　　　　　　　　　　　29,100
　　　　　　　　　　——乙產品　　　　　　　　　　　　　　　　14,760
　　　　貸：生產成本——甲產品　　　　　　　　　　　　　　　　29,100
　　　　　　　　　　——乙產品　　　　　　　　　　　　　　　　14,760

第三節　銷售業務的核算

　　企業生產經營過程的最后一個階段是銷售過程。銷售過程是企業出售商品產品或提供勞務，按照銷售價格取得銷售收入的過程。如果企業不能順利實現其產品的銷售，企業的再生產過程將無法繼續。因此，銷售過程對企業來說具有非常重要的意義。

一、銷售業務核算的基本內容

　　銷售過程既是企業出售商品的過程，又是產品價值實現的過程。在這一過程中，企業以商品售賣者的資格進入商品市場，進行商品交易活動：一方面，賣出商品產品；另一方面，按照銷售價格取得銷售收入。企業在賣出產品的同時，可能當時即按銷售價格取得了貨幣資金；也可能當時尚未取得貨幣資金，而僅僅收到經購買單位承兌的商業匯票；還可能既沒有取得貨幣資金，也沒有收到商業匯票，而只是獲得了向購買單位索取貨款的權利（債權）。按照權責發生制的要求，出售商品產品時，取得了貨幣資金或者商業匯票，甚至僅僅取得了一種向購買單位收取貨款的權利，均應增加企業的銷售收入。

銷售收入的形成是銷售業務核算的基本內容之一。

在商品交換過程中，由於產品的銷售會發生產品的包裝費用、運輸費用、廣告宣傳費用等各種費用，這些在銷售過程中發生的費用是企業的銷售費用。隨著產品銷售的實現，企業還應根據實現的銷售收入或取得的營業收入等，按照國家稅法所規定的稅種、稅率計算繳納銷售稅金。出售的產品除了應負擔銷售費用和銷售稅金以外，還應負擔其在生產經營過程中所發生的生產成本。已售產品的生產成本又叫銷售成本。銷售費用、銷售稅金和銷售成本的核算同樣是銷售業務核算的基本內容。

企業在產品銷售過程中會取得銷售收入，要發生銷售費用和銷售稅金，應負擔銷售成本。主營業務收入扣除主營業務成本、經營費用和主營業務稅金及附加後的差額即是產品銷售成果。產品銷售成果可能表現為產品銷售利潤，也可能表現為產品銷售虧損。如果主營業務收入大於銷售成本、銷售費用和銷售稅金三者之和，則表現為產品銷售利潤；反之，則表現為產品銷售虧損。產品銷售成果的核算是銷售業務核算的一項重要內容。

另外，企業在取得主營業務收入的過程中、在銷售稅金的繳納過程中、在發生銷售費用支出的過程中，必然要與購買單位、稅務部門、運輸部門或報社、雜誌社、電臺、電視臺等單位發生結算關係。結算業務的核算也是銷售業務核算的一項內容。

二、銷售業務核算應設置的主要帳戶

如上所述，主營業務收入、銷售成本、銷售費用、銷售稅金、銷售成果和結算業務的核算均是銷售業務核算的主要內容。為了全面、系統地核算企業的銷售業務，應設置「主營業務收入」「主營業務成本」「銷售費用」「稅金及附加」「應交稅費」「應收帳款」「預收帳款」「應收票據」八個主要帳戶。

「主營業務收入」帳戶是核算企業銷售產品或提供工業性勞務時所發生的銷售收入的帳戶。該帳戶的貸方登記企業已經實現的主營業務收入；借方登記由於銷貨退回、發生銷售折讓而應抵減的以前所實現的主營業務收入。該帳戶平時登記的貸方發生額與借方發生額的差額叫作產品銷售的淨收入。產品銷售淨收入應於期末從該帳戶的借方轉至「本年利潤」帳戶，以便通過「本年利潤」帳戶計算本期的財務成果。結轉產品銷售淨收入后，該帳戶應無餘額。「主營業務收入」明細分類帳可按銷售產品（提供勞務）的類別或名稱設置，以便分別對各類（各種）主營業務收入的實現情況和抵減情況進行詳細的反應。

「主營業務成本」帳戶是用於核算企業已實現銷售的產品和工業性勞務等成本的帳戶。該帳戶的借方登記已實現銷售的產品或工業性勞務等的銷售成本；期末時，應將已售產品的銷售成本從該帳戶的貸方轉至「本年利潤」帳戶，以便確定本期的財務成果。期末結轉后，該帳戶應無餘額。該帳戶的明細分類帳戶可按照已售產品（已提供勞務）的類別或名稱設置。

「銷售費用」帳戶是核算企業在銷售過程中所發生的費用的帳戶。銷售費用包括銷售的產品自本企業至交貨地點所發生的運輸費、裝卸費、以及產品包裝費、保險費、展覽費、廣告費，還有為銷售本企業產品而專設的銷售機構的職工工資、福利費、業務費等經常費用。企業發生的銷售費用，記入該科目的借方；期末時，應將借方歸集的銷售費用自其貸方轉至「本年利潤」帳戶，以便計算本期財務成果。期末結轉後，該帳戶無餘額。該帳戶的明細分類帳戶可按費用項目設置，也可僅設一個多欄式的明細帳，以便分別反應各項銷售費用的有關情況。

「稅金及附加」帳戶是用以核算應由銷售產品、提供工業性勞務等負擔的銷售稅金的帳戶。主營業務稅金及附加包括營業稅、城市維護建設稅和資源稅等。月末，企業按照規定計算出應負擔的銷售稅金，記入該帳戶的借方。期末時，應將借方歸集的銷售稅金自其貸方轉至「本年利潤」科目。期末結轉後，該帳戶應無餘額。「稅金及附加」明細分類帳戶可按照產品（或勞務）的類別設置。如有教育費附加，也應在此科目內核算。

「應交稅費」帳戶是用以核算企業應繳納的各種稅金的帳戶。企業應繳納的各種稅金包括增值稅、營業稅、城市維護建設稅、房產稅、車船使用稅、土地使用稅、所得稅、資源稅、消費稅等。計提應交各種稅金時，企業的負債增加，應記入該帳戶的貸方；繳納各種稅金時，企業的負債減少，應記入該帳戶的借方。該帳戶的貸方餘額為欠交的稅金。「應交稅費」帳戶的明細分類帳應按照應交稅金的種類來設置，以便分別反應各種稅金的計提和繳納情況。

「應收帳款」帳戶是用以核算企業因銷售產品、材料或提供勞務等業務而應向購貨單位或接受勞務的單位收取的貨款和代墊運雜費用結算情況的帳戶。該帳戶的借方登記已實現銷售而尚未收回的貨款以及為購買單位墊付的運雜費；貸方登記收回的貨款和代墊運雜費，或者債務人以其他資產抵付的應收款項。該帳戶的餘額在借方，表示期末尚未收回的貨款或代墊的運雜費。「應收帳款」帳戶的明細分類帳應按購貨單位的名稱設置，以便分別反應企業與各購貨單位的結算情況。

「預收帳款」帳戶是用以核算企業按照合同規定向購貨單位預收貨款及其結算情況的帳戶。當企業按合同規定向購買單位預收貨款時，儘管已經取得了貨幣性資產，但是產品的銷售並未實現，不能作為產品的銷售收入。由於預收了購買單位的貨款，企業就應承擔到期為其提供產品的義務，所以預收帳款是企業的一種負債。預收貨款時，企業負債增加，記入該帳戶的貸方；當向購買單位履行義務，為其提供產品或勞務時，表示產品銷售實現，負債減少，故應按應收取的款項（售價和代墊運雜費之和）記入該帳戶的借方，退回對方單位多餘的預付款時也應記入該帳戶的借方。該帳戶的餘額在貸方，表示企業應承擔的清償預收帳款的義務。「預收帳款」帳戶的明細分類帳戶可按預交貨款單位的名稱設置，以便分別反應企業與各預交貨款單位的債務清償情況。預收帳款業務較少的企業，也可不設該帳戶，將偶爾發生的預收帳款結算業務合併到「應收帳款」

帳戶核算。

「應收票據」帳戶是用以核算企業因銷售產品等收到商業匯票及其兌付情況的帳戶。企業收到商業匯票，應按票面金額記入「應收票據」帳戶的借方；應收票據到期收回票面金額或提前貼現以及轉讓應收票據時，均應按票面金額記入該帳戶的貸方。該帳戶的借方餘額表示企業持有的應收票據數額。

三、銷售業務的分析及業務舉例

如前所述，企業銷售過程中的基本業務主要通過「主營業務收入」「主營業務成本」等八個帳戶進行核算。下面仍以秀峰機械廠 10 月份的業務為例，說明銷售業務在各有關帳戶中反應和記錄的方法。

【例 6-28】10 月 6 日，秀峰機械廠銷售甲產品 150 件，每件售價 300 元，價款計 45,000 元，銷項增值稅稅額為 7,650 元。購貨單位華能公司已交來轉帳支票一張，面額 52,650 元。貨已運走，支票送存銀行。

企業銷售產品的同時即將貨幣性資產收回，引起貨幣性資產——銀行存款的增加，應記入「銀行存款」帳戶的借方；此筆業務銷售已經實現，應增加企業的銷售收入，記入「主營業務收入」帳戶的貸方；增加的銷項稅額應記入「應交稅費——應交增值稅」帳戶的貸方。因此，這筆經濟業務應編製如下會計分錄：

借：銀行存款　　　　　　　　　　　　　　　　　　　　　　52,650
　　貸：主營業務收入——甲產品　　　　　　　　　　　　　45,000
　　　　應交稅費——應交增值稅（銷項稅額）　　　　　　　 7,650

【例 6-29】10 月 8 日，秀峰機械廠銷售乙產品 320 千克，單位售價為 150 元，價款計 48,000 元，銷項增值稅稅額為 8,160 元。購買單位星光廠交來由其承兌的商業匯票一張，面額 56,160 元。

企業收到已由星光廠承兌的商業匯票，匯票的票面金額儘管有可能在商業匯票到期日收回，但畢竟目前尚未收回，形成企業的債權，應記入「應收票據」帳戶的借方；企業雖然暫時沒有收回貨幣性資產，但是已取得了匯票到期日無條件索取貨款的權利，所以乙產品的銷售已經實現，應增加銷售收入，記入「主營業務收入」帳戶的貸方；對於增加的銷項稅額，應記入「應交稅費——應交增值稅」帳戶的貸方。因此，這筆業務應編製如下會計分錄：

借：應收票據　　　　　　　　　　　　　　　　　　　　　　56,160
　　貸：主營業務收入——乙產品　　　　　　　　　　　　　48,000
　　　　應交稅費——應交增值稅（銷項稅額）　　　　　　　 8,160

【例 6-30】10 月 9 日，秀峰機械廠按合同規定向購買單位黃河廠發出乙產品 140 千克，單位售價為 150 元，價款計 21,000 元，銷項增值稅稅額為 3,570 元，另以銀行存款 300 元墊付運雜費，三項共計 24,870 元。合同規定，黃河廠應於收到貨物後 10 天內付

款，暫時未收到貨款及代墊運雜費。

企業銷售產品的貨款和代墊運雜費均未收回，增加了企業的債權，應記入「應收帳款」帳戶的借方；企業在為黃河廠墊付運雜費時，減少了存款，應記入「銀行存款」帳戶的貸方；儘管企業沒有收回貨款，但已取得了收回貨款的權利，乙產品的銷售已經實現，應增加企業的銷售收入，所以對於貨款部分，應記入「主營業務收入」帳戶的貸方；對於增加的銷項稅額，同樣應記入「應交稅費——應交增值稅」帳戶的貸方。因此，這筆業務的會計分錄為：

借：應收帳款——黃河廠　　　　　　　　　　　　　　　　　　24,870
　　貸：銀行存款　　　　　　　　　　　　　　　　　　　　　　　300
　　　　應交稅費——應交增值稅（銷項稅額）　　　　　　　　　3,570
　　　　主營業務收入——乙產品　　　　　　　　　　　　　　　21,000

【例6-31】10月12日，秀峰機械廠10月6日售給華能公司的甲產品由於產品質量的原因而退回2件，應退價款600元，應退增值稅102元，以銀行存款付訖。

10月6日秀峰機械廠發售產品時，已經增加了150件甲產品的銷售收入，增加了「應交稅費——應交增值稅」。銷貨退回，應按原售價抵減主營業務收入，記入「主營業務收入」帳戶的借方；按原銷項稅額記入「應交稅費——應交增值稅」帳戶的借方；用銀行存款支付應退價款，記入「銀行存款」帳戶的貸方。因此，這筆業務的會計分錄為：

借：主營業務收入——甲產品　　　　　　　　　　　　　　　　　600
　　應交稅費——應交增值稅（銷項稅額）　　　　　　　　　　　102
　　貸：銀行存款　　　　　　　　　　　　　　　　　　　　　　　702

【例6-32】10月13日，秀峰機械廠按合同規定預收購買單位萬能公司貨款15,000元，存入銀行。

預收的貨款存入銀行，增加了企業的貨幣性資產，應記入「銀行存款」帳戶的借方。企業儘管收到了萬能公司的現款，也不能作為已實現的主營業務收入，因為銷售的事實尚未形成。預收了貨款，企業也就承擔了到期交付產品的義務。因此，預收貨款表明企業的負債增加，應記入「預收帳款」帳戶的貸方。這筆業務的會計分錄為：

借：銀行存款　　　　　　　　　　　　　　　　　　　　　　　15,000
　　貸：預收帳款——萬能公司　　　　　　　　　　　　　　　15,000

【例6-33】10月14日，方興公司7月份簽發的一份於本月到期的商業匯票已如期承兌，收到承兌款30,000元，存入銀行。

企業將收到的款項存入銀行，增加了銀行存款，應記入「銀行存款」帳戶的借方；商業匯票已由對方兌付，企業的債權減少，應記入「應收票據」帳戶的貸方。因此，這筆經濟業務應通過如下會計分錄進行反應：

借：銀行存款　　　　　　　　　　　　　　　　　　　　　　　30,000
　　貸：應收票據　　　　　　　　　　　　　　　　　　　　　　30,000

【例6-34】10月18日，秀峰機械廠以銀行存款支付產品廣告費1,000元。

廣告費是企業的經營費用。支付廣告費，表示產品銷售費用增加，應記入「經營費用」帳戶的借方；廣告費是以銀行存款支付的，銀行存款減少，應記入「銀行存款」帳戶的貸方。這筆業務的會計分錄為：

借：銷售費用——廣告費　　　　　　　　　　　　　　　　　1,000
　　貸：銀行存款　　　　　　　　　　　　　　　　　　　　　　1,000

【例6-35】10月21日，秀峰機械廠收到黃河廠10月9日所欠貨款和代墊運雜費共21,300元，存入銀行。收到的款項存入銀行，銀行存款增加，應記入「銀行存款」帳戶的借方；黃河廠10月9日所欠的貨款是本企業在產品銷售過程中形成的一項債權，現在欠款已經全部收回，表示企業債權減少，應記入「應收帳款」帳戶的貸方。因此，這筆業務的會計分錄為：

借：銀行存款　　　　　　　　　　　　　　　　　　　　　　21,300
　　貸：應收帳款——黃河廠　　　　　　　　　　　　　　　　21,300

【例6-36】10月25日，萬能公司從秀峰機械廠企業提走甲產品40件，每件售價300元，價款計12,000元，銷項增值稅稅額為2,040元。價款以原預收款（例6-32）抵付，多餘預收款項以支票方式退回。

10月13日預收貨款時，形成了企業的負債。現在以原預收款抵付價款和退還多餘款是對以前所形成的負債的清償，故應記入「預收帳款」帳戶的借方。儘管現在沒有收到貨款，但產品是現在銷售出去的，應作為現在的銷售收入，記入「主營業務收入」帳戶的貸方；對於增加的銷項稅額記入「應交稅費——應交增值稅」帳戶的貸方；以存款支付多餘預收款，使得企業的存款減少，故還應記入「銀行存款」帳戶的貸方。因此，這筆業務的會計分錄為：

借：預收帳款——萬能公司　　　　　　　　　　　　　　　　15,000
　　貸：主營業務收入——甲產品　　　　　　　　　　　　　　12,000
　　　　應交稅費——應交增值稅（銷項稅額）　　　　　　　　 2,040
　　　　銀行存款　　　　　　　　　　　　　　　　　　　　　　 960

【例6-37】秀峰機械廠以庫存現金支付銷售產品所發生的包裝、運輸、裝卸費用200元。

銷售產品時所發生的包裝、運輸、裝卸費用是產品的銷售費用，應記入「經營費用」帳戶的借方；庫存現金支付銷售費用，使庫存現金減少，應記入「庫存現金」帳戶的貸方。因此，這筆業務的會計分錄為：

借：銷售費用——運雜費　　　　　　　　　　　　　　　　　　200
　　貸：庫存現金　　　　　　　　　　　　　　　　　　　　　　 200

【例6-38】月底，秀峰機械廠根據前述有關資料計算並結轉主營業務成本。本月初，甲、乙兩種產品的資料如表6-9所示。

表 6-9　　　　　　　　　　　　　產成品月初結存資料　　　　　　　　　　　　單位：元

產品名稱	月初結存數量	單位成本	月初結存成本
甲產品	40 件	112.50	4,500
乙產品	100 千克	32.40	3,240

企業將商品售出以後，應計算和結轉已售產品的銷售成本。主營業務成本的計算公式為：

$$主營業務成本 = 各種產品銷售數量 \times 各種產品單位生產成本$$

可見，要計算產品的銷售成本，必須先確定各種產品的銷售數量和各種產品的單位生產成本。各種產品的銷售數量通過對提貨單或銷售發票進行分類匯總即可獲得，如通過對例 6-28 至例 6-36 的資料進行匯總即可得知本月銷售甲產品的數量為 188 件，銷售乙產品的數量為 460 千克。這樣對各種產品的單位生產成本的確定便成為計算主營業務成本的關鍵。

本例中，本月驗收入庫甲、乙產品的數量和實際總成本可參見表 6-7、表6-8。
甲產品加權平均單位成本 =(4,500+29,100)/(40+200)= 140（元）
乙產品加權平均單位成本 =(3,240+14,760)/(100+500)= 30（元）
根據前述有關資料即可計算主營業務成本。
甲產品主營業務成本 =183×140 = 26,320（元）
乙產品主營業務成本 =460×30 = 13,800（元）
此筆業務的會計分錄為：
借：主營業務成本——甲產品　　　　　　　　　　　　　　　　26,320
　　　　　　　　——乙產品　　　　　　　　　　　　　　　　13,800
　貸：庫存商品——甲產品　　　　　　　　　　　　　　　　　26,320
　　　　　　　——乙產品　　　　　　　　　　　　　　　　　13,800

【例 6-39】秀峰機械廠以銀行存款繳納增值稅 19,361.30 元。

企業向稅務部門繳納稅款，表示企業對稅務部門的債務減少，應記入「應交稅費」帳戶的借方；稅款是通過銀行上繳的，使企業在銀行的存款減少，應記入「銀行存款」帳戶的貸方（增值稅額的計算可參見前述有關資料）。因此，這筆經濟業務的會計分錄為：
借：應交稅費——應交增值稅（已交稅金）　　　　　　　　　　19,361.30
　貸：銀行存款　　　　　　　　　　　　　　　　　　　　　　19,361.30

【例 6-40】月末，根據稅法規定，秀峰機械廠應按產品銷售額的 5% 計算應交消費稅。

根據例 6-28 至例 6-36 的資料，可確定本月主營業務收入為 125,400 元，因此本月應交消費稅額的計算如下：
應交稅費稅額 =125,400×5% = 6,270（元）

計算出企業應納的消費稅，使得企業的稅金及附加增加，應記入「稅金及附加」帳戶的借方；消費稅並未繳納，應記入「應交稅費——應交消費稅」的貸方。因此，該筆業務的會計分錄為：

借：稅金及附加　　　　　　　　　　　　　　　　　　　　　　6,270
　　貸：應交稅費——應交消費稅　　　　　　　　　　　　　　　6,270

第四節　利潤形成的核算

利潤是指企業在一定時期內的經營成果。利潤指標的綜合性很強。企業增加產品產量、提高產品質量、降低產品成本、節約資金、擴大銷售等方面取得的成績，都會通過利潤指標反應出來。利潤指標是一個非常重要的指標。利潤是納稅的基礎，是進行投資與信貸決策的重要因素，是進行財務預測的重要手段，也是企業經營效率的衡量標準，更是反應企業主要經營成果的重要指標。借助於利潤指標，可以分析利潤增減變化情況，不斷改善經營管理，促進企業提高經濟效益。

一、利潤形成核算的基本內容

利潤總額是企業在一定時期內進行生產經營活動所取得的財務成果，包括營業利潤、投資淨收益和營業外收支淨額。利潤形成相關指標的計算公式如下：

營業利潤＝主營業務收入－主營業務成本－稅金及附加＋其他業務收入
　　　　　－其他業務成本－管理費用－財務費用－銷售費用＋投資淨收益
投資淨收益＝投資收益－投資損失
營業外收支淨額＝營業外收入－營業外支出
利潤總額＝營業利潤＋營業外收支淨額

投資淨收益是指投資收益扣除投資損失后的數額。投資收益主要包括對外投資分得的利潤、股利和債券利息，投資到期收回或者中途轉讓取得款項高於帳面價值的差額。投資損失主要是指投資到期收回或者中途轉讓取得款項低於帳面價值的差額。

營業外收入是與企業生產經營活動沒有直接聯繫的各項收入。營業外收入項目有固定資產盤盈、處理固定資產淨收益、打官司獲得的賠償款、教育費附加返還款以及罰款收入等。

營業外支出是工商企業發生的與其生產經營活動沒有直接關係的各項支出。營業外支出項目有固定資產盤虧、處理固定資產淨損失、非常損失、罰款支出、捐贈支出、非正常停工損失等。

營業利潤、投資淨收益和營業外收支淨額構成企業的利潤總額，也是利潤形成核算的基本內容。

二、利潤形成核算應設置的主要帳戶

為了反應利潤的形成情況，應設置的主要帳戶有「投資收益」「營業外收入」「營業外支出」「本年利潤」等。

「投資收益」帳戶是用於核算企業對外投資取得收入或發生損失的帳戶。企業取得的投資收益記入該帳戶的貸方；發生的投資損失記入該帳戶的借方。期末時，應從該帳戶的借方（投資收益大於投資損失時）或貸方（投資收益小於投資損失時）將投資淨損益轉至「本年利潤」帳戶的貸方或借方，以便確定企業的財務成果。「投資收益」帳戶應按投資收益的種類設置明細帳，以便分別反應各種投資的收益狀況。

「營業外收入」帳戶是用於核算企業發生的與其生產經營沒有直接關係的各項收入的帳戶。企業發生的各項營業外收入均記入該帳戶的貸方；期末時，應將貸方所登記的營業外收入從該帳戶借方轉入「本年利潤」帳戶，便於確定企業的利潤總額。期末結轉後，該帳戶應無餘額。「營業外收入」帳戶應按營業外收入的項目設置明細分類帳，以便分別反應營業外收入的發生情況。

「營業外支出」帳戶是用於核算企業發生的與其生產經營無直接關係的各項支出的帳戶。發生的各項營業外支出記入該帳戶的借方；期末時，應將借方所記錄的營業外支出從該帳戶貸方轉入「本年利潤」帳戶，以便確定企業財務成果。期末結轉後，該帳戶應無餘額。「營業外支出」帳戶應按營業外支出的項目設置明細分類帳，以便分別反應企業營業外支出的發生情況。

「本年利潤」帳戶是用於核算企業在本年度實現利潤（或虧損）總額的帳戶。該帳戶的借方登記期末從支出的帳戶轉入的數額，如主營業務成本、銷售費用、稅金及附加、其他業務成本、管理費用、財務費用、投資淨損失、營業外支出和所得稅費用等；貸方登記期末從收益帳戶轉入的數額，如主營業務收入、其他業務收入、投資淨收益、營業外收入等。平時，該帳戶的餘額在貸方，反應本年實現的淨利潤；如果餘額在借方，則反應本年實現的淨虧損。年末決算時，貸方（或借方）餘額應轉入「利潤分配」帳戶。年末結轉後，該帳戶沒有餘額。

三、利潤形成業務分析及業務舉例

為了核算企業利潤的形成，主要應設置上述「投資收益」「營業外收入」「營業外支出」和「本年利潤」等帳戶。下面舉例說明利潤形成業務在各有關帳戶中反應和記錄的方法。

【例6-41】10月7日，秀峰機械廠從某聯合經營體中分得利潤30,000元，已存入銀行。

將分得的利潤存入銀行，無疑會增加企業在銀行的存款，故應記入「銀行存款」帳戶的借方；從聯合經營體中分得的利潤是企業的投資收益，應記入「投資收益」帳戶的貸方。因此，這筆業務的會計分錄為：

借：銀行存款 30,000
　　貸：投資收益 30,000

【例6-42】10月9日，秀峰機械廠為籌集生產經營所需資金，發生260元的手續費用，以銀行存款支付。

為籌集資金而發生的手續費用屬於企業的財務費用，應記入「財務費用」帳戶的借方；以銀行存款支付手續費時，銀行存款會減少，應記入「銀行存款」帳戶的貸方。因此，這筆業務的會計分錄為：

借：財務費用 260
　　貸：銀行存款 260

【例6-43】10月15日，通過法院判決，秀峰機械廠獲得被告方的賠款18,000元。

秀峰機械廠獲得賠款後，一方面應增加「銀行存款」，另一方面應確認「營業外收入」。因此，這筆業務的會計分錄為：

借：銀行存款 18,000
　　貸：營業外收入 18,000

【例6-44】10月20日，秀峰機械廠在銷售過程中因未履行合同而向對方單位支付賠償金1,500元，以銀行存款付訖。

因未履行購銷合同支付的賠償金屬於企業的營業外支出，應記入「營業外支出」帳戶的借方；以銀行存款支付賠償金，銀行存款減少，應記入「銀行存款」帳戶的貸方。因此，這筆業務的會計分錄為：

借：營業外支出——賠償金 1,500
　　貸：銀行存款 1,500

【例6-45】10月31日，秀峰機械廠將損益中的各收入類帳戶的餘額轉至「本年利潤」帳戶。

本章中涉及的損益帳戶有「主營業務收入」「投資收益」和「營業外收入」。為了確定企業10月份的財務成果，應將產品銷售淨收入、投資淨收益和營業外收入從「主營業務收入」「投資收益」和「營業外收入」帳戶的借方轉入「本年利潤」帳戶。因此，企業編製結帳會計分錄為：

借：主營業務收入 125,400
　　投資收益 30,000
　　營業外收入 18,000
　　貸：本年利潤 173,400

【例6-46】10月31日，秀峰機械廠將損益中的各成本、費用、稅金類帳戶的餘額轉至「本年利潤」帳戶。

期末時，應從「主營業務成本」「銷售費用」「稅金及附加」「管理費用」「財務費用」「營業外支出」帳戶的貸方轉入「本年利潤」帳戶借方，以便確定本期財務成果。

因此，企業編製結帳會計分錄為：

  借：本年利潤   51,750

   貸：主營業務成本   40,120

     銷售費用   1,200

     稅金及附加   6,270

     管理費用   2,400

     財務費用   260

     營業外支出   1,500

【例6-47】秀峰機械廠某年年末有關資料為年初未分配利潤800,000元，全年實現利潤總額1,200,000元，1月至11月已預交280,000元企業所得稅，企業所得稅稅率為25%，計提企業應補交的企業所得稅。

根據上述資料可知：

本年應納企業所得稅 = 1,200,000×25% = 300,000（元）

應補交企業所得稅 = 300,000 - 280,000 = 20,000（元）

企業所得稅是企業的一種費用或支出，應記入「所得稅費用」帳戶的借方。年底已計算出應補交的企業所得稅為36,000元，但尚未繳納，構成企業對稅務部門的負債，應記入「應交稅費」帳戶的貸方。因此，這筆業務應編製如下會計分錄：

  借：所得稅費用   20,000

   貸：應交稅費——應交所得稅   20,000

繳納所得稅的帳務處理與繳納增值稅的帳務處理基本相同。

將「所得稅費用」帳戶的本期發生額轉入「本年利潤」，編製會計分錄如下：

  借：本年利潤   20,000

   貸：所得稅費用   20,000

【例6-48】年末，秀峰機械廠將本年稅後利潤900,000元轉入未分配利潤明細帳。

平時，企業實現的利潤總額反應在「本年利潤」帳戶的貸方（虧損總額在借方），為了確定全年可分配的利潤，應將反應在其貸方的利潤總額從其借方轉入「利潤分配——未分配利潤」帳戶。因此，這筆業務的會計分錄為：

  借：本年利潤   900,000

   貸：利潤分配——未分配利潤   900,000

第五節 利潤分配的核算

利潤分配是將企業本期實現的利潤總額按照有關規定和投資協議所確認的比例和順序，在企業（提取的盈餘公積）和投資者之間進行分配。

一、利潤分配的基本內容

在企業以前年度曾發生虧損的情況下，企業實現的利潤總額首先應彌補以前年度的虧損。企業某年發生的虧損可以用下一年度的稅前利潤等來彌補。下一年度利潤不足以彌補的，可以在 5 年內用稅前利潤延續彌補（延續 5 年未彌補的虧損，用稅后利潤彌補）。

彌補了企業以前年度應以稅前利潤彌補的虧損后，企業應按照國家規定對利潤總額進行調整，然後再根據調整后的利潤總額和國家規定的所得稅稅率依法納稅。

企業繳納企業所得稅后的利潤，除國家另有規定外，應按照下列順序進行分配：

第一，彌補企業以前年度虧損。此處所彌補的虧損是指超過用稅前利潤彌補期限，應用稅后利潤彌補的部分。

第二，提取法定盈餘公積金。公積金是指企業從稅后利潤中提取的以及在籌集資本活動中取得的，以備用於彌補虧損、轉增資本方面的一種所有者權益。企業按照國家有關規定從利潤中提取的那部分公積金就是盈餘公積金。盈餘公積金已達註冊資金的一定比例時，可不再提取。盈餘公積金可用於彌補虧損或轉增資本金。

第三，向投資者分配利潤。企業取得的利潤在進行上述的各種分配后，最后應在投資者之間進行分配。企業以前年度未分配的利潤，可以並入本年度分配給投資者。股份有限公司在提取公積金以后，按照下列順序進行分配：首先，支付優先股股利；其次，提取任意盈餘公積金，任意盈餘公積金按照公司章程或者股東會議決議提取和使用；最后，支付普通股股利。

二、利潤分配核算應設置的主要帳戶

為了進行利潤分配的核算，主要應設置「利潤分配」和「盈餘公積」帳戶。

「利潤分配」帳戶是用來核算企業利潤的分配或虧損的彌補、往年利潤分配或虧損彌補后的結存餘額的帳戶。該帳戶的借方登記已分配的利潤數，包括提取公積金、支付投資者利潤等；該帳戶的貸方登記年末從「本年利潤」帳戶轉來的本年利潤額，若企業為虧損，則結轉方向相反。年末餘額可能在貸方，也可能在借方。若餘額在貸方，則表示歷年積存的未分配利潤額；若餘額在借方，則表示歷年積存的未彌補虧損額。該帳戶應設置「提取盈餘公積」「盈餘公積補虧」「未分配利潤」等明細帳戶，以便分別反應利潤分配的具體情況。

「盈餘公積」帳戶是用來核算企業按照國家有關規定和企業股東大會決議從利潤中提取的公積金及其使用情況的帳戶。該帳戶的貸方登記按規定的比例提取的盈餘公積金；借方登記用盈餘公積金彌補虧損或轉增資本的數額。該帳戶的餘額在貸方，表示盈餘公積金的結存總額。該帳戶的明細分類帳戶應按提取的盈餘公積金種類設置。

三、利潤分配業務分析及業務舉例

為了反應企業利潤的分配情況，主要應設置「利潤分配」「盈餘公積」等帳戶。下面舉例說明利潤分配業務在各有關帳戶中反應和記錄的方法。

【例 6-49】秀峰機械廠按本年稅后利潤 900,000 元的 10% 計提法定盈餘公積。

本年應計提法定盈餘公積 = 900,000×10% = 90,000（元）

計提盈餘公積是對企業取得的利潤所進行的一種分配，應記入「利潤分配」帳戶的借方，表示利潤分配的增加；計提盈餘公積表示盈餘公積的增加，應記入「盈餘公積」帳戶的貸方。因此，這筆經濟業務應編製的會計分錄為：

借：利潤分配——提取盈餘公積　　　　　　　　　　　　　　　90,000
　　貸：盈餘公積——法定盈餘公積　　　　　　　　　　　　　　90,000

【例 6-50】按規定，秀峰機械廠全年應付投資者利潤為 600,000 元。

為反應出資人利潤分配業務的有關情況，企業應設置「應付利潤」（股份制企業設「應付股利」）帳戶。「應付利潤」帳戶的貸方登記企業宣布應分給出資人的利潤。以現金支付利潤時，應記入該帳戶借方。該帳戶的貸方餘額表示應付未付的利潤。

將利潤在投資者之間進行分配，增加了企業已分配的利潤數，應記入「利潤分配」帳戶的借方；應付給投資者的利潤為 600,000 元，在支付利潤以前，形成了企業的債務，應記入「應付利潤」帳戶的貸方。因此，對於應付利潤應編製的會計分錄為：

借：利潤分配——應付利潤　　　　　　　　　　　　　　　　　600,000
　　貸：應付利潤　　　　　　　　　　　　　　　　　　　　　　600,000

【例 6-51】秀峰機械廠以現金支付出資者利潤 600,000 元。

支付利潤，企業對投資人的債務減少，應記入「應付利潤」帳戶的借方；利潤是用庫存現金支付的，庫存現金減少，應記入「庫存現金」帳戶的貸方。因此，這筆經濟業務應編製的會計分錄為：

借：應付利潤　　　　　　　　　　　　　　　　　　　　　　　600,000
　　貸：庫存現金　　　　　　　　　　　　　　　　　　　　　　600,000

【例 6-52】年末，秀峰機械廠將「利潤分配」各明細帳的餘額轉入「利潤分配——未分配利潤」明細帳。

企業提取法定盈餘公積、向投資者分配利潤等，發生在「利潤分配」的「提取法定盈餘公積」「應付利潤」等明細帳的借方，應將這些明細帳的分配結果轉入「利潤分配」的「未分配利潤」明細帳內。

借：利潤分配——未分配利潤　　　　　　　　　　　　　　　　690,000
　　貸：利潤分配——提取法定盈餘公積　　　　　　　　　　　　90,000
　　　　　　　——應付利潤　　　　　　　　　　　　　　　　　600,000

第六節　其他業務的核算

前述各節已就如何利用復式記帳原理對企業的材料採購業務、生產業務、銷售業務、利潤形成業務和利潤分配業務進行反應等問題進行了比較詳盡的闡述。但是，對許多的其他業務尚未涉及，如投入資本業務、短期投資業務。本節就這兩類業務的核算進行簡要的說明。

一、投入資本的核算

資本是指企業在工商行政管理部門登記的註冊資本總額。企業資本根據投資主體的不同，可分為國家資本、法人資本、個人資本和外商資本四項。國家資本是指有權代表國家投資的政府部門或者機構以國有資產投入企業所形成的資本。法人資本是指其他法人單位以其依法可以支配的資產投入企業形成的資本。個人資本是指社會個人或者本企業內部職工以個人合法的財產投入企業而形成的資本。外商資本是指中國香港、澳門和臺灣地區以及國外投資者投入企業而形成的資本。投資者在進行投資時，可以用現金、實物、無形資產等形式向企業投資。採用股票方式籌集資本的，資本應當按照面值計價，股票採取超面值發行的股票溢價淨收入，作為資本公積金。採用吸收實物、無形資產等方式籌集資本的，按照評估確認或者合同、協議約定的金額計價。投入資本不得任意抽走、衝減，以充分體現資本保全和資本完整，維護所有者權益。

投入資本是企業實際收到的投資人投入企業經營活動的各種財產物資。為了反應投資人實際投入的資本情況，企業應設置「實收資本」帳戶進行核算。

「實收資本」帳戶是用來核算企業增加或減少的各種形式的資本及其結存額的帳戶。該帳戶的貸方登記實際收到的各種形式的資本以及由資本公積和盈餘公積轉增的資本；該帳戶的借方登記經批准撤走的資本。該帳戶的貸方餘額反應企業實際收到的資本總額。該帳戶應按投資人設置明細分類帳。下面舉例說明投入資本的核算。

【例6-53】10月7日，秀峰機械廠收到投資者投資款計40,000元，存入銀行。
該筆業務的會計分錄為：

借：銀行存款　　　　　　　　　　　　　　　　　　　　　　　　40,000
　　貸：實收資本　　　　　　　　　　　　　　　　　　　　　　40,000

【例6-54】10月9日，秀峰機械廠收到白鴿有限公司投入的A材料50,000千克，雙方協議價格為100,000元，增值稅稅率17%。

借：原材料——A材料　　　　　　　　　　　　　　　　　　　100,000
　　應交稅費——應交增值稅（進項稅額）　　　　　　　　　　17,000
　　貸：實收資本——其他單位投入　　　　　　　　　　　　　117,000

【例6-55】10月17日，秀峰機械廠收到華凱公司投入的一臺舊車床。該車床的帳面原價為50,000元，已提折舊為20,000元，投入后協議作價30,000元。設備已收到並投入使用。

該筆業務的會計分錄為：

借：固定資產　　　　　　　　　　　　　　　　　　　　　　　　30,000
　　貸：實收資本——其他單位投入　　　　　　　　　　　　　　　30,000

【例6-56】10月20日，秀峰機械廠收到南方公司投入的一臺新鑽床。雙方協議作價為70,000元。

該筆業務的會計分錄為：

借：固定資產　　　　　　　　　　　　　　　　　　　　　　　　70,000
　　貸：實收資本——其他單位投入　　　　　　　　　　　　　　　70,000

【例6-57】10月23日，秀峰機械廠接受蓉城高科技開發公司以某項專利作為投資。雙方協議作價為20,000元。

該筆業務的會計分錄為：

借：無形資產　　　　　　　　　　　　　　　　　　　　　　　　20,000
　　貸：實收資本——其他單位投入　　　　　　　　　　　　　　　20,000

【例6-58】10月28日，秀峰機械廠按規定將40,000元盈餘公積轉增資本。

該筆業務的會計分錄為：

借：盈餘公積　　　　　　　　　　　　　　　　　　　　　　　　40,000
　　貸：實收資本　　　　　　　　　　　　　　　　　　　　　　　40,000

二、短期投資的核算

短期投資是指企業購入的各種能隨時變現、持有時間不準備超過一年的有價證券以及不超過一年的其他投資，包括各種股票和債券等。與長期投資相比，短期投資的投資金額小、投資回收期短、投資風險小、投資報酬率低。短期投資的意義表現在能調動企業暫時不用的多餘資金，獲得更多的收益，也能應付緊急的資金需要，預防財務風險。

企業進行短期投資的核算，應設置「短期投資」帳戶，用來核算企業購入的各種能隨時變現、持有時間不準備超過一年的有價證券以及不準備超過一年的其他投資。該帳戶借方登記購入的各種有價證券的實際成本，貸方登記轉讓或出售有價證券的帳面實際成本。期末借方餘額表示企業現有的有價證券的購入成本。該帳戶應按短期投資的種類設置明細帳。

下面舉例說明短期投資的核算。

【例6-59】10月8日，秀峰機械廠用多餘資金購入先鋒公司發行的年利率為15%、一年到期的企業債券計50,000元，款項已通過銀行支付。

該筆業務的會計分錄為：

借：短期投資——債券投資　　　　　　　　　　　　　　　　　50,000
　　貸：銀行存款　　　　　　　　　　　　　　　　　　　　　　50,000

三、長期投資的核算

　　長期投資是企業投出的期限在一年以上的資金以及購入的在一年內不能變現或不準備隨時變現的股票、債券和其他投資。相對於短期投資而言，長期投資一般具有投資金額大、投資回收期長、投資風險大和投資報酬率高等特點。通過長期投資，企業可以獲得較大的投資收益，擴大企業的影響；可以控制其他單位，有效地開展競爭，擴展本企業的業務範圍和產品市場佔有率，降低企業經營風險。

　　企業進行長期投資核算時，應設置「長期股權投資」帳戶，用來核算企業投出的期限在一年以上的資金以及購入在一年內不能變現或不準備變現的股權投資。該帳戶的借方登記投出或增加的長期投資額，貸方登記收回或減少的長期投資額。借方餘額表示長期投資額。

　　下面舉例說明長期投資的核算。

　　【例6-60】10月11日，秀峰機械廠用閒置未用的設備一套向桃谷山機器廠投資，設備帳面原價為230,000元，已提折舊60,000元，雙方商定按帳面淨值作為投資額。該設備已辦完投資轉出手續。

　　該筆業務的會計分錄為：
　　借：長期股權投資　　　　　　　　　　　　　　　　　　　170,000
　　　　累計折舊　　　　　　　　　　　　　　　　　　　　　　60,000
　　　　貸：固定資產　　　　　　　　　　　　　　　　　　　　230,000

　　【例6-61】10月15日，秀峰機械廠以銀行存款1,000,000元對B企業投資，擁有B企業10%的股份。

　　該筆業務的會計分錄為：
　　借：長期股權投資　　　　　　　　　　　　　　　　　　1,000,000
　　　　貸：銀行存款　　　　　　　　　　　　　　　　　　　1,000,000

　　【例6-62】10月22日，秀峰機械廠以某項專利向其他單位投資。該項專利權的帳面價值為10,000元，雙方同意按帳面價值作為投資額，已辦完投資轉出手續。

　　該筆業務的會計分錄為：
　　借：長期股權投資　　　　　　　　　　　　　　　　　　　　10,000
　　　　貸：無形資產　　　　　　　　　　　　　　　　　　　　　10,000

　　長期債權投資和長期股權投資的其他業務，如股票投資的核算，將在《中級財務會計》中詳細介紹。

復習思考題

1. 材料採購業務、生產業務和銷售業務的基本內容分別有哪些？
2. 供應過程的核算應設置的主要帳戶有哪些？這些帳戶的結構如何？怎樣進行供應過程的總分類核算？
3. 生產過程的核算應設置的主要帳戶有哪些？這些帳戶的結構如何？怎樣進行生產過程的總分類核算？
4. 銷售過程的核算應設置的主要帳戶有哪些？這些帳戶的結構如何？怎樣進行銷售過程的總分類核算？
5. 利潤形成業務的核算應設置哪些主要帳戶？這些帳戶的結構如何？怎樣進行利潤形成業務的總分類核算？
6. 利潤分配的程序如何？
7. 怎樣進行資本投入的總分類核算？

練習一

一、目的：練習材料採購業務的核算。

二、資料：

某企業201A年9月發生有關經濟業務如下（運費不考慮增值稅）：

1. 從A公司購入甲材料一批，數量為20,000千克，單價為15元/千克，進項增值稅為51,000元，對方代墊運雜費400元，共計351,400元，當即以銀行存款支付。材料已驗收入庫。

2. 從B公司購買乙材料30噸，單價為2,000元/噸，進項增值稅為10,200元，對方代墊運雜費600元，共計70,800元。企業開出商業匯票一張，以抵付材料款。材料已經驗收入庫。

3. 從C公司購買甲材料40噸，單價為14,800元/噸，進項增值稅稅率為17%。材料已驗收入庫，料款尚未支付。

4. 去火車站提取上述運到的甲、乙兩種材料時，以現金支付車站材料整理費315元（採購費用按材料重量分配）。

5. 向D公司預付購買甲材料的價款80,000元。

6. D公司按合同發來甲材料8噸，單價為15,500元/噸，進項增值稅稅額為21,080元，對方代墊運雜費4,000元，以銀行存款補付所欠餘款。甲材料已驗收入庫。

7. 以銀行存款支付前欠C公司材料款。

8. 開給 B 公司的商業匯票月內到期，B 公司前來兌付，通知銀行支付。

三、要求：根據上述資料編製會計分錄。

練習二

一、目的：練習生產業務的核算。

二、資料：

某廠 201A 年 10 月發生的有關經濟業務如下：

1. 生產甲產品領用 A 材料 1,000 千克，B 材料 2,000 千克；生產乙產品領用 A 材料 700 千克，B 材料 1,200 千克，C 材料 3,200 千克；車間一般耗用 C 材料 800 千克；企業管理部門耗用 C 材料 300 千克。A、B、C 三種材料的實際單位成本分別為每千克 15 元、3 元、10 元。

2. 以銀行存款支付行政管理部門的辦公用品費 3,000 元。

3. 採購員李紅出差前借差旅費 800 元，以現金支付。

4. 車間機器設備日常維修和廠部辦公用房日常修理分別領用 D 材料 850 元、350 元。

5. 計提本月固定資產大修理費用，其中應提車間和廠部用固定資產大修理費分別為 10,000 元、2,300 元。

6. 本月應付生產甲、乙兩種產品的生產工人工資分別為 70,000 元、13,000 元；應付車間管理人員和廠部管理人員工資分別為 6,000 元、11,000 元。

7. 根據上述應付工資額的 14% 計提本月職工福利費。

8. 計提本月固定資產折舊，其中應提車間和廠部用固定資產折舊費分別為 40,000 元、10,000 元。

9. 從銀行提取現金 100,000 元，準備發放工資。

10. 以銀行存款支付第二年企業材料倉庫租金 14,400 元。

11. 以現金 600 元支付業務招待費。

12. 以銀行存款支付水電費 3,600 元，其中甲產品耗用 2,000 元，乙產品耗用 400 元，車間管理部門耗用 200 元，廠部辦公耗用 1,000 元。

13. 採購員李紅報銷差旅費 600 元，餘款交回現金。

14. 將製造費用 65,890 元按工時比例分配法分配給甲產品與乙產品，兩種產品消耗工時分別為 8,600 工時、11,400 工時。

15. 本月攤銷已付的報紙雜誌費用 400 元。

16. 本月完工甲產品 700 件，乙產品 1,800 件，單位成本分別為每件 80 元、20 元。

三、要求：根據上述資料編製會計分錄。

練習三

一、目的：練習銷售業務的核算。

二、資料：

某公司201A年11月發生的部分經濟業務如下（銷項增值稅稅率按17%計算）：

1. 向新華工廠銷售甲產品10件，每件售價（不含稅，下同）1,000元，貨款計10,000元。購買單位交來轉帳支票一張，面額11,700元。貨已提走，支票送存銀行。

2. 按合同向購買單位中意工廠發出乙產品20臺，單位售價15,000元，價款計300,000元，另以現金墊付運雜費1,000元。合同規定，對方可於收貨后半月內付款。

3. 向中興公司銷售甲產品20件，每件售價1,000元，價款20,000元，收到中興公司承兌的商品匯票一張，面額為23,400元。

4. 按合同規定預收中紡公司甲產品貨款60,000元，存入銀行。

5. 中紡公司從本企業提走甲產品65件，每件售價1,000元，價款以原預收款抵付，中紡公司同時通過銀行補付不足款項。

6. 開出轉帳支票，支付電視臺廣告費6,000元。

7. 大方公司退回上月購去的甲產品一件，當時甲產品的銷售單價為1,000元，當即以銀行存款付訖。

8. 本月已售甲產品95件、乙產品20臺，單位製造成本分別為500元、7,000元。

9. 以現金支付本月所售產品運輸裝卸費600元。

10. 收到中意工廠前欠貨款。

11. 中興公司承兌的商業匯票到期，按面額如數收回貨款。

三、要求：根據上述資料編製會計分錄。

練習四

一、目的：練習利潤形成和利潤分配業務的核算。

二、資料：

某股份有限公司201A年12月部分業務如下：

1. 收到被告支付的賠償款70,000元存入銀行。

2. 通過銀行獲得從其他單位分得的利潤80,000元。

3. 支付借款利息30,000元（原已計提）。

4. 本公司月末各損益帳戶本期發生額合計如下：主營業務收入、投資收益、營業外收入貸方本期發生額合計分別為1,300,000元、80,000元、75,000元，主營業務成本、稅金及附加、銷售費用、管理費用、財務費用、營業外支出借方餘額分別為920,000元、

25,000元、20,000元、160,000元、30,000元、60,000元。月底，結轉各損益帳戶。

　　5. 據計算，企業本月應納所得稅60,000元。同時，將所得稅帳戶的本期發生額轉入本年利潤。

　　6. 通過銀行繳納上述所得稅。

　　7. 結轉全年實現的淨利潤559,450元。

　　8. 按規定企業本月應提盈餘公積55,945元。

　　9. 本年應分給投資者的利潤據計算為380,000元。

　　三、要求：根據上述資料編製會計分錄。

第七章　帳戶的分類

每個帳戶都有自己的經濟性質、用途和結構，都能從某個側面反應和監督會計對象的變化情況和變動結果，為經濟管理提供會計信息。雖然這些帳戶是在各種經濟業務的核算中分別加以使用的，但是它們彼此之間並不是孤立的，而是相互聯繫地組成了一個完整的帳戶體系。為了更好地掌握和運用這些帳戶，有必要進一步研究帳戶的分類，即在認識各個帳戶的特性的基礎上，概括帳戶的共性，從理論上探討帳戶之間的內在聯繫，探明各個帳戶在整個帳戶體系中的地位和作用，掌握各類帳戶在提供會計信息方面的規律性。

第一節　帳戶分類的意義

帳戶是用來分類反應、控制會計對象，並提供其動態和靜態指標的工具。由於會計對象內容複雜、類別繁多，加之各類別之間客觀上存在著極其廣泛的聯繫，因此需要設置和運用一系列的帳戶。每個帳戶的用途不同，所反應的內容不同，使用方法也不一樣。各帳戶之間既有區別又有聯繫，構成一個完整的帳戶體系。所謂帳戶體系，就是各帳戶按照其自有的特徵和規律性，有機地結合在一起，形成一個系統化、條理化、完整嚴密的帳戶群體。

為了進一步認識和掌握帳戶的共同本質、一般規律、帳戶間的內在聯繫和區別，達到熟練、準確地運用每一個帳戶的目的，有必要在逐個認識帳戶的基礎上，對帳戶進行分類。研究帳戶分類的根本目的就是為了更好地應用帳戶，使帳戶在會計核算過程中充分發揮作用。帳戶分類的意義主要表現在：

第一，通過帳戶的分類可以進一步認識已經學過的帳戶。在前面幾章中逐個研究了帳戶的個性，現在通過對帳戶進行分類，在對帳戶個性認識的基礎上，進一步認識其共性，掌握其一般規律，更清楚地瞭解每一個帳戶核算的是什麼樣的經濟內容，以及它對經濟內容是怎樣反應的。

第二，通過帳戶分類，可以瞭解每一帳戶在整個帳戶體系中所處的地位和應起的作用。由於帳戶群體中的各個帳戶相互聯繫，通過帳戶的分類，可以加深對帳戶的共同特徵及差異性的認識，瞭解帳戶是如何結合來反應企業經濟業務活動的。

帳戶可以按不同標準，即從不同角度進行分類，其中主要有按照帳戶的經濟內容分類和按照用途、結構分類兩種。

第二節　帳戶按經濟內容分類

帳戶的經濟內容是指帳戶反應的會計對象的具體內容。帳戶之間的最本質差別在於其反應的經濟內容不同，因而帳戶的經濟內容是帳戶分類的基礎。帳戶按經濟內容分類是對帳戶的最基本的分類。企業會計對象的具體內容，按其經濟特徵可以歸結為資產、負債、所有者權益、收入、費用和利潤六項會計要素。與此相適應，帳戶按經濟內容分類，也可以分為資產類帳戶、負債類帳戶、所有者權益類帳戶、成本類帳戶、損益類帳戶。

一、資產類帳戶

資產類帳戶是用來反應企業各種資產的增減變動及其結存情況的帳戶。資產類帳戶按照資產的存在形態不同又分為以下幾種：

(1) 反應流動資產的帳戶。反應流動資產的帳戶又可分為：反應貨幣資金的帳戶，如「庫存現金」「銀行存款」；反應債權的帳戶，如「應收帳款」「應收票據」；反應短期投資的帳戶，如「交易性金融資產」；反應存貨的帳戶，如「原材料」「生產成本」「庫存商品」。

(2) 反應長期投資的帳戶，如「長期股權投資」「持有至到期投資」一類帳戶。

(3) 反應固定資產的帳戶，如「固定資產」「累計折舊」「在建工程」一類帳戶。

(4) 反應無形資產的帳戶，如「無形資產」一類帳戶。

(5) 反應遞延資產及其他資產的帳戶，如「遞延資產」「長期待攤費用」一類帳戶。

二、負債類帳戶

負債類帳戶是用來反應企業負債增減變動及其結存情況的帳戶。按照負債的流動性，這類帳戶又可以分為以下兩類：

(1) 反應流動負債的帳戶，如「短期借款」「應付票據」「應付帳款」「應付職工薪酬」「應交稅費」一類帳戶。

(2) 反應非流動負債的帳戶，如「長期借款」「應付債券」一類帳戶。

三、所有者權益類帳戶

所有者權益類帳戶是用來反應企業所有者權益增減變動及其結存情況的帳戶。按照所有者權益來源的不同，這類帳戶又可以分為以下兩類：

(1) 反應所有者原始投資的帳戶，如「實收資本」「資本公積」一類帳戶。

(2) 反應經營及留存收益的帳戶，如「本年利潤」「利潤分配」「盈餘公積」一類帳戶。

四、成本類帳戶

成本類帳戶是用來反應和監督企業材料採購、生產產品發生的費用，計算材料和產品成本的帳戶。成本類帳戶可以分為以下三類：

(1) 反應材料採購成本核算的帳戶，如「材料採購」帳戶。
(2) 反應產品生產成本的帳戶，如「製造費用」帳戶和「生產成本」帳戶。
(3) 反應專項工程成本的帳戶，如「在建工程」帳戶。

成本類帳戶與資產類帳戶有著密切的聯繫。資產一經耗用就轉化為費用成本；成本類帳戶的期末借方餘額屬於企業的資產，如「材料採購」帳戶的借方餘額為在途材料存貨，「生產成本」帳戶的借方餘額為在產品存貨，「在建工程」帳戶的借方餘額屬於固定資產類的資產。

五、損益類帳戶

損益類帳戶是用來反應與企業財務成果的形成直接相關的帳戶。這類帳戶按其與損益組成內容的關係可分為以下三類：

(1) 反應營業損益的帳戶，如「主營業務收入」「主營業務成本」「其他業務收入」「其他業務成本」「管理費用」「銷售費用」「財務費用」「所得稅費用」等帳戶。
(2) 反應投資收益的帳戶，如「投資收益」帳戶。
(3) 反應營業外損益的帳戶，如「營業外收入」「營業外支出」等帳戶。

下面將企業的主要帳戶，按照上述經濟內容的分類，如表 7-1 表示。

表 7-1

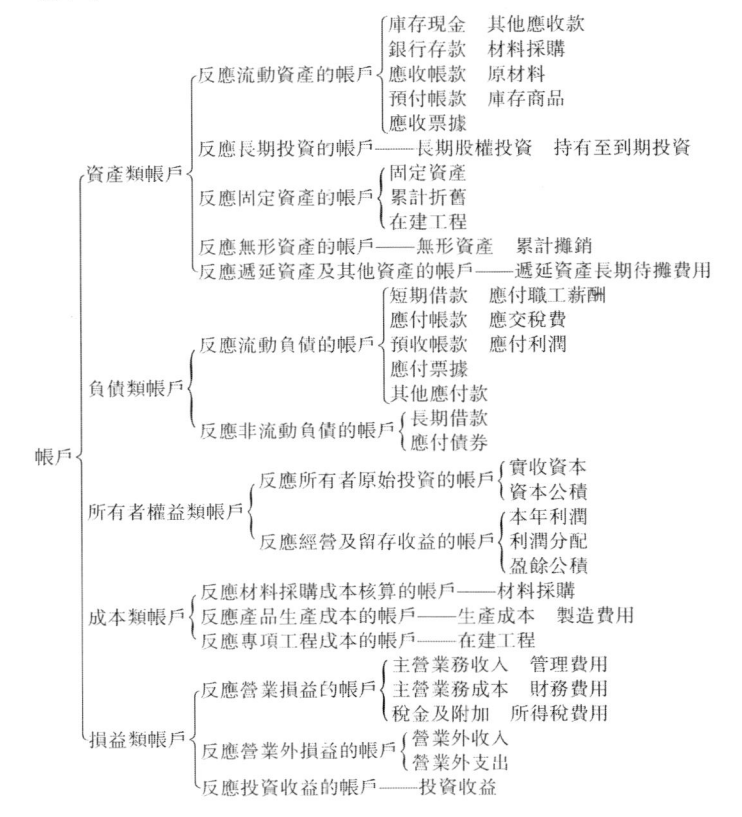

```
        ┌ 資產類帳戶 ┬ 反應流動資產的帳戶 ┬ 庫存現金   其他應收款
        │            │                      ├ 銀行存款   材料採購
        │            │                      ├ 應收帳款   原材料
        │            │                      ├ 預付帳款   庫存商品
        │            │                      └ 應收票據
        │            ├ 反應長期投資的帳戶—— 長期股權投資  持有至到期投資
        │            ├ 反應固定資產的帳戶 ┬ 固定資產
        │            │                    ├ 累計折舊
        │            │                    └ 在建工程
        │            ├ 反應無形資產的帳戶—— 無形資產  累計攤銷
        │            └ 反應遞延資產及其他資產的帳戶—— 遞延資產長期待攤費用
        │
        │            ┌ 反應流動負債的帳戶 ┬ 短期借款   應付職工薪酬
        │            │                    ├ 應付帳款   應交稅費
        │ 負債類帳戶 ┤                    ├ 預收帳款   應付利潤
帳戶 ───┤            │                    ├ 應付票據
        │            │                    └ 其他應付款
        │            └ 反應非流動負債的帳戶 ┬ 長期借款
        │                                  └ 應付債券
        │
        │ 所有者權益類帳戶 ┬ 反應所有者原始投資的帳戶 ┬ 實收資本
        │                  │                          └ 資本公積
        │                  └ 反應經營及留存收益的帳戶 ┬ 本年利潤
        │                                              ├ 利潤分配
        │                                              └ 盈餘公積
        │
        │ 成本類帳戶 ┬ 反應材料採購成本核算的帳戶—— 材料採購
        │            ├ 反應產品生產成本的帳戶—— 生產成本  製造費用
        │            └ 反應專項工程成本的帳戶—— 在建工程
        │
        │            ┌ 反應營業損益的帳戶 ┬ 主營業務收入  管理費用
        │            │                    ├ 主營業務成本  財務費用
        │ 損益類帳戶 ┤                    └ 稅金及附加    所得稅費用
        │            ├ 反應營業外損益的帳戶 ┬ 營業外收入
        │            │                      └ 營業外支出
        └            └ 反應投資收益的帳戶—— 投資收益
```

第三節　帳戶按用途和結構分類

　　將帳戶按其反應的經濟內容進行分類，對於正確區分帳戶的經濟性質、合理設置和運用帳戶、提供企業經營管理和對外報告所需要的各種核算指標，具有重要意義。但是僅按經濟內容對帳戶進行分類，還難以詳細地瞭解各個帳戶的具體用途，也難以提供管理上所需要的各種核算指標。為了更好地掌握和運用帳戶，有必要進一步按帳戶的用途和結構分類。所謂帳戶的用途，是指設置和運用帳戶的目的，即通過帳戶記錄提供核算指標。所謂帳戶的結構，是指在帳戶中如何登記經濟業務，以取得所需要的各種核算指標，即帳戶借方登記什麼、貸方登記什麼、期末帳戶有無餘額。雖然帳戶按照經濟內容分類是帳戶的基本分類，帳戶的用途和結構也直接或間接地依存於帳戶的經濟內容，但是帳戶按經濟內容分類並不能代替帳戶按用途和結構的分類。為了深入地理解和掌握帳戶在提供核算指標方面的規律性，正確地設置和運用帳戶來記錄經濟業務，為決策人提供有用的會計信息，有必要在帳戶按經濟內容分類的基礎上，進一步研究帳戶按用途和結構的分類。而這一點又恰好說明了兩種分類的關係：帳戶按經濟內容分類是基本的、主要的分類；帳戶按用途和結構分類是在按經濟內容分類的基礎上的進一步分類，是對帳戶按經濟內容分類的必要補充。

　　帳戶按其用途和結構的不同，可以分為盤存帳戶、結算帳戶、資本帳戶、集合分配帳戶、跨期攤提帳戶、成本計算帳戶、收入帳戶、費用帳戶、財務成果帳戶、調整帳戶、計價對比帳戶和待處理財產帳戶 12 類帳戶。

一、盤存帳戶

　　盤存帳戶是用來反應和監督各項財產物資和貨幣資金的增減變動及其結存情況的帳戶。屬於這類帳戶的有「庫存現金」「銀行存款」「原材料」「庫存商品」「生產成本」「材料採購」「固定資產」「在建工程」等帳戶。這類帳戶的結構是：借方登記各項財產物資和貨幣資金的增加數；貸方登記各項財產物資和貨幣資金的減少數；期末餘額總是在借方，表示期末各項財產物資和貨幣資金的實際結存數。盤存帳戶的結構可用表 7-2 表示。

表 7-2

借方	盤存帳戶	貸方
期初餘額：財產物資和貨幣資金的期初實存數		
發生額：本期財產物資和貨幣資金的增加額	發生額：本期財產物資和貨幣資金的減少額	
期末餘額：財產物資和貨幣資金的期末實有數		

盤存帳戶在用途和結構上有以下兩個特點：

（1）盤存帳戶反應的對象都是有實物和貨幣形態的財產物資，都是財產清查的對象，都可通過實地盤點或對帳方法進行帳實核對，確定其實有數與帳面結存數是否相符。

（2）盤存帳戶的餘額總是在借方，實物都可按其品種或類別分別設置明細帳，為進行明細核算提供詳細資料。

二、結算帳戶

結算帳戶是用來反應和監督企業同其他單位或個人以及企業內部單位或職工個人之間債權、債務結算情況的帳戶。結算業務的性質不同，決定了不同結算帳戶具有不同的用途和結構。結算帳戶按其用途和結構的不同，又可以分為債權結算帳戶、債務結算帳戶和債權債務結算帳戶三類。

（一）債權結算帳戶

債權結算帳戶亦稱資產結算帳戶，是用來反應和監督企業同各單位或個人之間的債權結算業務的帳戶。屬於這類帳戶的有「應收帳款」「預付帳款」「其他應收款」「應收票據」等帳戶。這類帳戶的結構是：借方登記債權的增加數；貸方登記債權的減少數；期末餘額一般是在借方，表示期末尚未收回債權的實有數。債權結算帳戶的結構可用表7-3 表示。

表 7-3

借方	債權結算帳戶	貸方
期初餘額：期初尚未收回的債權		
發生額：本期債權的增加	發生額：本期債權的減少	
期末餘額：期末尚未結清的債務		

（二）債務結算帳戶

債務結算帳戶亦稱負債結算帳戶，是用來反應和監督企業同單位或個人之間的債務結算業務的帳戶。屬於這類帳戶的有「應付帳款」「應付票據」「預收帳款」「短期借款」「長期借款」「應付職工薪酬」「應交稅費」「應付股利」「其他應付」等帳戶。這類帳戶的結構是：貸方登記債務的增加數；借方登記債務的減少數；期末餘額一般在貸方，表示期末尚未償還的債務的實有數，有時期末餘額可能在借方，則表示債權。債務結算帳戶的結構可用表7-4 表示。

表 7-4

借方	債務結算帳戶	貸方
	期初餘額：期初結欠的債務	
發生額：本期償還的債務	發生額：本期增加的債務	
	期末餘額：期末尚未結清的債務	

(三) 債權債務結算帳戶

債權債務結算帳戶亦稱資產負債結算帳戶或雙重性結算帳戶。這類帳戶既反應債權結算業務，又反應債務結算業務，是雙重性質的結算帳戶。企業與其他單位或個人以及企業內部單位或個人之間，可能頻繁發生應收應付帳款的往來結算業務。由於這種相互之間往來結算業務的性質經常發生變動，使得企業有時處於債權人的地位，有時處於債務人的地位。在這種情況下，反應本企業與其他單位或個人結算的帳戶，無法事先確定是屬於債權還是債務。為了能在同一帳戶中反應這種債權債務的增減變化，就需要設置具有債權債務雙重性質的帳戶。這類帳戶包括「其他往來」「內部往來」「上下級往來」等帳戶。這類帳戶的結構是：借方登記債權（應收款項和預付款項）的增加額和債務（應付款項和預收款項）的減少額；貸方登記債務的增加額和債權的減少額；期末餘額可能在借方，也可能在貸方。如在借方，表示尚未收回的債權淨額，即尚未收回的債權大於尚未償付的債務的差額；如在貸方，表示尚未償付的債務淨額，即尚未償付的債務大於尚未收回的債權的差額。該帳戶所屬明細帳的借方餘額之和與貸方餘額之和的差額，應當與總帳的餘額相等。債權債務結算帳戶的結構可用表 7-5 表示。

表 7-5

借方	債權債務結算帳戶	貸方
期初餘額：債權大於債務的差額		期初餘額：債務大於債權的差額
發生額：本期債權的增加額 　　　　本期債務的減少額		發生額：本期債務的增加額 　　　　本期債權的減少額
期末餘額：債權大於債務的差額		期末餘額：債務大於債權的差額

如果企業預收款項的業務不多，可以不單設「預收帳款」帳戶，而用「應收帳款」帳戶同時反應企業應收款項（債權）和預收款項（債務）的增減變動及其變動結果，此時的「應收帳款」帳戶就是一個債權債務結算帳戶。如果企業預付款項的業務不多，可以不單設「預付帳款」帳戶，而用「應付帳款」帳戶同時反應企業應付款項和預付款項，此時的「應付帳款」帳戶就是一個債權債務結算帳戶。

三、資本帳戶

資本帳戶是用來反應和監督企業所有者投資的增減變動及其結存情況的帳戶。屬於這類帳戶的有「實收資本」「資本公積」「盈餘公積」等帳戶。盈餘公積金屬於企業的留存收益，其最終所有權屬於企業的所有者，本質上是企業所有者對企業的投資，因而應將「盈餘公積」帳戶歸入資本類帳戶。這類帳戶的結構是：貸方登記所有者投資的增加額；借方登記所有者投資的減少額；餘額總是在貸方，表示期末所有者投資的實有額。該類帳戶的結構可用表 7-6 表示。

表 7-6

借方	資本帳戶	貸方
	期初餘額：期初投資的實有額	
發生額：本期投資的減少額	發生額：本期投資的增加額	
	期末餘額：期末投資的實有額	

四、集合分配帳戶

集合分配帳戶是用來歸集和分配企業生產經營過程中某個階段所發生的各種費用，而需向受益對象進行分配的帳戶。屬於這類帳戶的有「製造費用」帳戶。這類帳戶的結構是：借方登記（匯集）各種費用的發生數；貸方登記按照一定標準分配計入各成本計算對象的費用數；這類帳戶期末通常沒有餘額。可見，集合分配帳戶具有明顯的過渡性質。該類帳戶的結構可用表 7-7 表示。

表 7-7

借方	集合分配帳戶	貸方
發生額：歸集本期費用發生額	發生額：期末分配轉出費用額	
期末無餘額		

五、跨期攤提帳戶

跨期攤提帳戶是用來反應和監督應由若幹個相連接的會計期間共同負擔的費用，並將這些費用在各個會計期間進行分攤和預提的帳戶。在實際工作中，有時發生一筆款項支付並不應由發生當期全部負擔，而應由當期和以後各期共同負擔；有時雖然沒有支付款項，但是應當負擔部分費用。為了正確計算各個會計期間的損益，必須按照權責發生制的要求和配比性原則（受益的原則）嚴格劃分費用的歸屬期，因此需要設置跨期攤提帳戶來實現這一過程。屬於這類帳戶的有「長期待攤費用」等帳戶。

六、成本計算帳戶

成本計算帳戶是用來反應和監督企業生產經營過程中某一階段為購入、生產某項資產所發生的、應計入成本的費用，並確定各個成本計算對象的實際成本的帳戶。屬於這類帳戶的有「生產成本」「材料採購」「委託加工材料」「在建工程」等帳戶。這類帳戶的結構是：借方登記應計入資產成本的全部費用，包括直接計入各個成本計算對象的費用和按一定標準分配計入各個成本計算對象的費用；貸方登記轉出的已完成某一過程的成本計算對象的實際成本；期末借方餘額，表示尚未完成某一過程的成本計算對象的實際成本。成本計算帳戶的結構可用表 7-8 表示。

表 7-8

借方	成本計算帳戶	貸方
期初餘額：未完成某一階段的成本計算對象的實際成本		
發生額：歸集本期成本計算對象發生或分配的費用	發生額：結轉已完成某階段成本計算對象的實際成本	
期末餘額：未完成某一階段的成本計算對象的實際成本		

七、收入帳戶

收入帳戶是用來反應和監督在一定時期內所實現的各種收入的帳戶。此時的收入是廣義的收入概念，包括企業銷售商品、提供勞務及他人使用本企業資產而實現或獲得的收入，還包括企業實現的其他各種收入。收入帳戶按其來源不同可分為以下三類：

（1）反應營業收入的帳戶，如「主營業務收入」「其他業務收入」帳戶。
（2）反應投資收入的帳戶，如「投資收益」帳戶。
（3）反應營業外收入的帳戶，如「營業外收入」帳戶。

這類帳戶的結構是：貸方記錄各項收入的實現情況；借方記錄期末將收入轉入「本年利潤」的情況；期末轉帳后一般無餘額。此類帳戶屬於虛帳戶。收入帳戶的結構可用表 7-9 表示。

表 7-9

借方	收入帳戶	貸方
期末轉入「本年利潤」的收入	本期實現的各種收入	
	期末轉帳后無餘額	

八、費用帳戶

費用帳戶是反應和監督企業在一定時期內為取得收入而發生的成本、費用、支出的帳戶。此時的費用也是廣義的費用概念，包括為取得收入而發生的成本、費用、支出等。屬於這類帳戶的有「主營業務成本」「稅金及附加」「銷售費用」「財務費用」「管理費用」「營業外支出」「所得稅費用」等帳戶。此類帳戶的結構是：借方登記成本、費用、支出的發生或增加數；貸方登記期末將成本、費用、支出轉入「本年利潤」的轉出數；結轉后此類帳戶一般無餘額。費用帳戶的結構可用表 7-10 所示。

表 7-10

借方	費用帳戶	貸方
本期發生的成本費用	期末轉入「本年利潤」的成本費用	
	期末轉帳后無餘額	

九、財務成果帳戶

財務成果帳戶是用來確定企業在一定時期內實現的利潤或虧損額，以便反應企業最終財務成果的帳戶。典型的財務成果帳戶是「本年利潤」帳戶。該帳戶也叫「匯總帳戶」。這類帳戶的結構是：貸方登記期末從各收入帳戶轉入的本期實現的各項收入數；借方登記期末從各成本、費用、支出帳戶轉入的本期發生的、與本期收入相配比的各項成本、費用、支出數。期末如為貸方餘額，表示收入大於成本、費用、支出的差額，為企業本期實現的淨利潤；期末如為借方餘額，則表示本期成本、費用、支出大於收入的差額，為本期發生的虧損總額；年末，本年實現的利潤或發生的虧損都要結轉記入「利潤分配」帳戶，結轉后該類帳戶應無餘額。由此可見，這類帳戶的特點是在年度中間，帳戶的餘額（無論是實現的利潤還是發生的虧損）不轉帳，要一直保留在該帳戶，目的是提供截至本期累計實現的利潤或發生的虧損，因此年度中間該帳戶有餘額，並且可能在貸方，也可能在借方；年終結算，要將本年實現的利潤或發生的虧損從「本年利潤」帳戶轉入「利潤分配」帳戶，因此年末轉帳后，該帳戶應無餘額。財務成果帳戶的結構可用表 7-11 表示。

表 7-11

借方	財務成果帳戶	貸方
發生額：期末從有關費用帳戶轉入的數額		發生額：期末從有關收入帳戶轉入的數額
本期實現的淨利潤轉入「利潤分配」		本期實現的淨虧損轉入「利潤分配」

十、調整帳戶

調整帳戶是用來調整被調整帳戶的餘額，以求得被調整帳戶的實際餘額而設置的帳戶。

在會計核算中，由於管理上的需要或其他方面的原因，對於某些會計要素，要求用兩種數字從不同的方面進行反應。在這種情況下，就需要設置兩個帳戶，一個帳戶用來反應其原始數字，另一個帳戶用來反應對原始數字的調整數字。將原始數字和調整數字相加或相減，即可求得調整后的實際數字。例如，固定資產由於使用而發生損耗，其價值不斷減少，本應在「固定資產」帳戶貸方反應，但從管理的角度考慮，需要「固定資產」帳戶能提供固定資產的原始價值指標，因此固定資產價值的減少不直接記入「固定資產」帳戶的貸方，衝減其原始價值，而是另外開設了「累計折舊」帳戶，將提取的折舊（固定資產價值的減少）記入「累計折舊」帳戶的貸方，用以反應固定資產由於損耗而不斷減少的價值。將「固定資產」帳戶的借方餘額（現有固定資產的原始價值）減去「累計折舊」帳戶的貸方餘額（現有固定資產的累計損耗），其差額就是現有固定資產的淨值（或稱折餘價值）。可見，「累計折舊」帳戶就是為了調整「固定資產」帳戶，以便求得其實際價值（淨值）而設置的。「累計折舊」帳戶就屬於調整帳戶。屬於這類帳戶

的還有「利潤分配」「累計攤銷」「材料成本差異」「壞帳準備」等帳戶。

調整帳戶按其調整方式的不同，可以分為備抵調整帳戶、附加調整帳戶和備抵附加調整帳戶三類。

(一) 備抵調整帳戶

備抵調整帳戶是用來抵減被調整帳戶餘額，以求得被調整帳戶實際餘額的帳戶。其調整方式可用下列計算公式表示：

$$\text{被調整帳戶餘額} - \text{調整帳戶餘額} = \text{被調整帳戶的實際餘額}$$

因此，被調整帳戶的餘額與備抵調整帳戶的餘額一定是在相反的方向。如果被調整帳戶的餘額在借方，則備抵調整帳戶的餘額一定在貸方；反之亦然。如「固定資產」帳戶的餘額在借方，「累計折舊」帳戶的餘額在貸方。資產備抵調整帳戶與被調整帳戶的關係及其調整方式可用表 7-12 表示。

表 7-12

借方	被調整帳戶	貸方	借方	備抵調整帳戶	貸方
期初餘額					期初餘額
本期增加額		本期減少額	本期減少額		本期增加額
期末餘額 A					期末餘額 B

被調整帳戶期末實有數 = A−B

(二) 附加調整帳戶

附加調整帳戶是用來增加被調整帳戶的餘額，以求得被調整帳戶的實際餘額的帳戶。其調整方式可用下列計算公式表示：

$$\text{被調整帳戶餘額} + \text{調整帳戶餘額} = \text{被調整帳戶的實際餘額}$$

因此，被調整帳戶的餘額與附加調整帳戶的餘額一定是在同一方向（借方或貸方）。在實際工作中，純粹的附加帳戶很少運用。

(三) 備抵附加調整帳戶

備抵附加調整帳戶是指既可以用來抵減，又可以用來附加被調整帳戶的餘額，以求得被調整帳戶實際餘額的帳戶。這類帳戶屬於雙重性質帳戶，兼有備抵帳戶和附加帳戶的功能，但不能同時起兩種作用。其在某一時期執行的是哪一種功能，取決於該帳戶的餘額與被調整帳戶的餘額是否在同一方向。如採用計劃成本計價進行材料的日常核算時，所設置的「材料成本差異」帳戶就屬於此類調整帳戶。

例如，「原材料」帳戶（被調整帳戶）提供材料的計劃成本指標，「材料成本差異」帳戶提供材料採購的超支或節約差異。如果「材料成本差異」帳戶期末為借方餘額，在材料計劃成本基礎上加上此餘額（超支），就可得到材料的實際成本。如果「材料成本

差異」帳戶期末為貸方餘額，在材料計劃成本的基礎上減去此餘額（節約），就可得到材料的實際成本。

綜上所述，調整帳戶有如下特點：

（1）調整帳戶以被調整帳戶的結構為轉移，並與被調整帳戶核算的內容相同，只是后者提供原有數額，前者提供調整數額。

（2）調整帳戶依賴於被調整帳戶而存在，有調整帳戶就必然有被調整帳戶。

（3）調整帳戶對被調整帳戶的調整方法取決於雙方餘額的方向：方向相反，餘額相減；方向相同，餘額相加。

十一、計價對比帳戶

在企業的生產經營過程中，為了加強經濟管理，對某項經濟業務，如材料採購業務或產品生產業務，可以按照兩種不同的計價標準計價，並將兩種不同的計價標準進行對比，借以確定其業務成果。計價對比帳戶就是用來對上述業務按照兩種不同的計價標準進行計價、對比，確定其業務成果的帳戶。按計劃成本進行材料日常核算的企業所設置的「材料採購」帳戶和按計劃成本進行產成品日常核算的企業所設置的「生產成本」帳戶，就屬於這類帳戶。

該類帳戶的結構是：借方登記材料採購的實際成本和生產產品的實際成本；貸方登記入庫材料的計劃成本和完工入庫產品的計劃成本。將借貸兩方不同計價對比，可以確定材料採購的業務成果和生產過程的業務成果，即以實際採購成本與計劃成本對比，確定超支或節約額。計價對比帳戶的結構可用表 7-13 表示。

表 7-13

借方	計價對比帳戶	貸方
購入材料或生產產品的實際成本 實際成本小於計劃成本的節約差異		入庫材料或完工產品的計劃成本 實際成本大於計劃成本的超支差異

十二、待處理財產帳戶

待處理財產帳戶是用來核算企業在財產清查過程中發生的各種物資的盤盈、盤虧和毀損等待處理的帳戶。該類帳戶主要有「待處理財產損溢」帳戶。該帳戶反應企業財產物資管理中存在的問題。在實行永續盤存制度下，從道理上講，實存與帳存應始終保持一致。然而實際情況卻是某種財產物資常常發生帳實不符，其原因在於管理不善。因此，財產清查發現溢餘、短缺、毀損，必須查明原因才能處理。在查明原因之前，要在「待處理財產損溢」帳戶暫時登記。

「待處理財產損溢」帳戶結構上的一般特點是：借方登記財產物資發生的盤虧數、毀損數、經批准轉銷的財產物資盤盈數；貸方登記財產物資發生的盤盈數、經批准轉銷的財產物資盤虧及毀損數。餘額在借方，表示尚未批准轉銷的財產物資的盤虧、毀損數；餘額在貸

方，表示尚未批准轉銷的財產物資的盤盈數。待處理財產帳戶的結構可用表 7-14 表示。

表 7-14

借方	待處理財產帳戶	貸方
發生額：發生各財產物資盤虧、毀損數 　　　　批准轉銷各財產物資盤盈溢餘數	發生額：發生各財產物資盤盈溢餘數 　　　　批准轉銷各財產物資盤虧、毀損數	
期末餘額：尚未批准處理的財產淨虧損數	期末餘額：尚未批准處理的財產淨收益數	

需要注意的是，帳戶按經濟用途和結構分類，「材料採購」「生產成本」「委託加工材料」帳戶同時屬於盤存帳戶、成本計算帳戶和計價對比帳戶。現將帳戶按用途和結構分類情況用表 7-15 列示如下。

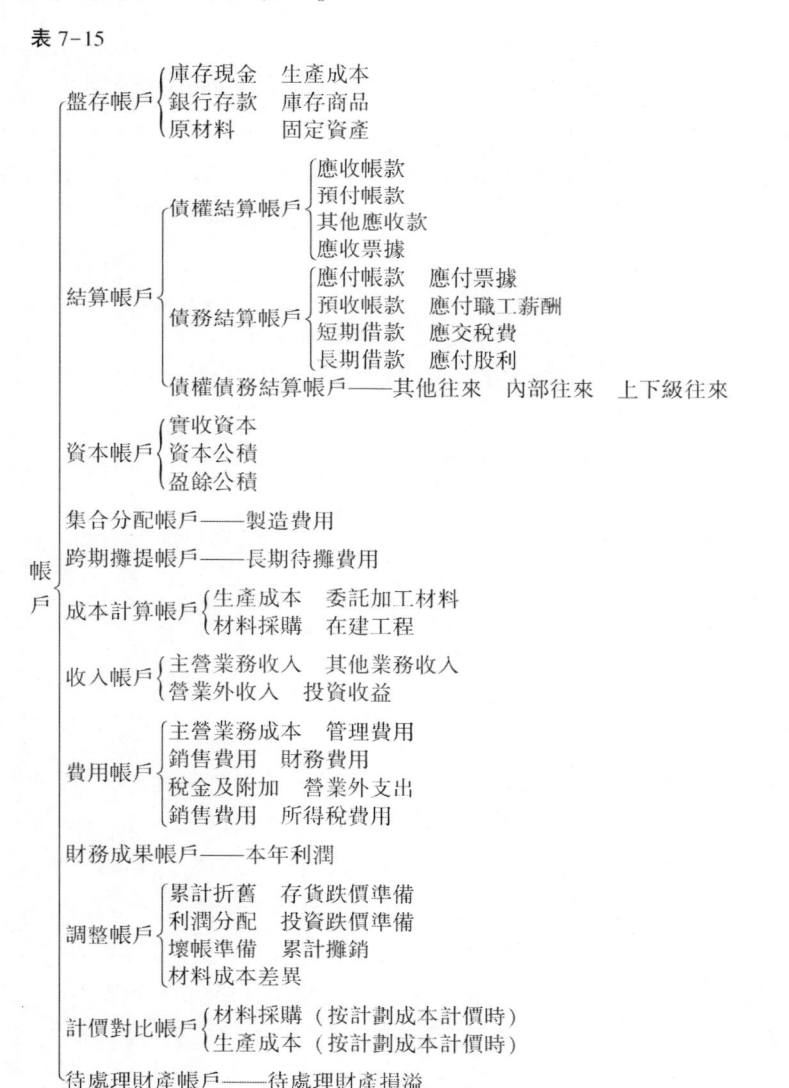

表 7-15

```
        ┌ 盤存帳戶 ─┬ 庫存現金　生產成本
        │          ├ 銀行存款　庫存商品
        │          └ 原材料　　固定資產
        │                      ┌ 應收帳款
        │          ┌ 債權結算帳戶 ┤ 預付帳款
        │          │            │ 其他應收款
        │          │            └ 應收票據
        │ 結算帳戶 ┤            ┌ 應付帳款　應付票據
        │          │ 債務結算帳戶 ┤ 預收帳款　應付職工薪酬
        │          │            │ 短期借款　應交稅費
        │          │            └ 長期借款　應付股利
        │          └ 債權債務結算帳戶──其他往來　內部往來　上下級往來
        │          ┌ 實收資本
        │ 資本帳戶 ┤ 資本公積
        │          └ 盈餘公積
        │ 集合分配帳戶──製造費用
帳戶 ┤ 跨期攤提帳戶──長期待攤費用
        │ 成本計算帳戶 ┌ 生產成本　委託加工材料
        │              └ 材料採購　在建工程
        │ 收入帳戶 ┌ 主營業務收入　其他業務收入
        │          └ 營業外收入　投資收益
        │          ┌ 主營業務成本　管理費用
        │ 費用帳戶 ┤ 銷售費用　財務費用
        │          │ 稅金及附加　營業外支出
        │          └ 銷售費用　所得稅費用
        │ 財務成果帳戶──本年利潤
        │          ┌ 累計折舊　存貨跌價準備
        │ 調整帳戶 ┤ 利潤分配　投資跌價準備
        │          │ 壞帳準備　累計攤銷
        │          └ 材料成本差異
        │ 計價對比帳戶 ┌ 材料採購（按計劃成本計價時）
        │              └ 生產成本（按計劃成本計價時）
        └ 待處理財產帳戶──待處理財產損溢
```

復習思考題

1. 研究帳戶的分類有何意義？
2. 為什麼說帳戶按要素分類是其他分類的基礎？
3. 什麼是帳戶的用途和結構？帳戶按用途和結構分類可分為哪幾類？
4. 結算帳戶分為哪幾類？
5. 什麼是調整帳戶？調整帳戶分為哪幾類？它們的用途和結構有何特點？

第八章　會計憑證

前面幾章介紹了企業會計循環過程以及對經濟業務的記錄方法。在實際工作中，企業發生的經濟業務和編製會計分錄都是以原始憑證為依據，記錄在會計的記帳憑證上。會計憑證是會計的重要檔案資料。本章著重介紹會計憑證的種類、格式以及會計憑證的填製和保管。

第一節　會計憑證的意義和分類

一、會計憑證的意義

會計憑證（Accounting Document）是記錄經濟業務事項的發生和完成情況，以便明確經濟責任，並作為記帳依據的書面證明，是會計核算的重要會計資料。填製和審核會計憑證，是會計核算和會計監督的起點和基礎。

填製和審核會計憑證是會計核算工作的首要環節，對會計核算過程、會計信息質量起著至關重要的作用。為了保證會計信息的客觀性、真實性和可驗證性，對於任何經濟業務的發生都必須有書面證明，做到收有憑、付有據。這就要求每一項經濟業務，如款項的收付、財物的收發、往來款項的結算，應由經辦該項業務的有關人員將經濟業務的內容、數量和金額記錄在會計憑證上，並在憑證上簽章，以對憑證的真實性和正確性負完全責任。一切會計憑證都必須經過有關人員的嚴格審核。只有經過審核無誤的會計憑證，才能作為登記帳簿的依據。

會計憑證的填製和審核是會計工作的基礎，對於保障會計職能的發揮和會計任務的完成具有重要意義。

（1）會計憑證是登記帳簿的依據，保證了會計信息的真實性和正確性。各會計主體在生產經營過程中會發生大量的、各種各樣的經濟業務，只有經過審核無誤的會計憑證，才能據以記帳，防止出現弄虛作假和差錯事故，從而有效地堵塞漏洞，保證會計記錄的真實性與準確性。

（2）會計憑證為會計監督提供了客觀的基礎，審核會計憑證可促使經濟業務合理合法。會計憑證記錄了經濟業務發生的前因後果，通過審核會計憑證，可以對經濟業務的發生是否合理合法進行監督，以確保會計主體財產的安全和合理使用，保證財務計劃和財務制度的貫徹執行，維護財經紀律，促使企業改善經營管理，提高經濟效益。

（3）填製和審核會計憑證，有助於企業實行經濟責任制。會計主體發生的經濟業務，都是由有關部門協同完成的。通過填製和審核會計憑證，不僅將經辦人員聯繫在一起，有利於劃清經辦單位和經辦人員的責任，還能促進企業內部的分工協作，嚴格企業內部的經濟責任制。

二、會計憑證的分類

會計主體的經營活動內容複雜、豐富，記錄經濟業務的會計憑證多種多樣。為了更好地掌握和運用會計憑證，有必要瞭解會計憑證的分類。會計憑證按其填製的程序和用途，可分為原始憑證和記帳憑證兩類。

（一）原始憑證

原始憑證（Source Document）是在經濟業務發生或完成時取得或填製的，用以證明經濟業務的發生，明確經濟責任，並作為記帳原始依據的書面證明文件。

原始憑證是在經濟業務發生的過程中直接產生的，能正確、及時、完整地反應經濟業務，在法律上具有證明效力，是會計人員編製記帳憑證的依據。原始憑證還可按不同的標準進行分類。

1. 原始憑證按其填製的手續不同，分為一次憑證、累計憑證和匯總憑證

（1）一次憑證是對一項或若幹項同類經濟業務，在其發生或完成時，一次性填製完成的原始憑證。絕大部分原始憑證都屬於一次憑證，如支票（其格式見表 8-1）、收料單、領料單（其格式見表 8-2）等憑證。

表 8-1　　　　　　　　　　一次憑證（一）

中國民生銀行支票存根（粵）	中國民生銀行　支票											
IX VI00111157	廣州　　　　　　　　　　　　　　　IX VI00111157											
科　目：	出票日期（大寫）　　年　月　日	付款行名稱：										
對方科目：	收款人：	出票人帳號：										
出票日期　　年　月　日	人民幣（大寫）	億	千	百	十	萬	千	百	十	元	角	分
收款人：												
金額：	用途＿＿＿＿	科目（借）＿＿＿＿										
用途：	上列款項請從我　帳戶內支付	對方科目（貸）＿＿＿＿										
單位主管　　　會計	出票人簽章	復核　　　記帳										

表 8-2　　　　　　　　　　　　　一次憑證（二）

領料單位：一車間	領　料　單	憑證編號：0524
用途：A 產品	201A 年 2 月 10 日	發料倉庫：2 號庫

材料類別	材料編號	材料名稱及規格	計量單位	數量（請領）	數量（實發）	單價（元）	金額（元）
鋼材	1021	30mm 圓鋼	千克	200	200	4.00	800
備註：		合計					800
記帳　　　發料　　　領料部門主管　　　領料							

（2）累計憑證是指在一定時期內連續記載若幹項不斷重複發生的同類經濟業務，直到期末完成憑證填製手續，以期末累計發生數作為記帳依據的原始憑證，如工業企業常用的限額領料單（其格式見表 8-3）。使用累計憑證，可以簡化核算手續，減少原始憑證的數量，也有利於企業加強成本控制與管理，是企業進行計劃管理的手段之一。

表 8-3　　　　　　　　　　　　　累計憑證

限額領料單

201A 年 2 月　　　　　　編號：2407

領料單位：一車間	用　途：A 產品	計劃產量：5,000 臺
材料編號：1021	名稱規格：30mm 圓鋼	計量單位：千克
單　價：4.00 元	消耗定量：0.4 千克/臺	領用限額：2,000

201A 年 月	201A 年 日	請領數量	實發 數量	實發 累計	實發 發料人	實發 領料人	限額結餘數量
2	2	400	400		沈寧	李明	1,600
2	7	300	300		沈寧	李明	1,300
2	12	300	300		沈寧	江豔	1,000
2	17	300	300		沈寧	江豔	700
2	22	400	400		沈寧	李明	300
2	28	200	200		沈寧	江豔	100
累計實發金額（大寫）柒仟陸佰元整							￥7,600
供應部門主管（簽章）　　　生產計劃部門主管（簽章）　　　倉庫主管（簽章）							

（3）匯總憑證是指將一定時期內若幹項記載同類經濟業務的原始憑證加以匯總編製的憑證。

匯總原始憑證按資料來源又可分為兩種：一種是根據一定時期記載同類經濟業務的若幹張原始憑證，按照一定的管理要求，匯總編製而成，如收料匯總表、發料匯總表（其格式見表 8-4）。其作用是簡化編製記帳憑證及登帳的工作量，提高核算工作效率。另一種是由會計人員根據一定時期內有關帳戶的記錄結果，對某一特定事項進行歸類、

整理而編製的匯總憑證，如工資分配匯總表、製造費用分配表（其格式見表 8-5）等。這種憑證能夠使核算資料更為系統化，使核算過程更為條理化，並能提供某些綜合指標滿足會計核算和經濟管理的要求。

表 8-4　　　　　　　　　　　匯總憑證（一）

發料匯總表

201A 年 2 月　　　　　　　　　　　　　　　　　　　　　　　　　單位：元

領料部門	用途	甲材料	乙材料	丙材料	合計
生產車間	生產 A 產品	15,000	2,000	3,000	20,000
生產車間	生產 B 產品	10,000	3,000	3,500	16,500
生產車間	維護設備	1,000		200	1,200
行政管理部門	修理辦公設備	300	600		900
合計		26,300	5,600	6,700	38,600

表 8-5　　　　　　　　　　　匯總憑證（二）

製造費用分配表

201A 年 2 月

生產成本明細帳	生產工時（工時）	分配率	分配金額（元）
A 產品	2,000		4,000
B 產品	3,000		6,000
合　計	5,000	2	10,000

2. 原始憑證按其來源的不同，可以分為自製原始憑證和外來原始憑證

（1）自製原始憑證是由會計主體內部經辦業務的人員，在執行或完成某項經濟業務時所填製的原始憑證。自製原始憑證產生於企業內部，如前面介紹的限額領料單、製造費用分配表都屬於自製憑證。

（2）外來原始憑證是指從會計主體以外取得的原始憑證，如供貨單位開出的購貨發票（其格式見表 8-6）、出差乘坐的車船票、銀行的結算憑證等。外來原始憑證都是一次憑證，一般由稅務局等部門統一印製，或經稅務部門批准由經營單位印製，在填製時要加蓋出具憑證單位公章方有效。

值得注意的是，無論是自製憑證還是外來憑證，都證明經濟業務已經執行或已經完成，因而在審核後就可以作為會計記帳的依據。因此，凡是不能證明經濟業務已經實際執行或完成的文件，如意向書、材料申購單、銀行存款調節表一類，這些文件不屬於會計的原始憑證，這些數據自然不能進入帳務處理系統進行加工整理。

表 8-6　　　　　　　　　　　**外來原始憑證**
　　　　　　　　　　　　　　廣州市增值稅專用發票

開票日期：　年　月　日　　　　　　　　　　　　　　　　　　　No. 1340678

購貨單位	名稱				納稅人登記號											
	地址、電話									開戶銀行及帳號						

商品或勞務名稱	計量單位	數量	單價	金　額	稅率(%)	金額
				百 十 萬 千 百 十 元 角 分		百 十 萬 千 百 十 元 角 分
合　計						

價稅合計（大寫）	佰　　拾　　萬　　仟　　佰　　拾　　　元　角　分　　￥_____

銷貨單位	名稱		納稅人登記號	
	地址、電話		開戶銀行及帳號	

（右側豎排：第二聯 發票聯 購貨方記帳）

（二）記帳憑證

　　記帳憑證（Posting Document）是會計部門根據審核無誤的原始憑證，運用復式記帳法編製會計分錄，作為登記帳簿的直接依據的書面證明。

　　由於日常取得或填製的原始憑證種類繁多、格式不一，不能清楚地表明應記入的會計科目的名稱和方向，為了便於登記帳簿，減少帳簿記錄錯誤，會計人員必須對審核無誤的原始憑證進行歸類和整理，填製一定格式的記帳憑證，確定應借應貸的會計科目和金額，作為登記帳簿的直接依據。這樣，不僅可以減少帳簿的差錯，而且由於相關的原始憑證附在記帳憑證的后面，也有利於原始憑證的保管，便於實施會計監督。

　　1. 記帳憑證按其適用的經濟業務分類，分為專用記帳憑證和通用記帳憑證

　　（1）專用記帳憑證是用來專門記錄某一類經濟業務的記帳憑證。專用記帳憑證按其所記錄的經濟業務是否與現金和銀行存款有關，又分為收款記帳憑證、付款記帳憑證和轉帳記帳憑證。

　　收款記帳憑證簡稱收款憑證，是用來記錄現金和銀行存款收款業務的憑證。收款憑證分為現金收款憑證和銀行存款收款憑證。收款憑證的格式如表 8-7 所示。

　　付款憑證是用來記錄現金和銀行存款減少業務的記帳憑證。付款憑證分為現金付款憑證和銀行存款付款憑證兩類。付款憑證的格式如表 8-8 所示。

　　收款憑證和付款憑證是根據現金或銀行存款收付業務的原始憑證填製的，出納人員不能依據現金、銀行存款收付業務的原始憑證收付款項，必須根據會計主管人員或指定人員審核批准的收款憑證和付款憑證收付款項，以加強對貨幣資金的管理，有效地監督

貨幣資金的使用。此外，收付款憑證還是登記有關帳簿的直接依據。

值得注意的是，對於貨幣資金相互劃轉的業務，即從銀行提取現金或把現金存入銀行的業務，按道理可以分別編製收款憑證和付款憑證，但為了避免重複記帳，習慣上只根據貸方科目編製付款憑證，不編製收款憑證。

轉帳憑證是用來記錄不涉及現金、銀行存款收付業務的轉帳業務的憑證。轉帳憑證是根據有關轉帳業務的原始憑證填製的。轉帳憑證的格式如表8-9所示。轉帳憑證是登記總分類帳及有關明細分類帳的依據。

（2）通用記帳憑證是不分收款憑證、付款憑證、轉帳憑證，而是採用統一的格式記錄經濟業務的記帳憑證。通用記帳憑證的格式與轉帳憑證的格式一樣，只是憑證的表頭是「記帳憑證」。通用記帳憑證的格式如表8-10所示。

目前大部分企業都採用通用記帳憑證，特別是實行了會計電算化的企業，用這種憑證比較方便。此外，在一些大中型企業，經濟業務發生頻繁，記帳憑證數量較多。為了簡化登記總分類帳的工作量，還可以對記帳憑證進行匯總，根據每個帳戶的借方或貸方加以整理，定期（每五天或每十天）匯總各個對應帳戶的發生額，編製匯總記帳憑證或科目匯總表，據以登記總分類帳。匯總記帳憑證和科目匯總表將在會計核算程序中闡述。

2. 記帳憑證按其反應的會計科目是否單一，分為單式記帳憑證和復式記帳憑證

（1）單式記帳憑證是指將一項經濟業務所涉及的每個會計科目，分別填寫記帳憑證，每張記帳憑證只填列涉及的一個會計科目的記帳憑證。單式記帳憑證的主要特點是內容單一，有利於分工記帳和科目匯總，但不足之處是憑證數量太多、內容分散，不能從一張記帳憑證上完整地反應一項經濟業務的全貌。一項經濟業務涉及幾個會計科目，就分別填製幾張記帳憑證，其對應科目只供參考，不據以記帳。其中，填列借方科目的稱為借項記帳憑證，填列貸方科目的稱為貸項記帳憑證。單式記帳憑證主要是金融企業使用。

（2）復式記帳憑證是指將每一項經濟業務所涉及的會計科目集中到一起，填列在一張憑證上的一種記帳憑證。復式記帳憑證可以將一筆經濟業務在一張憑證上完整地表現出來，便於瞭解經濟業務的來龍去脈，減少記帳憑證的數量，從而減少編製記帳憑證的工作量，而且填寫方便，附件集中，有利於憑證的分析、審核和保管，但不足之處是不便於分工記帳和科目匯總。

原始憑證與記帳憑證之間存在著密切的關係。原始憑證是記帳憑證的基礎，記帳憑證是依據原始憑證編製的。在實際工作中，原始憑證附在記帳憑證的后面，作為記帳憑證的附件；記帳憑證是對原始憑證內容的概括。一般情況下，記帳憑證都需要附原始憑證，但衝帳時不需要附原始憑證。

第二節　原始憑證

一、原始憑證的基本要素

作為經濟數據的載體，一切原始憑證都應當起到證明經濟業務已發生或實際完成的作用，因此它們都應當具備說明經濟業務完成情況和明確經濟責任等若幹要素。原始憑證的基本要素主要有：

(1) 原始憑證的名稱。
(2) 填製憑證的日期和編號。
(3) 填製憑證的單位名稱或者填製人姓名。
(4) 對外憑證要有接受憑證單位名稱（俗稱抬頭）。
(5) 經濟業務的內容摘要。
(6) 經濟業務所涉及的數量、單價和金額。
(7) 經辦人員的簽名或者蓋章。

原始憑證的上述內容是通過其具體格式體現出來的。

二、原始憑證的填製

正確填製原始憑證是如實反應經濟活動的關鍵。填製原始憑證就是要根據經濟業務的實際情況，依據一定的填製要求，在規定的憑證格式中逐項填寫其內容。

(一) 填製原始憑證的基本要求

根據《會計基礎工作規範》的要求，原始憑證填製的基本要求有：

(1) 原始憑證的內容必須完整填寫，包括：憑證的名稱；填製憑證的日期；填製憑證的單位名稱或者填製人姓名；經辦人員的簽名或者蓋章；接受憑證單位名稱；經濟業務的內容、數量、單價和金額。

(2) 從外單位取得的原始憑證，必須蓋有填製單位的公章；從個人處取得的原始憑證，必須有填製人員的簽名或者蓋章。自制原始憑證必須有經辦單位領導人或者其他指定人員的簽名或者蓋章。對外開出的原始憑證，必須加蓋本單位公章。

(3) 凡填有大寫和小寫金額的原始憑證，大寫與小寫金額必須相符。購買實物的原始憑證，必須有驗收證明。支付款項的原始憑證，必須有收款單位和收款人的收款證明。

(4) 一式幾聯的原始憑證應當註明各聯的用途，只能以一聯作為報銷憑證。一式幾聯的發票和收據必須用雙面複寫紙（發票和收據本身具備複寫紙功能的除外）套寫，並連續編號。作廢時應當加蓋「作廢」戳記，連同存根一起保存，不得撕毀。

(5) 發生銷貨退回的，除填製退貨發票外，還必須有退貨驗收證明；退款時，必須取得對方的收款收據或者匯款銀行的憑證，不得以退貨發票代替收據。

（6）職工因公外出借款憑據，必須附在記帳憑證之後。收回借款時，應當另開收據或者退還借據副本，不得退還原借款收據。

（7）經上級有關部門批准的經濟業務，應當將批准文件作為原始憑證附件。如果批准文件需要單獨歸檔的，應當在憑證上註明批准機關名稱、日期和文件字號。

（8）原始憑證不得塗改、挖補。發現原始憑證有錯誤的，應當由開出單位重開或者更正，更正處應當加蓋開出單位的公章。原始憑證金額有錯誤的，應當由出具單位重開，不得在原始憑證上更改。

填製會計憑證（含原始憑證和記帳憑證），字跡必須清晰、工整，並符合下列要求：

第一，阿拉伯數字應當一個一個地寫，不得連筆寫。阿拉伯數字前面應當書寫貨幣幣種符號或者貨幣名稱簡寫和幣種符號，如「￥」為人民幣符號或直接寫人民幣。幣種符號與阿拉伯數字之間不得留有空白。凡阿拉伯數字前寫有幣種符號的，數字后面不再寫貨幣單位。

第二，所有以元為單位（其他貨幣種類為貨幣基本單位，下同）的阿拉伯數字，除表示單價等情況外，一律填寫到角分；無角分的，角位和分位可寫「00」，或者符號「—」；有角無分的，分位應當寫「0」，不得用符號「—」代替。

第三，漢字大寫數字如零、壹、貳、叄、肆、伍、陸、柒、捌、玖、拾、佰、仟、萬、億，一律用正楷或者行書體書寫，不得用0、一、二、三、四、五、六、七、八、九、十等字代替大寫，不得任意自造簡化字。金額大寫數字到元或者角為止的，在「元」或者「角」字之后應當寫「整」字或者「正」字；金額大寫數字有分的，分字后面不寫「整」或者「正」字。

第四，金額大寫數字前未印有貨幣名稱的，應當加填貨幣名稱，貨幣名稱與金額數字之間不得留有空白。

第五，金額阿拉伯數字中間有「0」時，金額漢字大寫要寫「零」字；金額阿拉伯數字中間連續有幾個「0」時，金額漢字大寫中可以只寫一個「零」字；金額阿拉伯數字元位是「0」，或者數字中間連續有幾個「0」，元位也是「0」，但角位不是「0」時，金額漢字大寫可以只寫一個「零」字，也可以不寫「零」字。

（二）原始憑證的填製

各類原始憑證的填製具體分為一次憑證的填製和累計憑證的填製，所有的外來原始憑證和大多數自制原始憑證都是根據一項或若干項同類經濟業務，按規定的要求和內容一次編製完成的。如表 8-1 就是根據一項購貨業務填製的。而對那些累計憑證的填製則應在憑證的有效期內，對同類經濟業務按時間順序逐筆記錄直至期末，加計總數作為記帳的原始依據。限額領料單是一種典型的累計憑證，其一般格式及具體填製方法如表 8-3 所示。

此外，原始憑證匯總表的填製則需要將同類的一次或累計原始憑證定期匯總，根據匯總數作為記帳憑證的依據。如企業常用的發料匯總單就是根據全月的所有領料單、限

額領料單定期匯總編製的，其一般格式和具體填製方法如表 8-4 所示。

三、原始憑證的審核

根據《中華人民共和國會計法》第十四條的規定，會計機構、會計人員必須按照國家統一的會計制度的規定對原始憑證進行審核，對不真實、不合法的原始憑證有權不予接納，並向單位負責人報告。由此可見，審核原始憑證是發揮會計監督職能的重要手段，是會計部門一項極為重要的工作。通過原始憑證的審核，可以為會計信息的真實性打下基礎。

（一）原始憑證審核的主要內容

會計憑證的審核，主要是對各種原始憑證的審核。各種原始憑證，除由經辦業務的有關部門審核以外，最后要由會計部門進行審核。及時審核原始憑證，是對經濟業務進行的事前監督。

審核原始憑證，主要是審查以下兩方面的內容：

（1）審核原始憑證所記錄的經濟業務的合法性，即審查發生的經濟業務是否符合國家的政策、法令、制度的規定，有無違反財經紀律等違法亂紀的行為。如有違反，會計人員可以提出拒絕執行的意見，必要時可向上級領導機關反應有關情況。對於弄虛作假、營私舞弊、偽造塗改憑證等違法亂紀行為，必須及時揭露和制止。

（2）審查原始憑證填寫的內容是否符合規定的要求，如查明憑證所記錄的經濟業務是否符合實際情況、應填寫的項目是否齊全、數字和文字是否正確、書寫是否清楚、有關人員是否已簽名蓋章等。如有手續不完備或數字計算錯誤的憑證，應由經辦人員補辦手續或更正錯誤。

（二）原始憑證審核的后續工作

原始憑證的審核是一項嚴肅而細緻的工作，會計人員必須堅持制度、堅持原則，履行會計人員的職責。在審核過程中，對於內容不全面、手續不完備、數字不準確以及情況不清楚的原始憑證，應當退還給有關業務單位或個人，並令其補辦手續或進行更正。對於違反制度和法令的一切收支，會計人員應拒絕付款、拒絕報銷或拒絕執行。對於偽造憑證、塗改憑證和虛報冒領等不法行為，會計人員應扣留原始憑證，並根據《中華人民共和國會計法》的規定，向領導提出書面報告，以便查明原因，嚴肅處理。

第三節　記帳憑證

會計機構、會計人員要根據審核無誤的原始憑證填製記帳憑證。記帳憑證可以分為收款憑證、付款憑證和轉帳憑證，也可以使用通用記帳憑證。

一、記帳憑證的基本內容

記帳憑證的基本內容包括：
(1) 填製憑證的名稱。
(2) 記帳憑證的日期。
(3) 記帳憑證的編號。
(4) 經濟業務摘要。
(5) 會計科目（含一級、二級和明細科目）名稱、記帳方向和金額（即會計分錄）。
(6) 記帳標記，用於批註過入有關帳簿的過帳符號，以免重記或漏記。
(7) 所附原始憑證的張數及其他資料件數。
(8) 填製憑證人員、稽核人員、記帳人員、會計機構負責人、會計主管人員簽名蓋章。對於收款和付款憑證還應當由出納人員簽名或者蓋章。

二、記帳憑證的填製

（一）記帳憑證填製的要求

會計機構、會計人員應該根據審核無誤的原始憑證填製記帳憑證。填製記帳憑證的基本要求如下：

(1) 記帳憑證的內容必須完整填寫，包括填製憑證的日期、憑證編號、經濟業務摘要、會計科目、金額、所附原始憑證張數以及填製憑證人員、稽核人員、記帳人員、會計機構負責人、會計主管人員簽名或者蓋章。收款和付款記帳憑證還應當由出納人員簽名或者蓋章。

以自製的原始憑證或者原始憑證匯總表代替記帳憑證的，也必須具備記帳憑證應有的項目。

(2) 填製記帳憑證時，應當對記帳憑證進行連續編號。一筆經濟業務需要填製兩張以上記帳憑證的，可以採用分數編號法編號。採用通用記帳憑證的，應按日或按統一標準連續編號。採用專用記帳憑證的，應用字號編號法分別連續編號，把收款憑證、付款憑證、轉帳憑證分別簡寫為「收字××號」「付字××號」「轉字××號」。

(3) 記帳憑證可以根據每一張原始憑證填製，或者根據若干張同類原始憑證匯總填製，也可以根據原始憑證匯總表填製，但不得將不同內容和類別的原始憑證匯總填製在一張記帳憑證上。

(4) 記帳憑證所附原始憑證的張數必須註明。

(5) 除結帳和更正錯誤的記帳憑證可以不附原始憑證外，其他記帳憑證必須附有原始憑證。如果一張原始憑證涉及幾張記帳憑證，可以把原始憑證附在一張主要的記帳憑證后面，並在其他記帳憑證上註明附有該原始憑證的記帳憑證的編號或者附原始憑證複印件。

（6）一張原始憑證所列支出需要幾個單位共同負擔的，應當將其他單位負擔的部分，開給對方一張原始憑證分割單，進行結算。原始憑證分割單必須具備原始憑證的基本內容。

（7）凡涉及現金和銀行存款之間的業務，如從銀行提取現金，將現金存入銀行以及從一個銀行轉入另一個銀行一類業務，為避免重複，一律只填製付款憑證。

（8）如果在填製記帳憑證時發生錯誤，應當重新填製。已經登記入帳的記帳憑證，在當年內發現填寫錯誤時，可以用紅字填寫一張與原內容相同的記帳憑證，在摘要欄註明「衝銷某月某日某號憑證」字樣，同時再用藍字重新填製一張正確的記帳憑證，註明「更正某月某日某號憑證」字樣。如果會計科目沒有錯誤，只是金額出現錯誤，也可以將正確數字與錯誤數字之間的差額，另編一張調整的記帳憑證。調增金額用藍字，調減金額用紅字。發現以前年度記帳憑證有錯誤的，應當用藍字填製一張更正的記帳憑證。

（9）記帳憑證填製完經濟業務事項後，如有空行，應當自金額欄最後一筆金額數字下的空行處至合計數上的空行處劃線註銷。

（10）實行會計電算化的單位，對於機制記帳憑證，要認真審核，做到會計科目使用正確，數字準確無誤。打印出的機制記帳憑證要加蓋製單人員、審核人員、記帳人員以及會計機構負責人、會計主管人員印章或者簽字。

（11）各單位會計憑證的傳遞程序應當科學、合理，具體辦法由各單位根據會計業務需要自行規定。

（二）記帳憑證的填製

根據上述填製記帳憑證的要求，下面介紹記帳憑證的具體填製方法。

（1）收款憑證是根據有關現金和銀行存款收款業務的原始憑證編製的，其內容和格式如表8-7所示。

收款憑證左上方所列的「借方科目」，不外是「庫存現金」和「銀行存款」科目；「貸方科目」則應填列相對應的一級科目和所屬二級或明細科目；「金額」欄填入「庫存現金」或「銀行存款」的增加金額；入帳后要在「過帳」欄註明「√」符號，防止重記或漏記；「附件張數」欄要記錄所附原始憑證張數。

表8-7　　　　　　　　　　　收款憑證

借方科目：銀行存款　　　　　201A年2月3日　　　　　　銀收字第5號

摘　要	貸方科目		金　額	過帳
	總帳科目	明細科目		
收到銷貨款	應收帳款	鴻興公司	50,000	√
附件：1張	合　　計		￥50,000	√

會計主管　　　　記帳　　　　審核　　　　出納　　　　制證

（2）付款憑證是根據有關現金和銀行存款付款業務的原始憑證填製的，其內容和格式如表 8-8 所示。

付款憑證左上方所列「貸方科目」，不外是「庫存現金」和「銀行存款」科目；「借方科目」則應填列相對應的一級科目和所屬二級或明細科目。其他欄的填列的內容和方法均與收款憑證相同。

表 8-8　　　　　　　　　　　　　付款憑證

貸方科目：庫存現金　　　　　201A 年 2 月 1 日　　　　　　　　現付字第 1 號

摘要	借方科目		金額	過帳
	總帳科目	明細科目		
採購員預借差旅費	其他應收款	王寧	500	√
附件：1 張	合　　計		￥500	√

會計主管　　　記帳　　　審核　　　出納　　　制證

（3）轉帳憑證是根據不涉及現金和銀行存款收付的轉帳業務的原始憑證填製的。轉帳憑證中一級科目和二級或明細科目分別填列應借、應貸的會計科目；發生的金額分別在「借方金額」欄與「貸方金額」欄填列。其填列內容、方法如表 8-9 所示。

表 8-9　　　　　　　　　　　　　轉帳憑證

　　　　　　　　　　　201A 年 2 月 5 日　　　　　　　　　　轉字第 11 號

摘要	會計科目		帳頁	金額		附件1張
	總帳科目	明細科目		借方金額	貸方金額	
銷售產品	應收帳款	新業公司	√	117,000		
	主營業務收入		√		100,000	
	應交稅費	應交增值稅（銷項稅額）	√		17,000	
合　　計				￥117,000	￥117,000	

會計主管　　　記帳　　　復核　　　制證

（4）通用記帳憑證的填製內容和方法與轉帳記帳憑證的填列內容和方法一樣。其填列內容、方法如表 8-10 所示。

表 8-10　　　　　　　　　　　　　記帳憑證

201A 年 2 月 1 日　　　　　　　　　　　　第 3 號

摘要	會計科目		帳頁	金　　額		
	總帳科目	明細科目		借方金額	貸方金額	附件1張
採購員預借差旅費	其他應收款	王寧	√	500		
	庫存現金		√		500	
合　　　　計				¥ 500	¥ 500	

會計主管　　　記帳　　　復核　　　制證

三、記帳憑證的審核

為保證記帳憑證的正確性，除了編製人員應加強自審外，財務部門還應建立相應的審核責任制度，配專人進行嚴格的審核。審核的主要內容包括：

（1）記帳憑證是否附有經審核無誤的原始憑證，原始憑證記錄的經濟內容與數額是否同記帳憑證相符。

（2）記帳憑證上編製的會計分錄是否正確，即應借、應貸的會計科目名稱及業務內容是否符合會計制度的規定，科目對應關係是否清晰，金額是否正確等。

（3）記帳憑證中的有關項目是否按要求正確地填寫齊全，有關人員是否簽名蓋章等。

（4）審核中如果發現有差錯，應查明原因，並按規定的方法及時更正。

只有經過審核無誤后的記帳憑證，才能據以登記帳簿。

第四節　會計憑證的傳遞和保管

正確填製和嚴格審核會計憑證是憑證處理的兩個重要環節。此外，還必須組織憑證的傳遞工作，加強會計憑證的保管，才算完成了會計憑證處理的全過程。完成會計憑證處理的全過程，既有利於發揮會計憑證作為記帳和辦理業務手續傳輸經濟信息的作用，又有利於發揮會計憑證作為經濟檔案加強管理的作用。

一、會計憑證的傳遞

會計憑證的傳遞是指會計憑證從填製或取得起，經審核、整理、記帳到裝訂保管為止這段時期中，在本單位內部有關部門和人員之間的傳遞和處理的程序及傳遞時間。

在企業的日常工作中，往往一項經濟業務的發生或完成要經過幾個有關部門或人員的處理，而會計憑證是用來記錄經濟業務，據以辦理業務手續的憑據，因此必然存在著

一個與之有關的部門或人員間的傳遞問題。由於各種經濟業務性質不同，經辦各項經濟業務的部門和人員以及辦理憑證手續所需時間也不一樣，因而憑證傳遞程序和時間也不一樣。正確地組織憑證傳遞，及時地利用會計憑證辦理經濟業務，有利於全面正確地反應各項業務實際完成情況，協調各方面工作，加速業務處理過程；有利於會計憑證在財會部門的集中，保證核算的及時性；有利於加強崗位責任制，發揮會計監督的作用，改善經營管理。

會計憑證傳遞的組織工作主要包括以下幾個方面的內容：

第一，規定會計憑證的傳遞程序。根據經濟業務的特點、內部機構組織、崗位分工以及各職能部門利用這種憑證進行經濟管理的需要，規定各種憑證的聯數和傳遞程序，做到既使有關部門和人員瞭解經濟業務的情況，及時辦理憑證手續，又要避免不必要的多餘環節，提高效率。

第二，確定會計憑證在各個環節停留的時間。根據有關部門或人員使用會計憑證辦理業務手續對時間的合理需要，確定其在各個環節停留的時間，既要防止時間過久造成積壓，又要防止時間過短造成草率從事的狀況。

第三，制定會計憑證傳遞過程中的交接簽收制度。為保證會計憑證在傳遞過程中的安全完整，防止出現毀損、遺失或其他意外情況，應制定各個環節憑證傳遞的交接簽收制度。

第四，會計憑證傳遞辦法是經營管理的一項重要規章制度，一經制定，有關部門和人員必須遵照執行。

二、會計憑證的保管

會計憑證是一種重要的經濟資料和會計檔案，必須在會計期間結束后，將全部會計憑證裝訂成冊，按規定的立卷歸檔制度歸檔並妥善保管，以便日後查閱。保管的具體方法和基本要求如下：

（一）整理裝訂

會計憑證在記帳工作完成后，應定期（每日、每月或每旬）分類整理。記帳憑證按編號順序，連同所附的原始憑證折疊整齊，加具封面、封底裝訂成冊，並在裝訂線上加貼封簽。封面上註明單位名稱、所屬年月（或起訖日期）、憑證的種類、張數及起訖號數，並在封簽處加蓋會計主管人員的騎縫圖章。如果所附原始憑證數量過多或日後需要抽出利用的重要憑證，也可抽出單獨裝訂保管，但應分別予以註明。

（二）保管和查閱

裝訂成冊的會計憑證，平時應由專人負責保管。年度終了，移交檔案室登記歸檔，集中保管。查閱時必須履行一定的批准手續，一般就地查閱，必要時可以複製，但不得抽走原件，以保證檔案資料的完整性。

（三）保管期限和銷毀手續

會計憑證的保管期限一般根據其重要程度由會計制度加以規定，重要的會計憑證應

長期保存。保管期滿后，開列清單，經本單位領導審核並報經上級主管部門批准后，方可銷毀。

總之，會計憑證的保管既要安全可靠，又要便於隨時檢索、查證和調用。要不斷健全和完善會計憑證的分類、保管制度，逐步向會計數據資料檢索的自動化、現代化邁進。

復習思考題

1. 什麼是會計憑證？填製和審核會計憑證有何意義？
2. 試述會計憑證的種類與作用。
3. 填製原始憑證的要求有哪些？
4. 填製記帳憑證的要求有哪些？
5. 試比較原始憑證與記帳憑證的主要區別。
6. 會計憑證審核的主要內容是什麼？

練習題

根據第三章的習題二編製記帳憑證。

第九章　會計帳簿

　　經濟業務發生后，會計人員採用借貸記帳法編製會計分錄，把經濟業務記錄於會計憑證中，將零散的、雜亂無章的經濟業務進行了初步的歸類，完成了會計目標的部分工作。設置會計帳簿，並以會計憑證為依據，將經濟業務分門別類地登記在各有關會計帳簿后，便能為管理人員提供系統的、分類的、連續的、反應企業經濟活動全貌的信息。本章將介紹會計帳簿設置的意義、原則，會計帳簿的種類、格式以及會計帳簿的登記和更正方法。

第一節　會計帳簿的意義和種類

一、會計帳簿的概念與作用

（一）會計帳簿的概念

　　會計帳簿是由具有一定格式、互相聯繫的帳頁組成的，依據會計憑證序時或分類地記錄和反應會計主體各項經濟業務的簿籍。會計帳簿是編製財務報表的重要依據。簿籍僅是會計帳簿的外表形式。標準的會計帳簿有三個構成要素：封面，標明帳簿的名稱；扉頁，列明科目索引及會計帳簿使用登記表；帳頁或帳戶。

　　在上一章中，我們多次提及在會計核算過程中，首先要對發生的每一項經濟業務，取得或填製相應的會計憑證，經審核確認后，據以登記入帳。這裡的記帳，就是根據審核無誤的會計憑證，在各類會計帳簿的具有專門格式的帳頁上，全面地、連續地、系統地登記各項經濟業務。設置與登記會計帳簿是會計核算中所使用的又一專門方法，與會計憑證的填製和審核工作緊密銜接。只有借助於會計憑證和會計帳簿這兩種工具，帳戶和復式記帳法才能發揮它們的作用。

（二）會計帳簿的作用

　　會計帳簿的作用具體表現在以下幾個方面：

1. 會計帳簿是系統、全面地歸納累積會計核算資料的基本形式

　　通過填製與審核會計憑證，雖然已能比較詳細地記錄和反應經濟業務的發生和完成情況，但是還是比較零星、分散的，並且不能連續、系統、完整地反應和監督一定時期內各類及全部經濟活動的情況，不能滿足經營管理上的需要。通過設置和登記會計帳簿，會計憑證所反應的經濟業務既可以按照經濟業務發生的先后順序進行序時核算，又可以

按照經濟業務的性質進行分類核算；既可以在會計帳簿中按總分類帳戶登記進行總分類核算，又可以按照明細分類帳戶登記進行明細核算。這樣通過會計帳簿提供的這些資料，就能如實地反應企業或其他經濟組織在一定時期內的財務狀況及其變動情況。

2. 會計帳簿是會計分析和會計檢查的重要依據

通過會計帳簿記錄，正確地計算成本、費用和利潤，並將其與計劃、預算進行對比，從而考核和分析各項計劃、預算的完成情況，找出存在的問題，提出改進的措施，挖掘潛力，進而提高生產經營管理水平，最終達到提高經濟效益的目的。

3. 會計帳簿是定期編製財務報表的基礎

會計部門在定期編製財務報表時，報表中的各項指標，有的是根據會計帳簿記錄直接填列的，有的則是根據會計帳簿記錄計算分析填列的。因此，會計帳簿記錄是否真實、正確、及時，將會直接影響財務報表的真實性、正確性和及時性。

4. 會計帳簿是劃清特定範圍經濟責任的有效工具

會計憑證是劃清經濟責任的重要依據，由於其分散、不夠系統，雖然在劃清個別方法的經濟責任上起著重要作用，但是要在特定範圍內劃清經濟責任，則還要借助於會計帳簿，為各責任中心設置、登記會計帳簿，從而為經濟責任的劃分提供依據。

5. 會計帳簿是重要的經濟檔案

會計帳簿全面、連續、系統地歸納和累積會計核算資料，這對於研究分析經濟活動的規律性及利弊得失、發展趨勢都有重要作用。會計帳簿是會計檔案的主要資料，也是經濟檔案的重要組成部分。設置和登記會計帳簿，有利於這些重要經濟檔案的保管和查閱。

二、會計帳簿的分類

一個會計主體往往擁有功能各異、結構有別的一整套會計帳簿，形成一個會計帳簿體系，而不是一兩本帳簿。為了具體地認識各種會計帳簿的特點，以便更好地運用，應對會計帳簿從不同的角度進行分類。

（一）會計帳簿按用途分類

會計帳簿按用途不同一般可分為序時帳簿、分類帳簿、備查帳簿三種。

1. 序時帳簿

序時帳簿通常又稱日記帳，是按照經濟業務發生的時間先後順序，逐日、逐筆連續登記的會計帳簿。在實務中，序時帳簿是以收到憑證的先後順序進行登記的。序時帳簿既可以用來記錄全部經濟業務的發生情況，又可以用來記錄某一類經濟業務的發生情況。序時帳簿又可分為普通日記帳和特種日記帳兩種。

最初的日記帳就是一種普通日記帳。當時，一個企業或單位往往只設一本會計帳簿用於記錄當日發生的全部經濟業務，確定每筆業務的會計分錄，作為過入分類帳的依據，因此又叫分錄簿。目前普通日記帳在會計實際工作已較少使用，即使使用也往往用於登

記轉帳業務。

目前使用較多的是特種日記帳。特種日記帳最初的設置是由於經濟業務增多，僅使用一本普通日記帳很不方便，因此有必要分別設置若幹本日記帳分別記錄各類經濟業務，並確定會計分錄，作為過入分類帳的依據。目前，中國較常使用的特種日記帳有庫存現金日記帳和銀行存款日記帳等。

2. 分類帳簿

分類帳簿是對全部經濟業務按其性質分帳戶進行登記的會計帳簿。分類帳簿的登記是以會計科目為經、以時間順序為緯來進行的。分類帳簿又可分為總分類帳簿和明細分類帳簿。總分類帳簿也稱為總分類帳，簡稱總帳，是按照一級會計科目進行分類登記的會計帳簿，用來核算各會計要素的總括內容。明細分類帳簿也稱為明細分類帳，簡稱明細帳，是按照明細科目進行分類登記的會計帳簿，用來核算明細內容。總分類帳簿和明細分類帳簿有一定的統屬關係：總帳中的總括內容所登記的金額總數，應與其有關的各明細帳中所登記金額之和相等。總之，總分類帳簿和明細分類帳簿雖各有其登記的特點，但就其在核算上的作用來說，總分類帳簿和明細分類帳簿是互相補充的。

3. 備查帳簿

備查帳簿也叫備查簿，是對某些未能在日記帳、分類帳等主要會計帳簿中登記的事項進行補充登記的輔助會計帳簿。如租入固定資產備查簿、委託加工材料備查簿、合同備查簿、發出商品備查簿等，它們分別記錄備查業務，以供必要時查考。因登記的內容不同，備查帳簿的格式也千差萬別。

(二) 會計帳簿按外表形式分類

會計帳簿按其外表形式可分為訂本帳、活頁帳和卡片帳三種。

1. 訂本帳

訂本帳是指在會計帳簿啟用前，就將具有一定格式的帳頁連續編號，並固定地裝訂在一起的會計帳簿。這種會計帳簿的優點主要在於帳頁固定，能夠避免帳頁散失和防止不合法地抽換帳頁，適合於帶有統馭和控製作用的總分類帳，以及登記貨幣資金收付的日記帳採用。這種會計帳簿的缺點也在於帳頁固定，同一時間只能由一人記帳，不便於記帳人員分工，也不便於機器登錄。這種會計帳簿必須預留空白帳頁，因而可能出現因預留帳頁不夠而影響同一帳戶的連續登記，或預留帳頁過多而造成浪費的弊病。

2. 活頁帳

活頁帳是指把零散的帳頁放置在活頁帳夾內，會計帳簿的頁數不固定，可以根據實際需要隨時增減頁數的會計帳簿。活頁帳的優點就在於伸縮性和靈活性大，可以同時由多人分工記帳，也可使用機器記帳，能提高工作效率。活頁帳的缺點則在於帳頁容易散失或被抽換。

3. 卡片帳

卡片帳是把許多分散的、具有一定記帳格式的卡片，存放在特製的卡片箱中，由記

帳人員保管，可以隨時取放的會計帳簿。卡片帳的優缺點與活頁帳相似。

為克服活頁帳與卡片帳的弊端，活頁帳的帳頁、卡片帳的帳卡在使用前都必須編號，並由有關人員簽章。到了一定時期（如一年），記帳告一段落後，將其裝訂成冊或封扎保管。

三、會計帳簿設置的要求

每一個會計主體都必須設置一套適合自己需要的會計帳簿。每個會計主體設置的會計帳簿的種類、數量和會計帳簿的結構及帳頁格式，應反應其生產經營與業務上的特點，並考慮管理上的各自要求，在符合統一規定的前提下，根據實際情況具體確定，不必強求一律。但各單位設置的會計帳簿，都必須體現設置會計帳簿這一方法的基本要求。

（一）組織技術嚴密

設置會計帳簿既是一個會計帳簿組織問題，也是一個記帳技術問題。會計帳簿的設置要能保證連續、系統、全面、綜合地反應會計主體的財務狀況及其變動情況，應能為編製財務報表提供及時必要的資料，應能保證正確核算生產費用、產品成本、經營損益及收益分配等。因此，這就要求設置的會計帳簿既有總括的核算記錄，又有明細的核算記錄；既有序時核算記錄，又有分類核算記錄。各種會計帳簿記錄之間既要劃分範圍，又要相互聯繫。會計人員之間，既要明確責任，又要彼此制約；既要分工，又要協作。

（二）科學、適用

會計帳簿的設置應在滿足實際需要的前提下，根據企業的業務特點、規模大小、業務繁簡以及機構設置、人員配備等實際情況進行，從而保證會計帳簿的科學性。同時，會計帳簿的設置又要力求簡便實用。既要反對貪多求全，搞繁瑣哲學，設置「算而無用」的會計帳簿，浪費人力、物力，又要反對片面追求所謂簡化，特別要嚴格禁止實行「以單代帳」，搞無帳會計的做法。

第二節　序時帳簿

一、序時帳簿的設置與基本格式

（一）序時帳簿的設置

序時帳簿又稱日記帳，可以用來連續記錄企業全部或部分經濟業務，即普通日記帳，也可以用來連續記錄企業某一類經濟業務，即特種日記帳。日記帳通常有兩種設置方法：會計主體只設一本日記帳記錄全部經濟業務，稱為普通日記帳；會計主體為某些類別的經濟業務專門分設幾本日記帳，稱為特種日記帳。如果會計主體分別對貨幣資金收付業務設置特種日記帳，其餘轉帳業務合設一本普通日記帳，那麼這本普通日記帳也就是轉帳日記帳。

（二）序時帳簿的基本格式

序時帳簿通常採用三種基本格式。其中，最基本的一種格式是設有「借方金額」「貸方金額」兩個基本欄次的兩欄式；第二種是三欄式，是在兩欄式的基礎上增設了「餘額」這一基本欄次；第三種是多欄式，也稱專欄式，其「借方金額」欄按對應的貸方科目設置專欄，「貸方金額」欄按對應的借方科目設置專欄。

二、普通日記帳的結構和登記

普通日記帳亦稱分錄簿，是根據經濟業務發生的先后順序，登記全部經濟業務的會計帳簿，可以採用兩欄式，也可以採用多欄式。

兩欄式日記帳的一般格式如表9-1所示。

表 9-1　　　　　　　　　　日記帳（兩欄式）　　　　　　　　　單位：元

201A 年		摘　要	會計科目	記帳	借方金額	貸方金額
月	日					
6	2	從銀行提取現金	庫存現金	√	200	
			銀行存款	√		200
	4	賒購材料	材料採購	√	37,000	
			應付帳款	√		37,000
	5	支付材料運費	材料採購	√	150	
			庫存現金	√		150
	5	結轉入庫材料成本	原材料	√	31,750	
			材料採購	√		37,150
	6	歸還銀行借款	短期借款	√	8,000	
			銀行存款	√		8,000
	6	張三借差旅費	其他應收款	√	300	
			庫存現金	√		300

（1）日期欄。填寫經濟業務發生的日期，其中年度、月份通常只在年度、月份開始或更換帳頁時填寫。

（2）會計科目欄。填寫應借、應貸會計科目，每一個科目另用一行，借方科目在上，貸方科目在下並退後一字。編製複合分錄時，借方科目或貸方科目應分別對齊。

（3）摘要欄。簡明扼要地填寫經濟業務的內容或編製會計分錄的原因。

（4）過帳欄。每日逐筆過入分類帳簿后，將所過入的分類帳的頁碼記入本欄，或註上「√」符號，作為已過帳的標記，以免重過或漏過帳目。

（5）金額欄。填寫借方和貸方金額。

顯然，兩欄式日記帳雖然能集中反應全部經濟業務發生或完成情況，但是不利於會計人員分工，並且逐筆過帳的工作量繁重，因此僅適用於規模不大、業務發生較少的單位。

多欄式日記帳又叫專欄式日記帳，是設置專欄歸納同類經濟業務的一種序時帳簿。通常只就那些大量重複發生的經濟業務，如貨幣資金收付業務、材料採購業務、銷售收

入業務一類業務設置專欄，而對於其他業務，則設置「其他科目」欄進行反應。

多欄式日記帳中，凡設有專欄的科目，月末根據專欄合計數一次過入總分類帳，未設專欄的其他科目，則逐日逐筆過入總分類帳。這樣，總分類帳的過帳工作就大大減少了。普通日記帳一般使用得比較少，特種日記帳用得較普遍。

三、特種日記帳的結構和登記

特種日記帳是用來專門序時記錄某一類經濟業務的日記帳。任何一個特定企業，究竟應採用哪些特種日記帳，則要取決於該企業所經營業務的性質，以及某類業務的發生次數是否已頻繁到值得設立一個特種日記帳來予以記載。通常較為常見的有庫存現金日記帳、銀行存款日記帳、購貨日記帳、銷貨日記帳、應收帳款日記帳、應付帳款日記帳等。一般而言，只有對那些特別重要的事項，如對現金、銀行存款，才設置和登記日記帳，以便加強對貨幣資金的監督、管理，以保證貨幣資金的合理使用和安全完整。

庫存現金日記帳與銀行存款日記帳通常採用三欄式，即「借方」「貸方」「餘額」三欄。為了清楚地體現會計科目間的對應關係，常設有「對方科目」欄。此外，在帳頁中還設有反應結算憑證種類、編號的欄次。其一般格式分別如表 9-2、表 9-3 所示。

表 9-2　　　　　　　　　　庫存現金日記帳（三欄式）　　　　　　　　　　單位：元

| 201A 年 || 憑證 || 摘要 | 對方科目 | 借方 | 貸方 | 餘額 |
月	日	種類	編號					
1	1			上年結存				5,000
	1	現付	1	付購料運費	材料採購		1,000	4,000
	1	銀付	1	從銀行提現備用	銀行存款	2,000		6,000
	1	現付	2	購買辦公用品	管理費用		1,500	4,500
	1	現收	1	產品零星銷售收現	銷售收入	3,000		7,500
		…						
				本日合計		5,000	2,500	7,500
				本月合計				

表 9-3　　　　　　　　　　銀行存款日記帳（三欄式）　　　　　　　　　　單位：元

| 201A 年 || 憑證 || 摘要 | 對方科目 | 借方 | 貸方 | 餘額 |
月	日	種類	編號					
1	1			上年結存				9,000
	1	銀付	1	從銀行提現備用	庫存現金		2,000	7,000
	1	現付	3	將現金存入銀行	庫存現金	5,000		12,000
	1	銀收	1	收到應收帳款	應收帳款	3,000		15,000
	1	銀付	2	以存款付購料款	材料採購		7,000	8,000
		…						
				本日合計		8,000	9,000	8,000
				本月合計				

庫存現金日記帳和銀行存款日記帳通常由出納員負責登記，會計人員則負責把出納員登記了日記帳的收、付款記帳憑證匯總起來登記總分類帳。庫存現金日記帳和銀行存款日記帳要求按照業務發生的順序逐日逐筆登記。所謂逐日，是指要嚴格按照業務的時間順序進行登記；所謂逐筆，就是要做到不重不漏，不能將幾筆業務合併加總登記。庫存現金日記帳和銀行存款日記帳應該每日結出結存餘額。這裡必須注意的是，從銀行提取現金的業務，應根據銀行存款付款憑證登記庫存現金日記帳；以現金存入銀行的業務，則應根據現金付款憑證登記銀行存款日記帳。現金、銀行存款日記帳必須每天結帳，並且將庫存現金日記帳結帳的結果與庫存現金實存數進行核對，將銀行存款日記帳結帳的結果與銀行定期送來的對帳單進行核對。此外，對會計人員來說，還要經常與出納員核對帳目，監督檢查出納員登記的日記帳。

第三節　分類帳簿和備查帳簿

一、分類帳簿

　　日記帳的設置是對會計主體一定時期的經濟業務集中、序時的反應。通過日記帳，人們可以瞭解一定時期經濟業務發生的全部情況。但日記帳不能提供每類經濟業務發生情況的資料，因此還有必要設置分類帳簿，又稱分類帳。分類帳的主要作用就在於系統地歸納、綜合同類經濟業務發生情況的資料，為編製財務報表和加強管理提供有關資產、負債、權益、費用成本以及損益的總括的和詳細的資料。

　　每一會計主體進行核算時都要設置總分類帳簿和明細分類帳簿兩種。下面分別進行介紹。

（一）總分類帳簿

　　總分類帳簿亦稱總帳，是按照總分類帳戶（一級會計科目）分類登記全部經濟業務的會計帳簿。由於它能全面地、總括地反應經濟活動情況，並為編製財務報表提供資料，因而任何一個會計主體都要設置總帳。總帳設置的一般方法是按照會計科目的編號順序在總分類帳簿中分設帳戶。

　　總分類帳的格式因採用的記帳方法和會計核算組織程序的不同而不同。一般說來，總帳的基本格式是借、貸、餘三欄式訂本帳。同時，為便於瞭解經濟業務的具體情況，便於檢查，還應具備「記帳日期」「憑證編號」「摘要」等。根據實際需要，還可設置「對方科目」欄，記錄會計分錄的對應科目。三欄式總分類帳的具體格式如表9-4所示。

表 9-4　　　　　　　　　　　　　　　總分類帳

會計科目

201A 年		憑證		摘　　要	借方金額	貸方金額	借或貸	餘額
月	日	種類	編號					
				上年餘額				

根據記帳憑證逐筆過入總分類帳的基本程序和方法如下：

（1）根據記帳憑證編號的順序，依次過入記帳憑證中會計分錄涉及的各有關總分類帳戶。

（2）記帳日期、憑證種類與編號、摘要以及金額各欄，均可據實照抄記帳憑證上標明的相關內容。

（3）結算帳戶餘額，登記餘額欄並判斷餘額性質。若計算結果餘額為零時，則要在說明餘額性質的「借或貸」欄內填一個「平」字，並在「餘額」欄內填個「0」標記。

總分類帳登記的具體程序和方法，則主要取決於所採用的會計核算組織程序。如既可以根據日記帳逐筆或匯總登記，也可以直接根據記帳憑證逐筆登記，還可以先把記帳憑證匯總編製匯總記帳憑證或科目匯總表，再據以登記。每月終了，應結出總帳各帳戶的本期發生額和期末餘額，作為編製財務報表的主要依據。

（二）明細分類帳簿

明細分類帳簿亦稱明細帳，是按照明細分類帳戶（二級或明細科目）分別登記某一類經濟業務的會計帳簿。明細帳提供的各類經濟業務的詳細情況，也是編製財務報表的依據。因此，各個會計主體還應按照總帳科目設置若幹必要的明細分類帳，作為總分類帳的必要補充。設置明細帳的一般方法是按照二級或明細科目在明細分類帳簿中分設帳戶。至於設置哪些明細帳，應根據實際情況而定。

中國於 2000 年 12 月 29 日發布的《企業會計制度》對庫存現金和銀行存款設置明細帳進行明細分類核算進行了具體的規定：銀行存款應當按銀行和其他金融機構的名稱和存款種類進行明細核算；有外幣現金和存款的企業，還應當分別按人民幣和外幣進行明細核算；各種財產物資、應收應付款項、費用、成本和收入、利潤等有關總帳科目下都應設置明細帳。

明細帳一般採用活頁式會計帳簿，有的也採用卡片式會計帳簿，如固定資產明細帳。其具體格式主要有三種。

1. 三欄式

三欄式明細分類帳的格式與三欄式總帳格式基本相同，設有借方、貸方和餘額三個基本欄次，不設數量欄。適用於那些只要求對金額進行核算而不要求對數量進行核算的科目，如「應收帳款」「應付帳款」一類科目的明細分類核算。三欄式明細帳的格式如表 9-5 所示。

表 9-5　　　　　　　　　應收帳款明細分類帳

明細科目：五一工廠

201A 年		憑證		摘　要	借方金額	貸方金額	借或貸	餘額
月	日	種類	編號					
				上年餘額				

2. 數量金額欄式

數量金額欄式明細分類帳分別設有收入、發出和結存的數量欄和金額欄，適用於那些既要求反應金額，又要求反應數量的各種財產物資科目，如「原材料」「庫存商品」一類科目的明細分類核算。數量金額欄式明細帳具體格式如表 9-6 所示。

表 9-6　　　　　　　　　材料明細帳

明細科目：甲材料　　　　　　　　　　　　　　　　　　　金額單位：元

201A 年		憑證	摘要	收入			發出			結存		
月	日			數量(千克)	單價	金額	數量(千克)	單價	金額	數量(千克)	單價	金額
6	1		期初結存							400	50	20,000
	5	2	生產領用				20	50	1,000	380	50	19,000
	10	4	購入材料	30	50	1,500				410	50	20,500
	20	5	生產領用				40	50	2,000	370	50	18,500
			本期發生額及餘額	30		1,500	50		3,000	370	50	18,500

3. 多欄式

多欄式明細分類帳是對發生額按明細項目設置專欄，以便歸類反應，提供發生額的分析資料，適用於那些要求對金額進行分析的有關費用、成本和收入、利潤等科目，如「材料採購」「生產成本」「管理費用」「產品銷售收入」一類科目的明細分類核算。至於設置哪些明細項目，應具體情況具體分析，根據經濟業務的內容、管理要求和明細帳

的用途確定。多欄式費用、成本明細分類帳一般在帳戶的一方設置專欄，如「基本生產」「材料採購」一類有關成本計算的明細帳，在借方按成本構成項目設置專欄，而「製造費用」「管理費用」則在借方按預算項目設置專欄。多欄式收入、利潤明細分類帳，則在帳戶的借貸雙方都需要設置專欄。多欄式明細帳的一般格式如表 9-7 所示。

表 9-7　　　　　　　　　　　生產成本明細帳

明細科目：A 產品　　　　　　　　　　　　　　　　　　　　　　　　　單位：元

201A 年		憑證		摘要	借　　　方				貸方	餘額
月	日	類	號		材料	工資	費用	合計		
6	1	轉	5	上年結存	3,000	800	1,200	5,000		5,000
	30	轉	8	領用材料	50,000			50,000		
	30	轉	9	分配工資		10,000		10,000		
	30	轉	20	分配費用			16,000	16,000		
				完工轉出						

各種明細分類帳的登記方法，因各會計主體業務量的多少、經營管理上的需要以及記錄的經濟業務內容不同而有所選擇。既可以根據原始憑證、匯總原始憑證或記帳憑證登記，也可以根據日記帳的會計分錄登記。登記時，可以逐筆、逐日或定期匯總再進行登記。

二、備查帳簿

備查帳簿也叫備查簿，是對某些未能在序時帳簿和分類帳簿中登記的事項進行補充登記的會計帳簿。設置備查簿是對序時帳簿和分類帳簿的補充，能夠為加強經營管理提供必要的補充資料。備查簿沒有固定的格式，可以由各會計主體根據其經濟管理的實際需要自行設計，根據有關業務內容進行登記。如對租入的固定資產，就需要設置備查簿進行登記反應。備查帳簿的一般格式如表 9-8 所示。

表 9-8　　　　　　　　　　　租入固定資產備查簿

固定資產名稱	租約號數	出租單位	租入日期	每月租金	歸還日期	備註

第四節 會計帳簿登記規則

一、會計帳簿啟用與交接規則

會計帳簿是儲存會計信息資料的重要檔案。對每一個會計主體來說，除固定資產明細帳等少數分類帳，因數量較多，而本身無較大的變動，可以繼續使用外，其他分類帳、日記帳在新的會計年度開始時，均應啟用新帳，切忌跨年度使用，以免造成歸檔保管以及日后查閱的困難，並且保證會計帳簿記錄的合法性和會計帳簿資料的完整性，明確記帳責任。

啟用會計帳簿時，應當在會計帳簿封面上寫明單位名稱和會計帳簿名稱。在會計帳簿扉頁上應當附「啟用表」，內容包括啟用日期、會計帳簿頁數（活頁式帳簿可於裝訂時填寫起止頁數）、記帳人員和會計機構負責人、會計主管人員姓名，並加蓋名章和單位公章。記帳人員或者會計機構負責人、會計主管人員調動工作時，也應在「啟用表」上註明交接日期、接辦人員或者監交人員姓名，並由交接雙方人員簽名或者蓋章。這樣做是為了明確有關人員的責任，加強有關人員的責任感，維護會計帳簿的嚴肅性。

啟用訂本式會計帳簿，應當從第一頁順序編定頁數，不得跳頁、缺號。使用活頁式帳頁，應當按帳戶順序編號，並定期裝訂成冊。裝訂后再按實際使用的帳頁順序編定頁碼，另加目錄，記明每個帳戶的名稱和頁次。

實行會計電算化的單位，計算機打印的會計帳簿必須連續編號，經審核無誤后裝訂成冊，並由記帳人員和會計機構負責人、會計主管人員簽字或蓋章，防止帳頁散失或被抽換，保證會計資料的完整。

二、會計帳簿登記規則

會計人員應當根據審核無誤的會計憑證登記會計帳簿。至於各種會計帳簿應當每隔多長時間登記一次，應根據具體情況而定。一般來說，總帳要按照單位所採用的會計核算形式及時記帳。採用記帳憑證核算形式的單位，直接根據記帳憑證定期（三天、五天或者十天）登記。在這種核算形式下，應當盡可能地根據原始憑證編製原始憑證匯總表，根據原始憑證匯總表和原始憑證填製記帳憑證，根據記帳憑證登記總帳。採用科目匯總表核算形式的單位，可以根據定期匯總編製的科目匯總表隨時登記總帳。採用匯總記帳憑證核算形式的單位，可以根據匯總收款憑證、匯總付款憑證和匯總轉帳憑證的合計數，月終時一次登記總帳。各單位具體採用哪一種會計核算形式，每隔幾天登記一次總帳，可以由本單位根據實際情況自行確定。各種明細帳，要根據原始憑證、原始憑證匯總表和記帳憑證每天進行登記，也可以定期（三天或者五天）登記。但債權債務明細帳和財產物資明細帳應當每天登記，以便隨時與對方單位結算，核對庫存餘額。庫存現金日記帳和銀行存款日記帳應當根據辦理完畢的收付款憑證，隨時逐筆依順序進行登記，

最少每天登記一次。

登記會計帳簿的具體要求如下：

（1）登記會計帳簿時，應當將會計憑證日期、編號、業務內容摘要、金額和其他有關資料逐項記入帳內。登記完畢後，記帳人員要在記帳憑證上簽名或者蓋章，並註明已經登帳的符號（如打「√」等）。

（2）各類會計帳簿必須按編定的頁碼逐頁、逐行連續登記，不得隔頁或跳行。如果不慎發生此類情況，不得隨意塗改，應將空頁、空行用紅線對角劃掉，並加蓋「此頁（行）空白」「作廢」等字樣，由記帳人員簽章確認。訂本式會計帳簿在出現某些帳戶因帳頁預留不足而需跳頁登記時，則應在原預留的最後一頁的末行「摘要」欄內註明「過入第××頁」，在過入的新帳頁的第一行「摘要」欄內註明「上承第××頁」字樣，以相互對應，便於查找。

（3）登記帳簿要用藍黑墨水或者碳素墨水書寫，不得用圓珠筆（銀行的復寫帳簿除外）或者鉛筆書寫，以使帳簿記錄清晰、耐久，便於日後查考，防止塗改。紅色墨水只能在結帳劃線、改錯和衝帳等規定範圍內使用。帳簿中書寫的文字和數字一般應占格距的1/2，以使帳簿有改錯的空間。各類會計帳簿中的文字、數字在書寫時必須做到工整、規範、整潔、清晰，並保持一定的間距。要注意不得亂造簡化字，不得使用怪體字，也不得亂造代用符號，但一些已成約定俗成的代用符號，如「￥」（人民幣）、「#」（編號號數）一類符號除外。

（4）各類會計帳簿在登記滿一頁時，都應加計本頁發生額總數，結出餘額，填在該頁的末行，並在「摘要」欄內註明「轉次頁」字樣。然后在次頁中把上頁的發生額總數和餘額填入第一行，並在「摘要」欄內註明「承前頁」字樣。凡需給出餘額的帳戶，應當定期結出餘額。庫存現金日記帳和銀行存款日記帳必須每天結出餘額。每一帳頁登記完畢結轉下頁時，應當結出本頁合計數和餘額，寫在本頁最後一行和下頁第一行有關欄內，並在摘要欄內分別註明「過次頁」和「承前頁」字樣。「過次頁」的本頁合計數的計算，一般分三種情況：第一，需要結計本月發生額的帳戶，結計「過次頁」的本頁合計數，應當為自本月初起至本頁末止的發生額合計數；第二，需要結計本年累計發生額的帳戶，結計「過次頁」的本頁合計數，應當為自年初起至本頁末止的累計數；第三，既不需要結計本月發生額，也不需要結計本年累計發生額的帳戶，可以只將每頁末的餘額結轉次頁。

三、對帳與結帳

（一）對帳

對帳就是核對帳目。會計核算要求帳簿登記清晰、準確，但在實際工作中，由於種種原因，帳目難免會出現錯漏。因此，需要經常進行對帳，即將會計帳簿記錄的有關數字與庫存實物、貨幣資金、有價證券、往來單位或者個人等進行相互核對，保證帳證相

符、帳帳相符、帳實相符。各單位的對帳工作每年至少要進行一次，有些帳可根據實際需要於每月、每季或每半年對帳一次。

企業會計人員在審核和填製憑證、編製會計分錄、登記日記帳、過入分類帳以及結帳等工作中可能出現差錯，可是由於各項財產物質在保管中出現自然損失（Loss）和升溢（Overflow）、保管不善發生貪污盜竊使帳實不符、往來對方記錄不準出現往來款差異等，因此在編製報表和結帳之前很有必要進行財務清查，核對帳目。如果發現問題，應及時查明原因並進行帳項調整，以保證帳證、帳帳、帳實相符。

1. 帳證核對

帳證核對是通過對會計帳簿記錄與會計憑證進行核對，檢查兩者是否一致。具體做法是將原始憑證、記帳憑證與日記帳（分錄簿）、分類帳進行核對，檢查憑證記錄的會計事項的內容、數量、金額以及會計分錄與各種會計帳簿中的這些記錄是否一致。如果發現不符時，應及時查明原因，並採用恰當的方法進行帳項調整。

2. 帳帳核對

帳帳核對包括日記帳與分類帳核對、總分類帳與明細分類帳核對、本企業帳與外單位帳（銀行和往來單位）核對。

日記帳與分類帳核對的目的主要是檢查過帳是否有遺漏、過錯帳戶、過錯金額、過錯方向等問題。

總分類帳與明細分類帳核對的目的主要是根據平行過帳的原理，通過編製總分類帳和明細分類帳對照表，發現平行過帳中是否存在沒有平行登記、平行過帳的方向錯誤以及登記於各所屬明細帳的金額是否等於該總帳登記的金額。

本單位帳與外單位帳核對的主要目的是通過函對、電話、電報核對或者登門直接核對，發現往來單位的會計帳簿記錄是否一致以及不一致的原因。該項對帳內容比較複雜，業務很多，在核對的某一時點上往來帳完全一致的情況並不多。然而不一致也不一定有差錯，往往是因為票據的傳遞時間影響，一方已經入帳，另一方沒有收到票據而未入帳。

3. 帳實核對

帳實核對是將企業會計帳簿資料（帳面記錄）與企業各項財產物資的實有數進行核對，查明帳實是否相符以及不符的原因，並及時處理進行必要的調帳。帳實核對工作的主要內容包括原材料、產成品、在產品、現金和各項固定資產。

（二）結帳

結帳是在將本期內發生的經濟業務全部登記入帳的基礎上，按照規定的方法對該期內的帳簿記錄進行小結，結算出本期發生額合計和餘額，並將其餘額結轉下期或者轉入新帳的會計工作。為了正確反應一定時期內在帳簿記錄中已經記錄的經濟業務，總結有關經濟業務活動和財務狀況，各單位必須在會計期末進行結帳，不得為趕編財務報表而提前結帳，更不得先編製財務報表後結帳。結帳時，應當根據不同的帳戶記錄，分別採用不同的方法。

（1）對不需要按月結計本期發生額的帳戶，如各項應收、應付款明細帳和各項財產物資明細帳等，每次記帳以後，都要隨時給出餘額，每月最後一筆餘額即為月末餘額。也就是說，月末餘額就是本月最後一筆經濟業務記錄的同一行內的餘額。月末結帳時，只需要在最後一筆經濟業務記錄之下通欄劃單紅線，不需要再結計一次餘額。劃線的目的是為了突出有關數字，表示本期的會計記錄已經截止或者結束，並將本期與下期的記錄明顯分開。

（2）現金、銀行存款日記帳和需要按月結計發生額的收入、費用等明細帳，每月結帳時，要在最後一筆經濟業務記錄下面通欄劃單紅線，結出本月發生額和餘額，在摘要欄內註明「本月合計」字樣，在下面再通欄劃單紅線。

（3）需要結計本年累計發生額的某些明細帳戶，每月結帳時，應在「本月合計」行下結出自年初起至本月末止的累計發生額，登記在月份發生額下面，在摘要欄內註明「本年累計」字樣，並在下面再通欄劃單紅線。12月末的「本年累計」就是全年累計發生額，全年累計發生額下通欄劃雙紅線。

（4）總帳帳戶平時只需結出月末餘額。年終結帳時，為了總括反應本年全年各項資金運動情況的全貌，核對帳目，要將所有總帳帳戶結出全年發生額和年末餘額，在摘要欄內註明「本年合計」字樣，並在合計數下通欄劃紅雙線。採用棋盤式總帳和科目匯總表代總帳的單位，年終結帳，應當匯編一張全年合計的科目匯總表和棋盤式總帳。

（5）年度終了結帳時，有餘額的帳戶要將其餘額結轉下年。結轉的方法是將有餘額的帳戶的餘額直接記入新帳餘額欄內，不需要編製記帳憑證，也不必將餘額再記入本年帳戶的借方或者貸方，使本年有餘額的帳戶的餘額變為零。因為既然年末是有餘額的帳戶，其餘額應當如實地在帳戶中加以反應，否則容易使有餘額的帳戶和沒有餘額的帳戶混淆。

（6）對於新的會計年度建帳問題，一般來說，總帳、日記帳和多數明細帳應每年更換一次。有些財產物資明細帳和債權債務明細帳由於材料品種、規格和往來單位較多，更換新帳重抄一遍工作量較大，因此可以跨年度使用，不必每年度更換一次。各種備查簿也可以連續使用。

四、更正錯帳的方法

（一）查錯

查錯就是查找帳目錯誤的原因所在。在記帳、對帳過程中如果發現了錯帳，就要及時查找原因，並加以更正。

引起錯帳的原因雖很多，但總的表現只有兩種：一種是錯誤會影響借貸平衡。造成這類錯誤的原因有數字顛倒，如98誤記為89；數字錯位，如80誤記為800或8，31.5誤記為315或3.15；借貸兩方中有一方記錯了方向，如借方誤記到貸方或貸方誤記到借方，以及累計錯誤。這類錯誤在試算編表時容易發現。另一種是錯誤不會影響借貸平衡。造成這類錯誤的原因有重記或漏記整筆經濟業務；用錯了會計科目（串戶）；多種錯誤

交織在一起，但差錯數相互抵消。這類錯誤在試算編表時不易被發現。產生上述錯誤的階段，可能在填製憑證時，可能在過帳時，還可能在結帳時。

查找影響借貸平衡的錯誤時，要緊緊抓住差錯數額進行分析。一般情況下，如果差錯數額正好等於某筆經濟業務的發生額，則有可能是重記或漏記了一方。如某項經濟業務的發生額是 500 元，試算中發現本期借方發生額合計為 49,500 元，貸方發生額合計為 50,000 元，則造成差錯的原因既可能是這筆經濟業務的借方漏記一次，也可能是其貸方重記一次。如果根據分析，確定本期正確的發生額合計數是 50,000 元，並且只存在這一項錯誤時，則可以斷定該錯誤是由於借方漏記引起的；反之，可以斷定是由於貸方重記引起的。

對於一些特殊的差錯，則可以運用一些特殊的方法來分析。

1. 除 2 法

這一方法就是將差錯額用 2 來除，如果能除盡，並且商數等於某項經濟業務的發生額，就有可能是一方重複記錄的錯誤。這種錯誤使重複記錄一方的合計數加大，而另一方的合計數減少，兩方之差正好是記錯了方向數額的兩倍。例如，某期試算時發現借方發生額合計大於貸方發生額合計 240 元，可以查找有無一筆 120 元的貸方記錄被錯記為借方記錄。

2. 除 9 法

如果差錯數額能用 9 除盡，則可能屬於下列兩種錯誤之一：

（1）順序錯位。例如，將 40 寫成了 400、4,000、40,000 或 4、0.4、0.04 等。這樣就使原來正確的數字擴大了 9 倍、99 倍、999 倍，或縮小了 0.9 倍、0.99 倍、0.999 倍等。因此，如果差錯數額能被 9、99、999 等整除，就有可能是順序錯位造成的，所除得的商數就是要查找的正確數或正確數的 1/10、1/100、1/1,000 等。

（2）相鄰兩個數字顛倒。

第一，兩位數的兩個數字顛倒，如 89 寫成了 98、72 寫成 27，其差數都是 9 的倍數，被 9 整除後的商數正好等於這個兩位數中兩個數字的差額，從而據以查找記帳金額中被顛倒了的數字記錄。為方便起見，相鄰數字顛倒形成的錯誤，可借助於「鄰位數字顛倒便查表」查找。其具體形式如表 9-9 所示。

表 9-9　　　　　　　　　　鄰位數字顛倒便查表

大的數顛倒為小的數									小的數顛倒為大的數							
89	78	67	56	45	34	23	12	01	9	10	21	32	43	54	65	76	87	98
	79	68	57	46	35	24	13	02	18	20	31	42	53	64	75	86	97
		69	58	47	36	25	14	03	27	30	41	52	63	74	85	96
			59	48	37	26	15	04	36	40	51	62	73	84	95
				49	38	27	16	05	45	50	61	72	83	94
					39	28	17	06	54	60	71	82	93
						29	18	07	63	70	81	92
							19	08	72	80	91
								09	81	90

第二，三位及三位以上的數中相鄰兩個數字順序顛倒，如將 325 寫成了 235 或 352 等，其差數也是 9 的倍數，被 9 除以后的商數的首位數字以下數字都是 0，並且商數的首位數字正好等於顛倒的兩個數字之差。例如：

正確數	顛倒數	差數	差數除以 9	兩個數字之差
256	265	9	1	1
5,436	5,346	90	10	1
5,436	4,536	900	100	1
6,535	6,553	18	2	2
6,535	6,355	180	20	2
7,435	4,735	2,700	300	3

由此可見，三位及三位以上的數中相鄰兩個數字順序顛倒，其差數被 9 除后，若商數是一位數，則最末兩個數字顛倒；若商數是兩位數（個位是 0），則百位與十位的數字顛倒；若商數是三位數（十位與個位均為 0），則千位與百位的數字顛倒；其餘依此類推。

查錯的時候，對於已查過的帳目數字，要對正確和錯誤分別做上記號，並把發生錯誤的帳頁號碼、記帳日期、憑證號數、業務內容、差錯情況等詳細地記錄下來，既可以避免重複查找，又可以在查出錯帳的原因后，及時處理，予以更正。

（二）更正錯帳的方法

如果會計帳簿記錄發生錯誤，不允許用塗改、挖補、刮擦、藥水消除字跡等手段更正錯誤，也不允許重抄，而應當根據情況，按照規定的方法進行更正。常採用的更正錯誤的方法有三種，一般應根據錯誤的性質和具體情況選用不同的方法。

1. 劃線更正法

在結帳以前，發現會計帳簿記錄與會計憑證記錄不相符，即會計憑證無誤，會計帳簿的文字或數字記錄有誤，如過錯記帳方向、金額或結錯餘額、錯寫摘要以及過錯帳戶等，應採用劃線更正法進行更正。

更正的方法是：先將錯誤的文字或數字劃一單紅線註銷，並在劃線處加蓋更正人的圖章，以示負責。劃線后注意已劃去的錯誤字跡仍可辨認，以備查考。然后將正確的文字或數字填寫在同一行劃線部分的上方空白處。

使用劃線更正法時，對於文字錯誤，可以只劃去錯誤的文字進行更正；對於數字錯誤，應將整筆數字全部劃掉註銷並更正，不得只劃掉並更正其中錯誤的數字。

例如，銷售產品一批貨款計 8,700 元，貨款收到存入銀行，會計分錄編製正確。在登記銀行存款會計帳簿時，誤將 8,700 寫成了 7,800。採用劃線更正時，直接在已記入會計帳簿中的錯誤數字 7,800 上用紅筆劃一橫線，同時在上面空白的地方用藍筆寫上正確的數字 8,700，並在更正處蓋上更正會計帳簿人員的私章以示負責。注意更正錯誤時，應將整個數字劃去，而不能只劃掉其中的一部分，如只將 7,800 的 78 改成 87。也不能在錯誤數字后面和前面任意加 0 或其他數字，如將 10,000 錯寫成了 1,000，更正時不能只

在 1,000 后面加一個 0 應該將 1,000 全部劃掉，再在劃線上面的空白處填上正確的數字 10,000。

2. 紅字更正法

紅字更正法又稱赤字衝帳法或紅筆訂正法。在記帳以後，如果發現所依據的會計憑證上的分錄有錯誤，如借貸方向錯誤、會計科目錯誤或金額錯誤而導致會計帳簿記錄錯誤時，一般採用紅字更正法。具體做法應區別以下兩種情況而有所不同：

（1）記帳以後，發現記帳憑證中標註的會計分錄中的方向或會計科目有誤。更正時分以下四個步驟進行：

第一步，填製一張與錯誤憑證完全相同的紅字的記帳憑證，衝銷原記錄。注意這張紅字憑證除會計科目、記帳方向以及記入金額等內容與原錯誤憑證一致外，其他則有所不同。不同點主要包括四個方面：一是填製日期不同。紅字憑證填製的日期應是更正時的日期。二是憑證號不同。紅字憑證的編號是更正日的新編號。三是摘要不同。「摘要」欄中要註明×月×日××號記帳憑證出現錯誤及錯誤性質，現予更正。四是無附件。紅字衝帳會計憑證是沒有原始憑證的。

第二步，根據紅字記帳憑證用紅筆登帳簿，衝銷原帳簿中的錯誤記錄。

第三步，按正常程序用藍字填製一張正確的記帳憑證。

第四步，根據新填製的正確的記帳憑證登記帳簿。

【例 9-1】某車間領用一般消耗性材料，價值 200 元，應記入「製造費用」，但編製記帳憑證時卻填寫了下列錯誤分錄並已過帳：

借：生產成本　　　　　　　　　　　　　　　　　　　　　　200
　　貸：原材料　　　　　　　　　　　　　　　　　　　　　　　　200

發現錯誤時，首先用紅字編製如下分錄的記帳憑證並登記入帳：

借：生產成本　　　　　　　　　　　　　　　　　　　　　　（200）
　　貸：原材料　　　　　　　　　　　　　　　　　　　　　　　　（200）

再按正常程序用藍字編製如下正確分錄的記帳憑證並登記入帳：

借：製造費用　　　　　　　　　　　　　　　　　　　　　　200
　　貸：原材料　　　　　　　　　　　　　　　　　　　　　　　　200

以上三張記帳憑證在有關總分類帳中的更正記錄如表 9-10 所示。

表 9-10

注意：運用紅字更正法更正錯誤時，必須考慮科目間的對應關係，因而不能只在錯誤的科目之間更正。如更正上述錯帳時，只編製如下會計分錄的記帳憑證入帳：

借：製造費用　　　　　　　　　　　　　　　　　　　　　　　　　200
　貸：生產成本　　　　　　　　　　　　　　　　　　　　　　　　　200

顯然這種做法是錯誤的，因為「製造費用」科目和「生產成本」科目之間不存在這種對應關係。

（2）記帳以後，發現記帳憑證中標註的會計分錄中的方向、會計科目無誤，但應記金額小於實記金額（多記數字）。更正錯誤時，只需將多記金額用紅字按原分錄編製一張記帳憑證並據以入帳即可。

【例 9-2】某企業銷售產品一批，貨款計 6,000 元，貨款收到並存入銀行。編製記帳憑證時，金額誤寫為 60,000 元，並已按下列分錄登記入帳：

借：銀行存款　　　　　　　　　　　　　　　　　　　　　　　　60,000
　貸：主營業務收入　　　　　　　　　　　　　　　　　　　　　　60,000

發現錯誤時，用紅字編製如下分錄的記帳憑證並登記入帳：

借：銀行存款　　　　　　　　　　　　　　　　　　　　　　　（54,000）
　貸：主營業務收入　　　　　　　　　　　　　　　　　　　　　（54,000）

以上兩張記帳憑證在有關總分類帳中的更正記錄如表 9-11 所示。

表 9-11

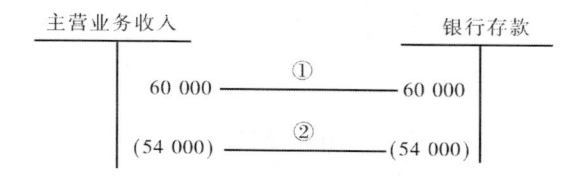

主營业务收入		銀行存款
60 000 ①		60 000
(54 000) ②		(54 000)

3. 補充登記法

補充登記法適用於在記帳以後發現記帳憑證中的會計分錄對應關係正確，但實記金額小於應記金額（少記金額）的錯誤。更正錯帳時，將少記的金額用藍筆補填製一張記帳憑證，並在「摘要」欄內註明補記×月×日××號憑證少記數，據以補充入帳。

【例 9-3】某企業銷售產品一批，貨款計 80,000 元，貨款收到並存入銀行。編製記帳憑證時，金額誤寫為 8,000 元，並已按下列分錄登記入帳：

借：銀行存款　　　　　　　　　　　　　　　　　　　　　　　　 8,000
　貸：主營業務收入　　　　　　　　　　　　　　　　　　　　　　 8,000

發現錯誤時，用藍字編製少記金額的記帳憑證並登記入帳：

借：銀行存款　　　　　　　　　　　　　　　　　　　　　　　　72,000
　貸：主營業務收入　　　　　　　　　　　　　　　　　　　　　　72,000

以上兩張記帳憑證在有關總分類帳中的更正記錄如表 9-12 所示。

表 9-12

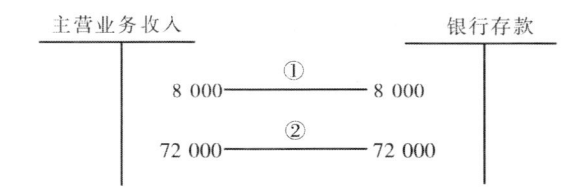

```
    主營業務收入              銀行存款
         │                    │
    8 000─────①─────8 000
         │                    │
   72 000─────②────72 000
         │                    │
```

必須指出的是，這種錯誤同樣也可以採用紅字更正法予以更正，即先用紅字填製一張會計科目、記帳方向以及記入金額等內容與原錯誤憑證一致的記帳憑證，據以入帳，以沖銷原錯誤記錄。然後按正常程序用藍字編製一張正確的記帳憑證，並據以入帳。顯然，這種做法不如直接採用補充登記法更為簡單。因此，可以說，凡需採用補充登記法更正的錯帳，均能採用紅字更正法，但是反過來則不一定成立。

五、會計帳簿保管的規則

會計帳簿同會計憑證一樣，都是重要的經濟檔案，應按規定妥善加以保管。年度中正在使用的會計帳簿應由經管人員負責保管，保證其安全、完整。年度終了，舊帳結束新帳建立后，更換下來的舊帳應裝訂成冊或封扎，並加具封面、統一編號，歸檔交專人保管。根據國家的規定，各種會計帳簿歸檔保管年限一般都在 10 年以上，重要會計帳簿則要長期保管，不得丟失或任意銷毀。會計帳簿保管期滿后，必須經上級同意方可按規定銷毀。

復習思考題

1. 什麼是會計帳簿？為什麼要設置與登記會計帳簿？
2. 設置會計帳簿應遵循哪些主要原則？
3. 簡述會計帳簿的分類。
4. 簡述日記帳、總分類帳和明細分類帳的格式及登記方法。
5. 更正錯帳的方法有哪幾種？其適用範圍分別是什麼？

習題一

一、資料：

1. 某廠 201A 年 10 月份所發生的經濟業務的記帳憑證見第六章習題二。
2. 有關帳戶的月初餘額如下：

「原材料」借方餘額 25,000 元；

「產成品」借方餘額 10,000 元；

「庫存現金」借方餘額 1,600 元；
「銀行存款」借方餘額 140,000 元。
二、要求：
根據資料填製庫存現金日記帳、銀行存款日記帳和有關總分類帳。

習題二

一、資料：
某企業 201A 年 6 月份發生的部分經濟業務在記帳以後結帳之前，發現如下錯誤：
1. 甲產品生產領用材料計 6,250 元，已編製會計分錄如下：
借：生產成本　　　　　　　　　　　　　　　　　　6,250
　貸：原材料　　　　　　　　　　　　　　　　　　　6,250
但「生產成本」總帳有關此筆記錄是借記 6,520。
2. 生產甲產品的一車間管理部門照明用電計 600 元，已按如下會計分錄登記入帳：
借：生產成本　　　　　　　　　　　　　　　　　　　600
　貸：其他應付款　　　　　　　　　　　　　　　　　　600
3. 生產甲產品的一車間因維修辦公設備而領用材料計 500 元，已按如下會計分錄登記入帳：
借：製造費用　　　　　　　　　　　　　　　　　　5,000
　貸：原材料　　　　　　　　　　　　　　　　　　　5,000
4. 本月應付生產甲產品的一車間管理人員的工資為 4,250 元，已按如下會計分錄登記入帳：
借：製造費用　　　　　　　　　　　　　　　　　　　425
　貸：應付職工薪酬　　　　　　　　　　　　　　　　　425
二、要求：指出正確的更正方法並說明如何更正。

第十章　財產清查

會計核算的任務之一是反應和監督財產物質的保管和使用情況，保護企業財產物質的安全和完整，提高企業各項財產物質的利用效果。本章重點介紹財產清查的概念、作用、種類、方法，同時對財產清查的要求和財產清查結果的處理，也進行了較詳細的叙述。

第一節　財產清查概述

一、財產清查的概念與作用

（一）財產清查的概念

財產清查也叫財產檢查，是指通過對貨幣資金、存貨、固定資產、債權債務、票據等的盤點或核對，查明其實有數與帳存數是否相符，並查明帳實不符的原因的一種會計核算專門方法。

為了保證帳簿記錄的正確，應加強會計憑證的日常審核，定期核對帳簿記錄，做到帳證相符、帳帳相符。但是，只有帳簿記錄正確還不能說明帳簿所做的記錄真實可靠，因為有很多主、客觀原因使各項財產物質的帳面數額與實際結存數額發生差異，造成帳實不符。

一般來說，造成帳實不符有以下幾種原因：

（1）在財產物資收發時，由於度量器具的誤差會產生差異，這種誤差往往客觀存在。例如，購入的100千克的整箱圓釘，在消耗定額發出時，以克為計量單位，最后可能造成帳實不符。

（2）工作人員在登記帳簿時發生漏記或重記、錯記，或計算上的錯誤，會造成帳實不符。

（3）財產物資保管過程中的自然損耗，如農副產品損耗，會造成帳實不符。

（4）結算過程中的未達帳項，會造成帳實不符。

（5）由於管理不善或工作人員的失職而發生財產物資的破損、變質、短缺，會造成帳實不符。

（6）由於不法分子的貪污盜竊、營私舞弊而造成財產物資的損失、變質、短缺，會造成帳實不符。

(二) 財產清查的作用

財產清查對於保護財產物資、充分挖掘物資潛力、加速資金週轉、加強企業管理、維護財經紀律、保證會計指標的真實可靠，具有十分重要的意義。財產清查是會計核算方法體系中的專門方法之一，是一項極其重要的工作。通過財產清查，可以起到以下作用：

1. 通過財產清查，保證會計資料的真實可靠

財產清查可以確定各項財產的實存數，將實存數與帳存數進行對比，可以查明各項財產物資的實有數與帳面數的差額，從而及時調整帳簿記錄，做到帳實相符，以保證會計帳簿提供的數據資料真實、準確，為經濟管理提供可靠的信息。

2. 通過財產清查，挖掘財產物資的潛力，加速資金週轉，促進經濟效益的提高

在財產清查過程中，可以查明各項財產盤盈、盤虧的原因和責任，從而找出財產管理中存在的問題，同時查明財產物資的儲備情況，有無積壓呆滯、不配套或儲備過多等情況，以便積極處理，調劑解決。這樣，可以促進各單位加強對財產物資的管理，使之能合理儲備，充分挖掘財產物資潛力，提高其使用效能，加速資金週轉。

3. 通過財產清查，促使保管人員加強責任感，健全財產物資管理制度

財產清查也是對各項財產物資進行的會計監督活動。通過財產清查，可以查明帳實不符的原因，從而發現財產物資管理上存在的問題，促使企業改進財產物資管理，健全財產物資管理制度，保護財產物資的安全完整。

4. 通過財產清查，保證財經紀律和結算制度的貫徹執行

在財產清查過程中，通過檢查核對往來帳項，查明各項債權債務的結算是否遵守財經紀律和結算制度，促使各單位自覺遵守財經紀律。

二、財產清查的分類

(一) 按清查對象和範圍分，財產清查可分為全面清查和局部清查兩種

1. 全面清查

全面清查是指對企業的全部資產、負債進行清查。全面清查的對象一般包括：貨幣資金、銀行存款和銀行借款；存貨、固定資產和其他物資；應收應付款及繳撥款項；委託其他單位加工保管的材料、商品和物資以及受託加工的材料物資；在途的材料、商品和物資。

由於全面清查內容多、範圍廣，因此一般在下列情況下才需進行全面清查：

(1) 年終決算之前要進行一次全面清查。

(2) 單位撤銷、合併或改變隸屬關係時，為了明確經濟責任，需進行全面清查。

(3) 在進行清產核資時，要進行全面清查，以摸清家底，準確地核定資金，保證生產經營活動的正常資金需要。

2. 局部清查

局部清查就是根據需要，對企業的部分資產、部分負債進行盤點、核對。由於全面

清查的範圍廣、清查工作量大，清查一次所用的時間比較長，因此根據需要可對一部分財產進行清查。

清查的項目主要包括以下內容：

（1）對於流動性較大的存貨，如材料、在產品、產成品、庫存商品一類存貨，年內應輪流進行盤點或重點抽查。

（2）對於各種貴重物資，每月都應清查盤點一次。

（3）對於庫存現金，應由出納人員在每日業務終了時清點核對。

（4）對於銀行存款和銀行借款，每月都要同銀行核對。

（5）對於各種債權、債務，每年至少要同對方核對一次至兩次。

（二）按財產清查的時間分，財產清查可分為定期清查和臨時清查兩種

1. 定期清查

定期清查就是按預先（如會計制度設計中）規定的時間進行的清查。如在年末按規定進行的清查，可以在編製會計報表前發現帳實不符的情況，據以調整有關帳簿記錄，使帳實相符，從而保證會計報表資料的真實性，以便編製年度會計報表。

2. 臨時清查

臨時清查是指事前不規定清查日期，根據實際需要而進行的財產清查。臨時清查主要是在下列幾種情況下進行的：

（1）更換財產、庫存現金保管人員時，要對有關人員保管的財產、庫存現金進行清查，以分清經濟責任。

（2）發生自然災害和意外損失時，要對受損財產進行清查，以查明損失情況。例如，企業遭受水災、臺風一類自然災害后，必須進行臨時清查。

（3）上級主管、財政、稅務、銀行、審計等部門，對本單位進行會計檢查時，應按檢查的範圍和要求進行清查，以驗證會計資料的可靠性。

（4）進行臨時性清產核資時，要對本單位的財產進行清查，以摸清家底。

（三）按財產清查的執行單位分，財產清查可分為內部清查和外部清查兩種

1. 內部清查

內部清查是由企業內部職工組織清查工作小組來擔任財產清查工作，對企業所進行的財產清查。大多數的財產清查都是內部清查。

2. 外部清查

外部清查是由上級主管部門、審計機關、司法部門、註冊會計師等根據國家的有關規定或情況的需要，對企業實體所進行的財產清查。外部清查必須有內部清查工作人員參加。例如，新中國成立以來進行多次的清產核資以及目前企業中進行的資產評估，有些就屬於外部清查。

三、財產清查的主要內容

財產清查的主要內容包括資產的清查、債權債務的清查、產權的界定與登記、國家

資本金的核實。

(一) 資產的清查

資產的清查包括流動資產、固定資產、長期投資、無形資產、遞延資產和其他資產的清理、登記、核對帳目以及溢缺原因的查實。

流動資產的清查主要是對庫存現金、在開戶銀行和其他金融機構的各種存款、應收及預付款項、存貨的清查。其中，應收及預付款項主要包括應收票據、應收帳款、其他應收款、預付貨款；存貨清查內容包括原材料、輔助材料、燃料、修理用備件、包裝物、低值易耗品、在產品、半成品、產成品、外購商品、協作件以及代其他單位、個人保管的物資和在途、外存、外借、委託加工的商品、物資等。

固定資產的清查包括房屋及建築物、機器設備、交通運輸設備和工具器具、辦公設備等。凡租出、借出和未按規定手續批准轉讓出去的固定資產必須清查，以防止資產的流失和被侵占。

長期投資的清查主要包括企業以流動資產、固定資產、無形資產等各種資產對其他單位所進行的各種形式的投資，以明確企業的產權關係。因投資所產生的投資收益也應進行清查、核對，防止挪用、貪污或設立小金庫的行為發生。

無形資產主要包括各項專利權、商標權、特許權、版權、商譽、土地使用權、房屋使用權等。

遞延資產以及其他資產的清查主要包括開辦費、租入固定資產改良支出及特種儲備物資。

(二) 負債的清查

負債的清查包括流動負債的清查和長期負債的清查。流動負債的清查主要是對各種短期貸款、應付及預收款項以及應付福利費進行清查。長期負債的清查包括各種長期借款、應付債券、長期應付款的清查。

隨著改革開放的深入，企業間的聯營、合資或進行股份制改造的情況越來越多，這就要求必須通過產權的界定來明確企業投資的產權及權益，劃分企業原始投入與增值部分，規範產權關係，把應屬國家所有的淨資產納入國有資產管理範圍。財產清查是通過對企業占用的國有資產按核實的資產總額和核定的資本金來進行產權界定的清查。

四、財產清查工作的組織

財產清查工作是加強財務管理，發揮會計監督職能的一項重要工作，是極為複雜、細緻的。因此，在進行財產清查以前要做好各項準備工作，包括組織準備和業務準備。

(一) 組織準備

無論是內部清查還是外部清查，都應抽調專職人員組成清查小組，執行財產清查的任務。清查小組在清查工作開始前必須經過短期的學習、培訓，明確清查的目的，掌握財產清查的方法、技術。清查完畢，要如實提出清查報告。

（二）業務準備

為了使財產清查工作能迅速、順利地進行，清查之前必須做好以下幾點：

（1）清查之前必須將所有經濟業務全部入帳並做試算平衡，認真核對總帳與其所屬明細帳的餘額，以保證帳簿記錄的正確性。

（2）倉庫管理人員必須在月結之前將各種實物進行整理，按其分類整齊排列，並掛上標籤，標明材料物資的品種、規格、型號及結存數量，以便進行清查時與帳簿記錄核對。

（3）清查之前必須按國家標準計量校正各種度量衡器，減少誤差。

（4）準備好各種空白的清查盤存報告表（見表 10-1）。

表 10-1　　　　　　　　　　　清查盤存報告表

單位名稱：　　　　　　　　盤點時間：
財產類別：　　　　　　　　存放地點：　　　　　　　　編號：

編號	名稱	計量單位	數量	單價	金額	備註

盤點人簽章：　　　　　　　　　　　　　　　　　　　　保管人簽章：

第二節　財產清查的基本方法

一、貨幣資金的清查

貨幣資金包括庫存現金、在開戶銀行和其他金融機構的各種存款。貨幣資金的清查往往是清查的重點，以防止經濟案件的發生。

（一）現金清查

現金清查通過實地盤點進行。一般由主管會計或財務負責人、出納本人共同清點出各種面值鈔票的張數和輔幣的個數並填入盤存單。清點時要特別注意是否有短缺或者以借條、白條抵充現金的現象，是否超過庫存限額。

現金清查可以是定期進行的，也可以是不定期進行的。本著對企業財產負責、對出納負責的原則，每月月末必須進行定期清查，平時應做一兩次突擊性的臨時清查，千萬不可礙於情面長期不清點，任出納自理，留下隱患。在處理日常業務時，若發現收支有問題時，應立即進行臨時清查，以便及時追回損失的現金。

盤點庫存現金用的「庫存現金盤存單」如表 10-2 所示。

現金清查完畢，要及時填寫「庫存現金盤點報告表」。其格式如表 10-3 所示。對現金的長款、短款的原因要認真調查，提出意見。

表 10-2　　　　　　　　　　　庫存現金盤存單

單位：

票面	壹佰元	伍拾元	拾元	伍元	貳元	壹元	伍角	貳角	壹角	伍分	貳分	壹分	總計
把（百張）													
卡（廿張）													
尾款數													
合計													

會計主管：　　　　　　　　　　出納：

表 10-3　　　　　　　　　　　庫存現金盤點報告表

單位：　　　　　　　　　　　　　年　　月　　日

實存金額	帳存金額	對比結果		備註
		盈	虧	

盤點人：　　　　　　　　　　出納：

（二）銀行存款的清查

銀行存款是企業存入開戶銀行或其他金融機構的各種存款。由於銀行結算方式種類繁多，可以是銀行匯票、商業匯票、銀行本票、匯兌、現金支票、轉帳支票、委託收款、異地托收承付，從事國際貿易的企業種類更多，因此企業不僅要嚴格遵守銀行結算辦法的有關規定，而且月末必須對銀行存款進行清查。銀行存款的清查與實物、現金的清查方法不同，是採取與開戶銀行核對帳目的方法進行的，即將單位登記的「銀行存款日記帳」與銀行送來的對帳單逐筆核對增減額和同一日期的餘額。通過核對，往往會發現雙方帳目不一致。其主要有兩個方面的原因：一方面是正常的「未達帳項」，即一方已經入帳，另一方由於憑證傳遞時間影響沒有入帳的帳項；另一方面是雙方帳目可能發生不正常的錯帳漏帳。

在同銀行核對帳目以前，先檢查本單位銀行存款日記帳，力求正確與完整，然后與銀行送來的對帳單逐筆核對。如果發現錯帳、漏帳，應及時查明原因，予以更正。對於未達帳項，則應於查明后編製「銀行存款餘額調節表」以檢查雙方的帳目是否相符。為減少未達帳項，在月底應將開戶行的各種傳票及時取回，並入帳。

銀行存款清查程序如下：

（1）將銀行存款日記帳與開戶銀行對帳單逐日、逐筆核對，包括日期、銀行結算憑

證種類、號碼、金額，凡雙方都有記錄的用鉛筆打「✓」記號於金額旁邊。

（2）將銀行存款日記帳中未打「✓」記號的記入「銀行存款餘額調節表」（見表10-4）的「企業已收、銀行未收」欄和「企業已付、銀行未付」欄，將開戶銀行對帳單中未打「✓」記號的分別填入「銀行存款餘額調節表」的「銀行已收、企業未收」和「銀行已付、企業未付」欄中。

（3）核對時，要特別關注上月末「銀行存款餘額調節表」中的未達帳項是否在本月的對帳單中列入，以決定此筆款的下落，防止差錯、貪污、挪用情況的發生。

（4）分別計算出「銀行存款餘額調節表」中調整后銀行對帳單餘額以及調整后企業帳面餘額，兩者相等，說明銀行存款日記帳正確。

（5）將填製完畢的「銀行存款餘額調節表」，經主管會計簽章之後，呈報開戶銀行，清查完畢。

凡有外幣銀行存款日記帳的企業，應分別編製銀行存款餘額調節表。

表10-4　　　　　　　　　某企業銀行存款期末餘額調節表

銀行帳號：_____　　　　　　　　　　　　　　　　　　　　　　幣種：人民幣

開戶銀行對帳單期末餘額調節內容	金額（十萬千百十元角分）	企業帳面期末餘額調節內容	支票號	摘要	金額（十萬千百十元角分）
銀行對帳單的存款餘額	6 1 0 0 0 0 0	企業銀行存款的帳面餘額			5 0 0 0 0 0 0
加：企業已收、銀行未收	3 0 0 0 0 0	加：銀行已收、企業未收			1 0 0 0 0 0 0
減：企業已付、銀行未付	6 0 0 0 0 0	減：銀行已付、企業未付			2 0 0 0 0 0
調整后銀行對帳單餘額	5 8 0 0 0 0 0	調整后企業帳面餘額			5 8 0 0 0 0 0

會計：　　　　　　　　　　　　　　　　出納：

【例10-1】假設某企業201A年10月31日銀行存款日記帳的月末餘額為50,000元，銀行對帳單餘額為61,000元，經逐筆核對，發現有下列未達帳項：

（1）將轉帳支票3,000元送存銀行，企業已記存款增加，銀行尚未記帳。

（2）企業開出現金支票6,000元，企業已記存款減少，銀行尚未記帳。

（3）企業委託銀行托收的貨款10,000元已經收到，銀行已記存款增加，企業尚未記帳。

（4）銀行為企業支付的電費2,000元，銀行已記存款減少，企業尚未記帳。

根據上述「未達款項」，編製銀行存款餘額調節表（見表 10-4）。

需要注意的是，銀行存款餘額調節表只是為核對銀行存款餘額而編製的，不能作為記帳的原始憑證。如果對所有的未達帳項進行調整后，企業的銀行存款餘額與銀行的對帳單的餘額仍不一致，就表明企業或銀行中至少有一方存在差錯，應當詳細追查，找出原因，並及時進行相應的處理。

二、存貨的清查

（一）財產物資帳面盤存的方法

財產清查的重要環節是盤點財產物資的實存數量。為使盤點工作順利進行，應建立一定的盤存制度。一般來說，財產物資的盤存制度有永續盤存制和實地盤存制。

1. 永續盤存制

永續盤存制（Perpetual Inventory）是指對企業各項財產物資（材料和產成品）的收入和發出，都必須根據原始憑證，在有關的帳簿中逐筆地進行連續登記，並隨時給出帳面餘額。因此，這種方法也叫帳面盤存制。

$$\frac{存貨期末}{帳面餘額} = \frac{存貨期初}{帳面餘額} + \frac{存貨本期}{增加數額} - \frac{存貨本期}{減少數額}$$

永續盤存制的優點是核算手續嚴密，能及時反應各項財產物資的收、發、結存情況。在永續盤存制下，必須要定期進行實物盤點，以查明各項財產物資的帳面數與實有數是否相等，有利於加強企業對各項財產物資的管理。在永續盤存制下，確定發出存貨（材料、產成品）成本既方便又準確。永續盤存制是適用於便於管理的財產物資的一種會計處理方法。對於大宗物資，用量過大、不便於計量的，如燃料煤、建築行業的材料（磚、石灰、水泥）一類物資不適合採用此法處理。

2. 實地盤存制

實地盤存制（Periodic Inventory）是指對企業各項財產物資的帳面記錄，平時只登記收入數，不登記發出數，月末結帳時，以實地盤點各項財產物資的實際結存數作為各項財產物資期末帳面餘額，倒軋推算出各項財產物資的發出數，並據以登記入帳。

$$\frac{本期存貨}{發出數} = \frac{存貨帳面}{期初數} + \frac{本期存貨}{增加數} - \frac{期末盤點}{結存數}$$

實地盤存制的優點是核算簡單。其缺點是：財產物資的收、發手續不嚴密；不能通過帳簿記錄隨時反應和監督各項財產物資的收、發、結存情況；反應的數字不夠準確；對財產物資管理不善造成的不合理的短缺、霉爛變質、超定額損耗、貪污盜竊的損失，不能反應和控制，而全部都算入本期發出數中，不利於加強企業財產物資的保管。因此，非特殊情況，一般不宜採用此種方法。但是大部分商品零售企業和建築行業採用實地盤存制來確定發出存貨的成本。

永續盤存制與實地盤存制並不是財產清查的制度，而是用於確定存貨的期末帳面餘

額,並計算存貨發出數額的兩種不同的方法。

永續盤存制是以原始憑證為依據,把存貨的增減變動情況,如實地反應在帳面上。實地盤存制卻只以存貨收入的憑證為依據,在帳面上反應,而期末餘額是按實地盤存數確定的,本期發出數額是倒軋出來的。

存貨是企業為銷售或耗用而儲存的各種資產,流動性較強,隨著企業生產經營活動不斷購入,不斷被消耗生產成產品,不斷被銷售。會計方法中對於重要的存貨物資都要求採用永續盤存制度,通過總分類帳、明細分類帳及實物帳實行內部控制。

隨著電腦技術在會計中的應用、推廣,差錯率已大為降低,但少數不法分子仍有貪污盜竊行為。此外,寄存在外埠的原材料更容易出問題,為了保證財務報表的正確性、可靠性,定期對存貨進行清查是完全有必要的。

(二)存貨清查的方法

存貨的全部清查一般選擇在年度終了,平時有特殊情況時,可以隨時進行清查。

存貨清查的方法主要有實地盤點法和技術推算法。

1. 實地盤點法

實地盤點法是指在實物財產堆放現場進行逐一清點數量或用計算儀器確定實存數量的方法。這種方法準確可靠,運用範圍廣。

2. 技術推算法

技術推算法是通過量方計尺,按一定的標準對實物財產的實存數進行推算的一種方法。這種方法適用於大量成堆的、難以逐一清查的財產物資。

為了明確經濟責任,盤點時,有關財產物資的保管人員應該在場參加盤點工作。對各項財產物資的盤點結果,應逐一如實地登記在「盤存單」上。為了進一步查明實存數和帳存數是否一致,還要把盤存單中所記錄的實存數額與有關帳簿記錄的帳面結存餘額相核對,填製「實存帳存對比表」(見表10-5),以確定實物財產盤盈或盤虧的數額。

「實存帳存對比表」是調整帳面記錄的原始憑證,也是分析盈虧原因、明確經濟責任的重要依據。

表 10-5　　　　　　　　　　**實存帳存對比表**

企業名稱:　　　　　　　　　　年　　月　　日

編號	類別及名稱	計量單位	單價	實存		帳存		對比結果				備註
								盤盈		盤虧		
				數量	金額	數量	金額	數量	金額	數量	金額	

清查人員:　　　　　　　保管員:

三、固定資產的清查

固定資產的清查一般在每年年末進行。清查時按固定資產的分類，成立清查小組，分別清查房屋、建築物、機器設備、交通工具。清查時，由其中一人完成書寫填表工作，其他人員清點固定資產實物，檢查固定資產的編號、名稱、型號、規格、製造廠家、出廠編號及日期，並向使用單位詢問其技術狀況，填寫完好、不完好、停機修理、需用、不需用、報廢等。

固定資產清查時還必須通過會計記錄查清固定資產的原始價值、淨值、已提折舊數額，如發現帳簿記錄不全，僅有固定資產淨值而沒有原始價值時，應及時更正、補充。

租出固定資產由租出方負責清查，發現沒有登記入帳結果的資產要將清查結果與租入方進行核對，然后登記入帳。

對借出和未按規定手續批准轉讓出去的固定資產，要認真清查，及時收回或補辦轉讓手續，防止固定資產流失和被侵占。清查完畢應登記「固定資產清查報告表」，其格式如表 10-6 所示。

表 10-6　　　　　　　　　固定資產清查報告表

車間名稱：　　　　　清產日期：　　年　　月　　日　　　　　　第　　頁

序號	設備編號	設備名稱	型號	規格	製造廠商	製造廠編號	製造年月	投入生產時間(年月)	帳面價值技術狀況					開動班次	使用單位核定使用意見			備註
									原值	已提折舊	淨值	完好	不完好	停機待修		需用	不需用	報廢	
(1)	(2)	(3)	(4)	(5)	(6)	(7)	(8)	(9)	(10)	(11)	(12)	(13)	(14)	(15)	(16)	(17)	(18)	(19)	

責任工程師簽名：　　　　　車間主任簽名：　　　　　清查人員簽名：

四、長期投資的清查

企業為了獲得某個企業的債券利息、股票利息、經營利潤以增加本企業收益，可以用銀行存款、原材料、機器設備、商標使用權、專有技術或土地使用權對這家企業進行投資，或者為了資本增值、為了控制某家企業的生產經營也可以用同樣的方式對其進行投資，這些投資的期限比較長。在每年年末，為編製正確的資產負債表，必須對長期投資進行清查。清查時應根據具體的內容分別採用不同的計價方法，如股票投資可以採用成本法或權益法，然后根據清查結果調整有關帳目。

五、債權、債務的清查

(一) 債權的清查

債權的清查包括對應收帳款、其他應收款的清查,重點是應收銷貨款。外單位所欠貨款拖欠時間越長,形成壞帳的可能性越大,為維護本企業的經濟利益,減少損失,應及時清查,追回貨款。清查方法可以派專人前往對方單位進行核對、催收,也可以通過信函查詢,開出結算資金核對表(一式二聯)與對方單位、企業進行核對。核對內容包括原始記錄發生的時間和原因、金額,第一次償付的時間及金額、付款方式,第二次償付的時間、金額、付款方式,餘額是多少。對方收到結算資金核對表後,應與其有關帳目進行核對,並在回單上註明是否相符,如不符則應註明差異是多少。

清查完畢後,再根據各個往來單位寄回的回單,編製「結算資金清查報告表」,如表 10-7 所示。

表 10-7　　　　　　　　　　　結算資金清查報告表

清查日期:　年　月　日　　　　　　　　　製表日期:　年　月　日
總分類帳戶名稱:　　　　總分類帳戶結餘金額:　　　　　　　　　第　頁

明細帳戶名稱	帳面結存餘額	清查結果		核對不符的原因和金額				合計	備註
		核對相符金額	核對不符金額	有爭執的帳項	未達帳項				

清查人員:　　　　　　　　　　　　會計:

(二) 債務的清查

債務的清查主要是應付帳款的清查。企業所欠供應單位的貨款、材料款、設備款及工程款應及時清查、及時歸還,以免影響其他單位的資金週轉。如果企業經營管理不善,債務到期無力償還而陷入困境的話,極有可能出現破產的局面,債權人此時有權向法院經濟法庭提出申訴,要求破產清算,破產企業當然應進行債務清查。為了提高企業的信貸信譽,企業必須進行債務清查,主動、及時償還債務。

企業平時應將流動負債、長期負債分別按償還期限的近與遠進行排名,當債務即期時,要準備足夠的現金償還。償還時要開出與債權清理相同的「結算資金核對表」,認真清查,計算出實際所欠的金額,才能開出償債支票。

第三節　財產清查結果的帳務處理

一、財產清查結果的處理原則與程序

（一）財產清查結果的處理原則

財產清查的結果不外乎三種情況：一是帳存數與實存數相等；二是帳存數大於實存數，表示財產物資發生短缺，即盤虧；三是帳存數小於實存數，表示財產物資發生盈餘，即盤盈。

一旦發生帳實不符，無論是短缺或盈餘，原則上都必須認真調查研究，分析原因，按規定程序嚴肅處理。處理的原則如下：

1. 認真查明財產發生帳實不符的原因和性質

無論是盤虧、盤盈、毀損，都說明企業在經營管理中、在財產物資的保管中存在著一定的問題。因此，一旦發現帳存數與實存數不一致時，應該核准數字，並進一步分析形成差異的原因，明確經濟責任，提出相應的處理意見。

2. 積極處理超儲積壓物資，及時清理各種長期拖欠的債權債務

在清查中凡發現有積壓的材料物資，要盡早處理，能用的盡量用；不需用的可銷售，加速資金週轉，提高資金的利用率。凡未使用、不需用的固定資產，如生產設備，也應盡早外銷或用於對外投資，提高其利用率，提高經濟效益。對積壓的產成品、半成品要積極尋找市場進行銷售。對市場上無銷路、滯銷的產品，應找出原因后對產品的設計加以改進，適應市場需要，完全沒有市場的產品應通知生產部門停止生產。拖欠比較長的應收帳款，應查明拖欠的原因，及時解決。如果對方確實出現了關、停、並、轉的情況，應及時作壞帳處理。

（二）財產清查結果的處理程序

財產清查結果的帳務處理程序分以下兩步：

第一步，根據已查明屬實的財產盤盈、盈虧或毀損的數字編製的「實存帳存對比表」，填製記帳憑證，據以登記有關帳目，調整帳簿記錄，使各項財產物資的實存數和帳存數一致。

第二步，待查清原因，明確責任以后，再根據審批後的處理決定文件，填製記帳憑證，分別記入有關帳戶。

由此可見，會計上對各項財產物資差異的具體處理，是分批准前和批准後兩步進行的。

二、財產清查結果的帳務處理

(一) 帳戶設置

為了反應和監督各單位財產盤盈、盤虧和毀損及其處理情況，應設置「待處理財產損溢」帳戶，各項待處理財產物資的盤盈的數額，在批准前記入該帳戶的貸方，批准后結轉數登記在該帳戶的借方。各項待處理財產物資的盤虧及毀損數，在批准前記入該帳戶借方，批准后結轉數登記在該帳戶的貸方。「待處理財產損溢」帳戶如有貸方餘額，表示尚待批准處理的各處財產物資的淨溢餘；如有借方餘額，表示尚待批准處理的各種財產物資的淨損失。「待處理財產損溢」帳戶的結構可用表 10-8 表示。

表 10-8

借方	待處理財產損溢	貸方
①發生的待處理財產物資的盤虧和毀損數 ②結轉已批准處理的財產物資的盤盈數		①發生的待處理財產物資的盤盈數 ②轉銷已批准處理的財產物資的盤虧數和毀損數
餘額：尚待批准處理的各種財產物資的淨損失		餘額：尚待批准處理的各種財產物資的淨溢餘

為了分別反應固定資產和流動資產的盤虧、盤盈情況，應在本帳戶下分別設置「待處理財產損溢——待處理流動資產損溢」和「待處理財產損溢——待處理固定資產損溢」兩個明細帳戶，進行明細分類核算。

以下分別介紹流動資產和固定資產清查結果的帳務處理方法。

(二) 流動資產盤盈、盤虧的帳務處理

1. 流動資產盤盈的帳務處理

【例 10-2】某企業在財產清查時，發現甲種材料盤盈 50 千克，單價 8 元/千克，價值 400 元，經調查，發現是由於收發計量不準確造成的。

批准前，根據盤盈的數額，編製如下會計分錄：

借：原材料——甲材料　　　　　　　　　　　　　　　　　400
　　貸：待處理財產損溢——待處理流動資產損溢　　　　　　400

有關部門批准此盤盈材料的價值衝減管理費用處理。

根據批准意見，編製如下會計分錄：

借：待處理財產損溢——待處理流動資產損溢　　　　　　　400
　　貸：管理費用　　　　　　　　　　　　　　　　　　　400

2. 流動資產盤虧的帳務處理

流動資產發生盤虧、毀損時，也應查明原因，然后報批。在批准前，應調整帳戶記錄，借記「待處理財產損溢——待處理流動資產損溢」帳戶，貸記有關帳戶。批准后，再根據批准意見，借記有關帳戶，貸記「待處理財產損溢——待處理流動資產損溢」

帳戶。

【例10-3】某企業在財產清查中,發現乙材料盤虧1,000元,經調查屬於定額內的自然損耗,報有關部門批准。

批准前,根據盤虧的數額編製如下會計分錄:
借:待處理財產損溢——待處理流動資產損溢　　　　　　1,000
　　貸:原材料——乙材料　　　　　　　　　　　　　　　　1,000
有關部門批准乙材料的盤虧金額轉作管理費用。
根據批准意見,編製如下會計分錄:
借:管理費用　　　　　　　　　　　　　　　　　　　　1,000
　　貸:待處理財產損溢——待處理流動資產損溢　　　　　1,000

【例10-4】某企業遭受自然災害,損失甲材料5,000元,屬保險責任範圍向保險公司索賠,報上級有關部門批准。批准前,編製如下會計分錄:
借:待處理財產損溢——待處理流動資產損溢　　　　　　5,850
　　貸:原材料——甲材料　　　　　　　　　　　　　　　5,000
　　　　應交稅費——應交增值稅(進項稅額轉出)　　　　　850
批准后,再編製如下會計分錄:
借:其他應收款——保險公司　　　　　　　　　　　　　5,850
　　貸:待處理財產損溢——待處理流動資產損溢　　　　　5,850

(三) 固定資產盤盈、盤虧的帳務處理

1. 固定資產盤盈的帳務處理

對於盤盈的固定資產同樣要查明原因報經有關部門批准,其帳務處理也要分批准前和批准后兩步。批准前,根據盤盈的數額,調整有關帳戶記錄:按盤盈的固定資產價值借記「固定資產」帳戶;按估計的折舊額(根據其新舊程度估計),貸記「累計折舊」帳戶;按兩者差額,貸記「待處理財產損溢——待處理固定資產損溢」帳戶。批准后,再列作營業外收入,借記「待處理財產損溢——待處理固定資產損溢」帳戶,貸記「營業外收入」帳戶。

【例10-5】某企業在財產清查過程中,盤盈機器設備一臺,估計價值80,000元,累計折舊20,000元,報有關部門批准。

批准前,編製如下會計分錄:
借:固定資產　　　　　　　　　　　　　　　　　　　　80,000
　　貸:累計折舊　　　　　　　　　　　　　　　　　　　20,000
　　　　待處理財產損溢——待處理固定資產損溢　　　　　60,000
批准后,作為營業外收入處理,編製如下會計分錄:
借:待處理財產損溢——待處理固定資產損溢　　　　　　60,000
　　貸:營業外收入　　　　　　　　　　　　　　　　　　60,000

2. 固定資產盤虧的帳務處理

盤虧的固定資產在批准前，按其原值和已提折舊的差額，借記「待處理財產損溢——待處理固定資產損溢」帳戶，按已提折舊額，借記「累計折舊」帳戶。按固定資產原值，貸記「固定資產」帳戶。批准后，再列作營業外支出，借記「營業外支出」帳戶，貸記「待處理財產損溢——待處理固定資產損溢」帳戶。

【例10-6】某企業在財產清查中發現短缺設備一臺，原值55,000元，已提折舊25,000元，報有關部門批准。

批准前編製如下會計分錄：

借：待處理財產損溢——待處理固定資產損溢　　　　　　　　　30,000
　　累計折舊　　　　　　　　　　　　　　　　　　　　　　　25,000
　貸：固定資產　　　　　　　　　　　　　　　　　　　　　　55,000
批准后，作為營業外支出處理，編製如下會計分錄：
借：營業外支出　　　　　　　　　　　　　　　　　　　　　　30,000
　貸：待處理財產損溢——待處理固定資產損溢　　　　　　　　30,000

復習思考題

1. 什麼是未達帳項？為什麼會存在未達帳項？
2. 銀行與企業之間的未達帳項有哪些？
3. 對現金清查時採用什麼方法？應注意哪些問題？
4. 在企業破產或被兼併時，需要對企業的部分財產進行重點清查。這種說法正確嗎？
5. 盤點后，對發現的帳外物資或盤損物資等，不應立即登記在盤存單上，而應首先報上級批准，待處理方案批准后，再在盤存單上進行登記。這種說法正確嗎？

練習一

一、目的：練習固定資產清查的會計處理。
二、資料：大眾工廠某年1月份對固定資產進行清查時發現：
1. 盤虧機器一臺，帳面價值6,000元，已提折舊2,000元，經批准按營業外支出處理。
2. 盤盈設備一臺，估計重置價值8,000元，七成新，經批准作為營業外收入處理。
3. 盤盈機器一臺，重置價值14,000元，已提折舊2,000元，已上報待批。
三、要求：根據以上資料編製會計分錄。

練習二

一、目的：練習庫存現金清查的會計處理。

二、資料：大眾工廠某年 2 月份進行庫存現金的清查，結果如下：

盤點庫存現金，實存現金有 650 元，當日庫存現金日記帳結存數為 820 元。

清查時，發現保險櫃中尚有三張未入帳的單據：

1. 職工李同所開白條借據一張，金額 80 元。
2. 以現金 40 元暫付職工王一差旅費。
3. 職工王強報銷辦公用品費用 30 元。

經研究決定，盤虧的由出納人員賠償。

三、要求：根據以上經濟業務編製必要的會計分錄。

練習三

一、目的：綜合練習財產清查結果的處理。

二、資料：大眾工廠某年 12 月份進行財產清查。

1. 清查中發現帳外機器一臺，估計重置價值為 4,000 元，新舊程度為六成新。
2. 材料清查結果如下：

材料盤點盈虧報告表

××年 12 月 31 日　　　　　　　　　　金額單位：元

材料名稱	計量單位	單價	實際盤存 數量	實際盤存 金額	帳面結存 數量	帳面結存 金額	盤盈 數量	盤盈 金額	盤虧 數量	盤虧 金額	備註
甲	千克	0.6	1,000	600	1,100	660			100	60	定額內自然損耗
乙	噸	40	3	120	2	80	1	40			計量不準溢餘
丙	只	6	245	1,470	250	1,500			5	30	管理不善丟失
合計	—	—	—	2,190	—	2,240	—	40	—	90	

此外，發現丁材料實存比帳存多 30 千克，每千克 10 元，經查明這是代偉達廠加工后剩餘材料，偉達廠未及時提回。

3. 上述各項盤盈、盤虧報請有關部門批准後進行如下處理：

（1）帳外機器的淨值作為營業外收入。

（2）材料收發計量上的差錯（不論盤盈、盤虧）和定額內自然損耗，均通過「管理費用」列支。

（3）管理人員失職造成的材料損失，責成過失人賠償。

三、要求：

1. 根據上述清查結果，編製審批前的會計分錄。
2. 根據批准處理后的意見，編製審批后的會計分錄。
3. 登記「待處理財產損溢」帳戶。

練習四

一、目的：練習銀行存款餘額調節表的編製。

二、資料：大眾工廠某年3月最后三天銀行存款日記帳與銀行對帳單的記錄如下（假定以前的記錄是相符的）：

1. 大眾工廠銀行存款日記帳的記錄（見下表1）。
2. 銀行對帳單的記錄（見下表2）。

表1　　　　　　　　　　銀行存款日記帳記錄

日期	摘要	金額（元）
3月29日	開出轉帳支票2416號預付下半年報刊訂閱費	102
29日	收到委託銀行代收山東泰利廠貨款	10,000
30日	開出轉帳支票2417號支付車間機修費	98
31日	存入因銷售產品收到的轉帳支票一張	6,300
31日	開出轉帳支票2418號支付鋼材貨款	1,400
合計	月末餘額	84,700

表2　　　　　　　　　　銀行對帳單記錄

日期	摘要	金額（元）
3月29日	代收山東泰利廠貨款	10,000
30日	代收電費	2,700
31日	代收安徽某廠貨款	3,500
31日	支付2416號轉帳支票	120
31日	支付2417號轉帳支票	89
合計	月末餘額	80,591

3. 經核查，大眾工廠帳面記錄有以下兩筆錯誤：

（1）3月29日，開出轉帳支票2416號支付報刊訂閱費確系120元，錯記為102元。

（2）3月30日，開出轉帳支票2417號支付車間機器修理費應為89元，錯記為98元。

三、要求：

1. 編製更正會計分錄，更正以上兩筆錯帳后，計算銀行存款日記帳的更正后餘額。
2. 查明未達帳項后，編製銀行存款餘額調節表。

第十一章　會計核算形式

根據企業的實際情況及管理要求，如何設置和設計會計憑證、帳簿和報表格式，如何選擇會計憑證、帳簿和報表的種類，如何正確組織會計憑證、帳簿、會計報表，以提供有效的會計信息，便產生了各種不同的會計核算形式。因此，選擇合理的會計核算形式是有效組織會計工作的關鍵。

第一節　會計核算形式的意義和種類

一、會計核算形式的含義

帳簿、會計憑證和會計報表是組織會計核算的工具，而會計憑證、帳簿和會計報表又不是彼此孤立的，它們以一定的形式結合，構成一個完整的工作體系，這就決定了各種會計核算的形式。

所謂會計核算形式，是指帳簿組織與記帳程序有機結合的方式和步驟。其中，帳簿組織是指記帳憑證、帳簿的種類和格式以及相互關係；記帳程序是指採用一定的記帳方法，從填製與審核會計憑證、登記帳簿，直到編製會計報表的順序和步驟。會計核算形式也稱為會計核算程序或帳務處理程序。

二、會計核算形式的意義

每個企業、事業單位的經營特點、規模大小和業務繁簡各不相同，所設置的會計憑證、帳簿的種類和格式以及它們之間的相互聯繫和登記順序也各不一樣。設計科學的、合理的會計核算形式，對於保證會計核算質量，提高會計核算工作效率，充分發揮會計在經濟管理中的作用，具有十分重要的意義。

（一）有利於提高會計核算工作的質量

採用適當的會計核算形式，可使日常會計核算按規定的程序有條不紊地進行，加強會計部門各個環節的互相配合和監督。具體來說，可以保證財務信息方便而迅速地形成，保證為經濟管理及時提供準確、完整、可靠、有用的財務信息，減少甚至避免失誤，從而提高會計核算的質量。

（二）有利於提高會計核算工作的效率

採用適當的會計核算形式，可以保證會計數據在整個處理過程的各個環節有條不紊

地進行，保證會計記錄正確、及時、完整，並迅速編製會計報表，可以使各項日常會計核算工作得到最佳的協調配合，減少不必要的核算環節和手續，避免繁瑣重複，節約人力和物力，從而提高會計核算工作的效率。

（三）有利於加強會計管理

採用適當的會計核算形式，無疑會提高會計核算工作的質量和效率，提高會計資料的有用性，從而對加強會計管理帶來積極影響。這主要表現在兩個方面：一方面，由於能夠正確及時地進行信息反饋，可以加強對企業經營活動及成果的預測、分析、決策與監督；另一方面，會計人員有更多的時間和精力深入實際調查研究，切實做好會計工作。

三、會計核算形式的種類

會計核算形式的種類主要如下：
（1）記帳憑證核算形式。
（2）科目匯總表核算形式。
（3）匯總記帳憑證核算形式。
（4）多欄式日記帳核算形式。
（5）日記總帳核算形式等。
一般來說，在選擇會計核算形式時，應注意以下幾點：
第一，要與本單位的實際情況相結合。
第二，要能夠滿足企業經營管理的需要。
第三，在保證工作質量的前提下盡量簡化核算手續。

第二節　記帳憑證核算形式

一、記帳憑證核算形式的特點

記帳憑證核算形式是會計核算形式中最基本的一種核算形式，其他各種核算形式都是在這一核算形式的基礎上發展而形成的。記帳憑證核算形式的基本特點是直接根據記帳憑證逐筆登記總分類帳。

在記帳憑證核算形式下，帳簿組織一般需要設置庫存現金日記帳、銀行存款日記帳、總分類帳和明細分類帳。庫存現金日記帳、銀行存款日記帳和總分類帳的格式，一般採用三欄式；明細分類帳可根據實際需要，分別採用三欄式、數量金額欄式或多欄式。記帳憑證可以採取一種通用記帳憑證格式，也可以採取收款、付款和轉帳三種不同格式的憑證。

二、記帳憑證核算形式的程序

記帳憑證核算形式的記帳程序如下：
（1）根據原始憑證或原始憑證匯總表填製記帳憑證（一種格式或三種格式）。
（2）根據收款憑證、付款憑證及所附原始憑證逐筆順序登記庫存現金日記帳和銀行存款日記帳。
（3）根據原始憑證（或原始憑證匯總表）及記帳憑證登記各種明細分類帳。
（4）根據各種記帳憑證逐筆登記總分類帳。
（5）按對帳的要求將總分類帳與日記帳、明細分類帳核對相符。
（6）期末，根據總分類帳和明細分類帳的記錄及其他有關資料編製會計報表。
以上記帳程序可用圖 11-1 表示。

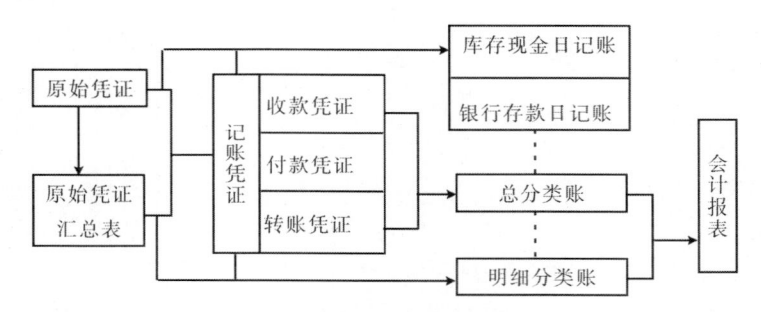

圖 11-1　記帳憑證核算形式的記帳程序

記帳憑證核算形式的優點是手續簡單，容易理解，同時總帳記錄詳細，便於查帳。不足之處是登記總帳的工作量較大。因此，這種方法適用於規模不大、經濟業務比較少且簡單的中小型企業。

三、記帳憑證核算形式舉例

（一）資料

運興實業公司 201A 年 6 月 30 日有關總帳帳戶期末餘額如表 11-1 所示。

表 11-1　　　　　　　　　運興實業公司帳戶餘額表　　　　　　單位：元
201A 年 6 月 30 日

帳戶名稱	借方餘額	帳戶名稱	貸方餘額
庫存現金	2,000	短期借款	100,000
銀行存款	160,000	應付票據	120,000
應收票據	150,000	應付帳款	250,000
應收帳款	230,000	其他應付款	58,000
預付帳款	1,600	應付職工薪酬	10,000

表11-1(續)

帳戶名稱	借方餘額	帳戶名稱	貸方餘額
其他應收款	100,000	應交稅費	5,000
原材料	200,000	應付利息	6,000
生產成本	120,000	長期借款	500,000
庫存商品	365,000	實收資本	2,000,000
固定資產	2,800,000	資本公積	170,000
		盈餘公積	200,000
		本年利潤	209,600
		累計折舊	500,000
合計	4,128,600	合計	4,128,600

201A年7月運興實業公司發生下列經濟業務：

（1）1日，購入機器一臺，價款50,000元，以銀行存款支付。

（2）2日，以現金預付採購員李安差旅費1,000元。

（3）3日，向興達公司購入甲材料20,000千克，每千克10元，材料增值稅稅率為17%，對方代墊運雜費3,000元，材料已驗收入庫，款暫欠。

（4）4日，以銀行存款支付廣告費10,000元。

（5）5日，向華盈公司購入乙材料8,000千克，每千克8元，材料增值稅稅率為17%，對方代墊運雜費2,000元，材料已驗收入庫，款暫欠。

（6）6日，以現金支付公司購買辦公用品費300元。

（7）7日，以銀行存款歸還所欠華盈公司貨款及代墊運雜費。

（8）8日，生產車間為製造A產品領用下列材料：甲材料5,000千克，單位成本10元；乙材料1,000千克，單位成本8元。

（9）9日，以銀行存款預付企業保險費15,000元。

（10）10日，向銀行借入短期借款300,000元，存入銀行。

（11）11日，以銀行存款繳納應交增值稅5,000元。

（12）12日，以銀行存款支付本月水電費10,000元，其中車間耗用7,000元，公司耗用3,000元。

（13）13日，採購員李安報銷差旅費900元，交回現金100元。

（14）14日，向銀行提取現金50,000元，準備發工資。

（15）15日，以現金50,000元支付本月職工工資。

（16）16日，銷售A產品2,000件，每件售價50元，另收增值稅17,000元，款項收存銀行。

（17）17日，向順興公司銷售A產品5,000件，每件售價50元，增值稅42,500元，

款項尚未收到。

（18）18日，收到順興公司貨款250,000元，增值稅42,500元，存入銀行。

（19）19日，以銀行存款支付本月產品銷售費用30,000元。

（20）20日，以銀行存款歸還前欠興達公司貨款150,000元。

（21）21日，以銀行存款歸還短期借款100,000元。

（22）22日，以銀行存款購買職工醫藥用品9,000元。

（23）23日，以銀行存款支付本月公司電話費6,000元。

（24）31日，結轉本月應付工資，其中生產工人工資35,000元，車間管理人員工資5,000元，公司管理人員工資10,000元。

（25）31日，按上述人員工資總額的14%計提職工福利費。

（26）31日，計提本月固定資產折舊費，其中生產車間用固定資產折舊15,000元，公司用固定資產折舊8,000元。

（27）31日，攤銷應由本月負擔的公司保險費用2,250元。

（28）31日，計提銀行借款利息2,000元。

（29）31日，將本月發生的製造費用轉入生產成本帳戶。

（30）31日，結轉本月完工產品的生產成本。本月生產A產品10,000件，製造成本245,600元，全部完工驗收入庫。

（31）31日，結轉本月銷售產品的生產成本187,900元。

（32）31日，按25%的企業所得稅稅率計算並結轉本月應交企業所得稅。

（33）31日，結清各成本、費用帳戶。

（34）31日，結清各收入帳戶。

（二）編製記帳憑證

根據前述資料，編製記帳憑證如表11-2至表11-8所示（為簡化起見，本例將部分記帳憑證作了適當合併）。

表11-2　　　　　　　　　　　收款憑證

借方科目：庫存現金　　　201A年7月13日　附件3張　　　　現收字第1號

摘要	貸方科目		記帳	金額						
	總帳科目	明細帳科目		十	萬	千	百	十	元	角	分
李安交回現金	其他應收款	李安					1	0	0	0	0
合　計							1	0	0	0	0

表 11-3　　　　　　　　　　　　　　　付款憑證
貸方科目：庫存現金　　　　　201A 年 7 月 2 日　附件 4 張　　　　現付字第 1 號

摘要	借方科目		記帳	金額							
	總帳科目	明細帳科目		十萬	千	百	十	元	角	分	
李安借差旅費	其他應收款	李安		1	0	0	0	0	0		
合　計				1	0	0	0	0	0		

表 11-4　　　　　　　　　　　　　　　轉帳憑證
　　　　　　　　　　　　　　　201A 年 7 月 3 日　　　　　　　　　轉字第 1 號

摘要	會計科目		記帳	金額		
	總帳科目	明細科目		借方金額	貸方金額	
				千百十萬千百十元角分	千百十萬千百十元角分	附件5張
購甲材料	原材料	甲材料		2 0 3 0 0 0 0 0		
	應交稅費	應交增值稅（進項稅額）		3 4 0 0 0 0 0		
	應付帳款	興達公司			2 3 7 0 0 0 0 0	
合　計				2 3 7 0 0 0 0 0	2 3 7 0 0 0 0 0	

會計主管　　　　　　記帳　　　　　復核　　　　　制證

表 11-5　　　　　　　　　　　　　　　收款憑證（合併）
借方科目：銀行存款

201A 年		憑證號數	摘要	貸方科目		記帳	金額
月	日			總帳科目	明細科目		
7	10	銀收 1	向銀行借款	短期借款			300,000
7	16	銀收 2	銷售產品	主營業務收入			100,000
				應交稅費	應交增值稅		17,000
7	18	銀收 3	收貨款	應收帳款	順興公司		292,500

表 11-6　　　　　　　　　　　　　　　付款憑證（合併）
貸方科目：銀行存款

201A 年		憑證號數	摘要	借方科目		記帳	金額
月	日			總帳科目	明細科目		
7	1	銀付 1	購機器一臺	固定資產	設備		50,000
7	4	銀付 2	支付廣告費	銷售費用			10,000
7	7	銀付 3	償還貨款	應付帳款	華盈公司		76,880
7	9	銀付 4	預付企業保險費	預付帳款			15,000
7	11	銀付 5	繳納增值稅	應交稅費	應交增值稅		5,000
7	12	銀付 6	付水電費	製造費用	水電費		7,000
				管理費用	水電費		3,000
7	14	銀付 7	現金備發工資	庫存現金			50,000
7	19	銀付 8	付銷售費用	銷售費用			30,000
7	20	銀付 9	支付貨款	應付帳款	興達公司		150,000
7	21	銀付 10	還借款	短期借款			100,000
7	22	銀付 11	購醫藥用品	應付職工薪酬			9,000
7	23	銀付 12	付電話費	管理費用	電話費		6,000

表 11-7　　　　　　　　　　　　　付款憑證 (合併)

貸方科目：庫存現金

201A 年		憑證號數	摘　要	借　方　科　目		記帳	金額
月	日			總帳科目	明細科目		
7	6	現付 2	付辦公費	管理費用	辦公費		300
7	15	現付 3	支付工資	應付職工薪酬			50,000

表 11-8　　　　　　　　　　　　　轉帳憑證 (合併)

201A 年		憑證號數	摘　要	帳戶名稱		記帳	借方金額	貸方金額
月	日			總帳科目	明細科目			
7	5	轉字 2	購乙材料	原材料	乙材料		66,000	
				應交稅費	應交增值稅		10,800	
				應付帳款	華盈公司			76,880
7	8	轉字 3	車間領用材料	生產成本	A 產品		58,000	
				原材料	甲材料			50,000
				原材料	乙材料			8,000
7	10	轉字 4	李安報差旅費	管理費用	差旅費		900	
				其他應收款	李安			900
7	17	轉字 5	銷售商品	應收帳款	順興公司		292,500	
				主營業務收入				250,000
				應交稅費	應交增值稅			42,500
7	31	轉字 6	結轉工資	生產成本	A 產品		35,000	
				製造費用	工資		5,000	
				管理費用	工資		10,000	
				應付職工薪酬				50,000
7	31	轉字 7	計提職工福利費	生產成本	A 產品		4,900	
				製造費用	工資		700	
				管理費用	工資		1,400	
				應付職工薪酬				7,000
7	31	轉字 8	計提折舊	製造費用	折舊		15,000	
				管理費用	折舊		8,000	
				累計折舊				23,000
7	31	轉字 9	攤銷費用	管理費用			2,250	
				預付帳款				2,250
7	31	轉字 10	預提利息	財務費用			2,000	
				應付利息				2,000

表11-8(續)

201A年		憑證號數	摘要	帳戶名稱		記帳	借方金額	貸方金額
月	日			總帳科目	明細科目			
7	31	轉字 11	結轉製造費用	生產成本	A產品		27,700	
				製造費用				27,700
7	31	轉字 12	結轉完工產品成本	庫存商品	A產品		245,600	
				生產成本	A產品			245,600
7	31	轉字 13	結轉本月銷售成本	主營業務成本			187,900	
				庫存商品	A產品			187,900
7	31	轉字 14	計算所得稅	所得稅費用			22,062.50	
				應交稅費	應交所得稅			22,062.50
7	31	轉字 15	結轉成本費用	本年利潤			283,812.50	
				主營業務成本				187,900
				銷售費用				40,000
				管理費用				31,850
				財務費用				2,000
				所得稅費用				22,062.50
7	31	轉字 16	結轉收入	主營業務收入			350,000	
				本年利潤				350,000

(三) 登記日記帳

根據以上收款憑證、付款憑證及原始憑證,逐筆登記庫存現金日記帳、銀行存款日記帳,如表11-9、表11-10所示。

表 11-9　　　　　　　　　　　　　　現金日記帳

第　頁

201A年		憑證號數	摘要	借方	貸方	借或貸	餘額
月	日						
7	1		月初餘額			借	2,000
	2	現付1號	李安借差旅費		1,000	借	1,000
	6	現付2號	付辦公費		300	借	700
	13	現收1號	李安交回現金	100		借	800
	14	銀付7號	提現備發工資	50,000		借	50,800
	15	現付3號	支付工資		50,000	借	800
7	31		本月合計	50,100	51,300	借	800

表 11-10　　　　　　　　　　　銀行存款日記帳

第　　頁

201A 年		憑證號數	摘　要	借方	貸方	借或貸	餘額
月	日						
7	1		月初餘額			借	160,000
	1	銀付1號	購機器一臺		50,000	借	110,000
	4	銀付2號	支付廣告費		10,000	借	100,000
	7	銀付3號	償還貨款		76,880	借	23,120
	9	銀付4號	預付企業保險費		15,000	借	8,120
	10	銀收1號	向銀行借款	300,000		借	308,120
	11	銀付5號	繳納增值稅		5,000	借	303,120
	12	銀付6號	支付水電費		10,000	借	293,120
	14	銀付7號	提現備發工資		50,000	借	243,120
	16	銀收2號	銷售產品	117,000		借	360,120
	18	銀收3號	收貨款	292,500		借	652,620
	19	銀付8號	付銷售費用		30,000	借	622,620
	20	銀付9號	支付貨款		150,000	借	472,620
	21	銀付10號	還借款		100,000	借	372,620
	22	銀付11號	購醫藥用品		9,000	借	363,620
	23	銀付12號	付電話費		6,000	借	357,620
7	31		本月合計	709,500	511,880	借	357,620

（四）登記明細分類帳

根據原始憑證、原始憑證匯總表及各種記帳憑證，登記各種明細分類帳，如表11-11至表11-14所示（為簡化舉例，只登記原材料明細分類帳和應付帳款明細分類帳，其他從略）。

表 11-11　　　　　　　　　　　原材料明細分類帳

材料名稱：甲材料　　　　　　　　　　　　　　　　　　　計量單位：千克

201A 年		憑證號數	摘要	收　入			發　出			結　存		
月	日			數量	單價	金額	數量	單價	金額	數量	單價	金額
7	1		月初餘額							15,000	10	150,000
	3	轉1	購料	20,000	10.15	203,000				35,000		
	8	轉3	領料				5,000	10	50,000	30,000		
7	31		本月合計	20,000	10.15	203,000	5,000	10	50,000	30,000	10.1	303,000

表 11-12　　　　　　　　　　　　　原材料明細分類帳

材料名稱：乙材料　　　　　　　　　　　　　　　　　　　　　　　　計量單位：千克

201A 年		憑證號數	摘要	收入			發出			結存		
月	日			數量	單價	金額	數量	單價	金額	數量	單價	金額
7	1		月初餘額							6,250	8	50,000
	5	轉2	購料	8,000	8.25	66,000				14,250		
	8	轉3	領料				1,000	8	8,000	13,250		
7	31		本月合計	8,000	8.25	66,000	1,000	8	8,000	13,250	8.15	108,000

表 11-13　　　　　　　　　　　　　應付帳款明細分類帳

客戶名稱：興達公司　　　　　　　　　　　　　　　　　　　　　　　　第　　頁

201A 年		憑證號數	摘要	借方	貸方	借或貸	餘額
月	日						
7	1		月初餘額			貸	150,000
	3	轉1	購甲材料		237,000	貸	387,000
	20	銀付9	償付貨款	150,000		貸	237,000
7	31		本月合計	150,000	237,000	貸	237,000

表 11-14　　　　　　　　　　　　　應付帳款明細分類帳

客戶名稱：華盈公司　　　　　　　　　　　　　　　　　　　　　　　　第　　頁

201A 年		憑證號數	摘要	借方	貸方	借或貸	餘額
月	日						
7	1		月初餘額			貸	100,000
	5	轉2	購乙材料		76,880	貸	176,880
	7	銀付3	償付貨款	76,880		貸	100,000
7	31		本月合計	76,880	76,880	貸	100,000

（五）登記總分類帳

根據記帳憑證逐筆登記總分類帳，如表 11-15 至表 11-44 所示。

表 11-15　　　　　　　　　　　總　帳

帳戶名稱：庫存現金

201A 年		憑證號數	摘　要	借方	貸方	借或貸	餘　額
月	日						
7	1		月初餘額			借	2,000
	2	現付 1	李安借差旅費		1,000	借	1,000
	6	現付 2	付辦公費		300	借	700
	13	現收 1	李安交回現金	100		借	800
	14	銀付 7	提現備發工資	50,000		借	50,800
	15	現付 3	支付工資		50,000	借	800
7	31		本月合計	50,100	51,300	借	800

表 11-16　　　　　　　　　　　總　帳

帳戶名稱：銀行存款

201A 年		憑證號數	摘　要	借方	貸方	借或貸	餘　額
月	日						
7	1		月初餘額			借	160,000
	1	銀付 1 號	購機器一臺		50,000	借	110,000
	4	銀付 2 號	支付廣告費		10,000	借	100,000
	7	銀付 3 號	償還貨款		76,880	借	23,120
	9	銀付 4 號	預付企業保險費		15,000	借	8,120
	10	銀收 1 號	向銀行借款	300,000		借	308,120
	11	銀付 5 號	繳納增值稅		5,000	借	303,120
	12	銀付 6 號	支付水電費		10,000	借	293,120
	14	銀付 7 號	提現備發工資		50,000	借	243,120
	16	銀收 2 號	銷售產品	117,000		借	360,120
	18	銀收 3 號	收貨款	292,500		借	652,620
	19	銀付 8 號	付銷售費用		30,000	借	622,620
	20	銀付 9 號	支付貨款		150,000	借	472,620
	21	銀付 10 號	還借款		100,000	借	372,620
	22	銀付 11 號	購醫藥用品		9,000	借	363,620
	23	銀付 12 號	付電話費		6,000	借	357,620
7	31		本月合計	709,500	511,880	借	357,620

表 11-17　　　　　　　　　　　總　帳

帳戶名稱：應收票據

201A 年		憑證號數	摘　要	借方	貸方	借或貸	餘　額
月	日						
7	1		月初餘額			借	150,000
7	31		本月合計			借	150,000

表 11-18　　　　　　　　　　　總　帳

帳戶名稱：應收帳款

201A 年		憑證號數	摘　要	借方	貸方	借或貸	餘　額
月	日						
7	1		月初餘額			借	230,000
	17	轉 5	銷售商品	292,500		借	522,500
	18	銀收 3	收貨款		292,500	借	230,000
7	31		本月合計	292,500	292,500	借	230,000

表 11-19　　　　　　　　　　　總　帳

帳戶名稱：其他應收款

201A 年		憑證號數	摘　要	借方	貸方	借或貸	餘　額
月	日						
7	1		月初餘額			借	100,000
	2	現付 1	李安借差旅費	1,000		借	101,000
	13	現收 1	李安交回現金		100	借	100,900
	13	轉字 4	李安報差旅費		900	借	100,000
7	31		本月合計	1,000	1,000	借	100,000

表 11-20　　　　　　　　　　　　總　帳

帳戶名稱：原材料

201A年		憑證號數	摘　要	借方	貸方	借或貸	餘　額
月	日						
7	1		月初餘額			借	200,000
	3	轉1	購甲材料	203,000		借	403,000
	5	轉2	購乙材料	66,000		借	469,000
	8	轉3	車間領用材料		58,000	借	411,000
7	31		本月合計	269,000	58,000	借	411,000

表 11-21　　　　　　　　　　　　總　帳

帳戶名稱：生產成本

201A年		憑證號數	摘　要	借方	貸方	借或貸	餘　額
月	日						
7	1		月初餘額			借	120,000
	8	轉3	領用材料	58,000		借	178,000
	31	轉6	結轉工資	35,000		借	213,000
	31	轉7	計提職工福利費	4,900		借	217,900
	31	轉11	結轉製造費用	27,700		借	245,600
	31	轉12	結轉完工產品生產成本		245,600	平	0
7	31		本月合計	125,600	245,600	平	0

表 11-22　　　　　　　　　　　　總　帳

帳戶名稱：庫存商品

201A年		憑證號數	摘　要	借方	貸方	借或貸	餘　額
月	日						
7	1		月初餘額			借	365,000
	31	轉12	結轉完工產品生產成本	245,600		借	610,600
	31	轉13	結轉本月銷售成本		187,900	借	422,700
7	31		本月合計	245,600	187,900	借	422,700

表 11-23　　　　　　　　　　　　總　帳

帳戶名稱：預付帳款

201A 年		憑證號數	摘　要	借方	貸方	借或貸	餘　額
月	日						
7	1		月初餘額			借	1,600
	9	銀付4	預付企業保險費	15,000		借	16,600
	31	轉9	攤銷費用		2,250	借	14,350
7	31		本月合計	15,000	2,250	借	14,350

表 11-24　　　　　　　　　　　　總　帳

帳戶名稱：固定資產

201A 年		憑證號數	摘　要	借方	貸方	借或貸	餘　額
月	日						
7	1		月初餘額			借	2,800,000
	1	銀付1	購機器一臺	50,000		借	2,850,000
7	31		本月合計	50,000	0	借	2,850,000

表 11-25　　　　　　　　　　　　總　帳

帳戶名稱：短期借款

201A 年		憑證號數	摘　要	借方	貸方	借或貸	餘　額
月	日						
7	1		月初餘額			貸	100,000
	10	銀收1	向銀行借款		300,000	貸	400,000
	21	銀付10	還借款	100,000		貸	300,000
7	31		本月合計	100,000	300,000	貸	300,000

表 11-26　　　　　　　　　　　總　　帳

帳戶名稱：應付票據

201A 年		憑證號數	摘　要	借方	貸方	借或貸	餘　額
月	日						
7	1		月初餘額			貸	120,0000
7	31		本月合計			貸	120,000

表 11-27　　　　　　　　　　　總　　帳

帳戶名稱：應付帳款

201A 年		憑證號數	摘　要	借方	貸方	借或貸	餘　額
月	日						
7	1		月初餘額			貸	250,000
	3	轉字 1	購材料		237,000	貸	487,000
	5	轉字 2	購材料		76,880	貸	563,880
	7	銀付 3	償還貨款	76,880		貸	487,000
	20	銀付 9	償還貨款	150,000		貸	337,000
7	31		本月合計	226,880	313,880	貸	337,000

表 11-28　　　　　　　　　　　總　　帳

帳戶名稱：其他應付款

201A 年		憑證號數	摘　要	借方	貸方	借或貸	餘　額
月	日						
7	1		月初餘額			貸	58,000
7	31		本月合計			貸	58,000

表 11-29　　　　　　　　　　　　　總　帳

帳戶名稱：應付職工薪酬

201A 年		憑證號數	摘　　要	借方	貸方	借或貸	餘　額
月	日						
7	1		月初餘額			貸	10,000
7	1	現付 3	支付工資	50,000		借	40,000
	22	銀付 11	購醫藥用品	9,000		借	49,000
	31	轉字 6	結轉工資		50,000	貸	1,000
	31	轉字 7	計提福利費		7,000	貸	8,000
	31		本月合計	59,000	57,000	貸	8,000

表 11-30　　　　　　　　　　　　　總　帳

帳戶名稱：應交稅費

201A 年		憑證號數	摘　　要	借方	貸方	借或貸	餘　額
月	日						
7	1		月初餘額			貸	5,000
	3	轉字 1	購買材料	34,000		借	29,000
	5	轉字 2	購買材料	10,880		借	39,880
	11	銀付 5	繳納增值稅	5,000		借	44,880
	16	銀收 2	銷售商品		17,000	借	27,880
	17	轉字 5	銷售商品		42,500	貸	14,620
	31	轉字 14	應交所得稅		22,062.5	貸	36,682.5
7	31		本月合計	49,880	36,682.5	貸	36,682.5

表 11-31　　　　　　　　　　　　　總　帳

帳戶名稱：應付利息

201A 年		憑證號數	摘　　要	借方	貸方	借或貸	餘　額
月	日						
7	1		月初餘額			貸	6,000
	31	轉字 10	預提利息費用		2,000	貸	8,000
7	31		本月合計	0	2,000	貸	8,000

表 11-32   總　　帳

帳戶名稱：長期借款

201A 年		憑證號數	摘　　要	借方	貸方	借或貸	餘　額
月	日						
7	1		月初餘額			貸	500,000
7	31		本月合計			貸	500,000

表 11-33   總　　帳

帳戶名稱：實收資本

201A 年		憑證號數	摘　　要	借方	貸方	借或貸	餘　額
月	日						
7	1		月初餘額			貸	2,000,000
7	31		本月合計			貸	2,000,000

表 11-34   總　　帳

帳戶名稱：資本公積

201A 年		憑證號數	摘　　要	借方	貸方	借或貸	餘　額
月	日						
7	1		月初餘額			貸	170,000
7	31		本月合計			貸	170,000

表 11-35   總　　帳

帳戶名稱：盈餘公積

201A 年		憑證號數	摘　　要	借方	貸方	借或貸	餘　額
月	日						
7	1		月初餘額			貸	200,000
7	31		本月合計			貸	200,000

表 11-36　　　　　　　　　　　　總　帳

帳戶名稱：本年利潤

201A 年		憑證號數	摘　要	借方	貸方	借或貸	餘　額
月	日						
7	1		月初餘額			貸	209,600
	31	轉 15	結轉成本、費用	283,812.50		借	74,212.50
	31	轉 16	結轉收入		350,000	貸	275,787.50
7	31		本月合計	283,812.50	350,000	貸	275,787.50

表 11-37　　　　　　　　　　　　總　帳

帳戶名稱：累計折舊

201A 年		憑證號數	摘　要	借方	貸方	借或貸	餘　額
月	日						
7	1		月初餘額			貸	500,000
	31	轉字 8	計提折舊		23,000	貸	523,000
7	31		本月合計	0	23,000	貸	523,000

表 11-38　　　　　　　　　　　　總　帳

帳戶名稱：主營業務收入

201A 年		憑證號數	摘　要	借方	貸方	借或貸	餘　額
月	日						
7	16	銀收 2	銷售產品		100,000	貸	100,000
	17	轉 5	銷售產品		250,000	貸	350,000
	31	轉 16	結轉	350,000		平	0
7	31		本月合計	350,000	350,000	平	0

表 11-39　　　　　　　　　　　總　帳

帳戶名稱：主營業務成本

201A 年		憑證號數	摘　要	借方	貸方	借或貸	餘　額
月	日						
7	31	轉 13	結轉本月銷售成本	187,900		借	187,900
	31	轉 15	結轉成本		187,900	平	0
7	31		本月合計	187,900	187,900	平	0

表 11-40　　　　　　　　　　　總　帳

帳戶名稱：銷售費用

201A 年		憑證號數	摘　要	借方	貸方	借或貸	餘　額
月	日						
7	4	銀付 2	廣告費	10,000		借	10,000
	19	銀付 8	支付費用	30,000		借	40,000
	31	轉 15	結轉費用		40,000	平	0
7	31		本月合計	40,000	40,000	平	0

表 11-41　　　　　　　　　　　總　帳

帳戶名稱：製造費用

201A 年		憑證號數	摘　要	借方	貸方	借或貸	餘　額
月	日						
7	12	銀付 6	水電費	7,000		借	7,000
	31	轉 6	工資	5,000		借	12,000
	31	轉 7	職工福利費	700		借	12,700
	31	轉 8	折舊費	15,000		借	27,700
	31	轉 11	結轉製造費用		27,700	平	0
7	31		本月合計	27,700	27,700	平	0

表 11-42　　　　　　　　　　　總　帳

帳戶名稱：管理費用

201A 年		憑證號數	摘　要	借方	貸方	借或貸	餘　額
月	日						
7	6	現付 2	付辦公費	300		借	300
	10	銀付 6	水電費	3,000		借	3,000
	10	轉 4	差旅費	900		借	4,200
	25	銀付 12	電話費	6,000		借	10,200
	31	轉 6	工資	10,000		借	20,200
	31	轉 7	福利費	1,400		借	21,600
	31	轉 8	折舊費	8,000		借	29,600
	31	轉 9	費用攤銷	2,250		借	31,850
	31	轉 15	結轉費用		31,850	平	0
7	31		本月合計	31,850	31,850	平	0

表 11-43　　　　　　　　　　　總　帳

帳戶名稱：財務費用

201A 年		憑證號數	摘　要	借方	貸方	借或貸	餘　額
月	日						
7	31	轉 10	預提利息	2,000		借	2,000
	31	轉 15	結轉費用		2,000	平	0
7	31		本月合計	2,000	2,000	平	0

表 11-44　　　　　　　　　　　總　帳

帳戶名稱：所得稅費用

201A 年		憑證號數	摘　要	借方	貸方	借或貸	餘　額
月	日						
7	31	轉 14	計算所得稅	22,062.50		借	22,062.50
	31	轉 15	結轉費用		22,062.50	平	0
7	31		本月合計	22,062.50	22,062.50	平	0

(六) 編製會計報表

根據以上帳簿記錄，經核對無誤后，編製運興實業公司 7 月份的資產負債表、損益表，如表 11-45、表 11-46 所示。

表 11-45　　　　　　　　　　　　　　**資產負債表**

編製單位：運興實業公司　　　　201A 年 7 月 31 日　　　　　　　　單位：元

資產	年初數	期末數	負債與所有者權益	年初數	期末數
流動資產：	（略）		流動負債：	（略）	
貨幣資金		358,420	短期借款		300,000
應收票據		150,000	應付票據		120,000
預付帳款		14,350	應付帳款		337,000
應收帳款		230,000	其他應付款		58,000
其他應收款		100,000	應付職工薪酬		8,000
存貨		833,700	應交稅費		36,682.50
固定資產：			應付利息		8,000
固定資產原價		2,850,000	長期借款		500,000
減：累計折舊		523,000	所有者權益：		
固定資產淨值		2,327,000	實收資本		2,000,000
			資本公積		170,000
			盈餘公積		200,000
			未分配利潤		275,787.50
資產總計		4,013,470	負債與所有者權益總計		4,013,470

表 11-46　　　　　　　　　　　　損益表

編製單位：運興實業公司　　　　　201A 年 7 月份　　　　　　　　　　單位：元

項目	本月數	本年累計數
一、主營業務收入	350,000	（略）
減：主營業務成本	187,900	
稅金及附加		
管理費用	31,850	
銷售費用	40,000	
財務費用	2,000	
二、營業利潤	88,250	
加：營業外收入		
減：營業外支出		
四、利潤總額	88,250	
減：所得稅費用	22,062.50	
五、淨利潤	66,187.50	

第三節　科目匯總表核算形式

一、科目匯總表核算形式的特點

　　科目匯總表核算形式又稱記帳憑證匯總表核算形式，是指定期根據記帳憑證編製科目匯總表，然后根據科目匯總表登記總帳的會計核算形式。科目匯總表核算形式的主要特點是根據定期編製的科目匯總表登記總帳。

　　採用這種核算形式，其帳簿組織與記帳憑證核算形式基本相同，也是要設置庫存現金日記帳、銀行存款日記帳、總分類帳和明細分類帳。庫存現金日記帳、銀行存款日記帳和總分類帳採用三欄式，明細分類帳根據實際需要，可分別採用三欄式、數量金額欄式或多欄式。記帳憑證可以採取一種通用記帳憑證格式，也可以採取收款、付款和轉帳三種不同格式的憑證。為了定期對記帳憑證進行匯總，還應該設置科目匯總表。

二、科目匯總表核算形式的記帳程序

科目匯總表核算形式的記帳程序如下：
（1）根據原始憑證或原始憑證匯總表填製記帳憑證（一種格式或三種格式）。
（2）根據收款憑證、付款憑證及所附原始憑證逐筆順序登記庫存現金日記帳和銀行存款日記帳。
（3）根據原始憑證（或原始憑證匯總表）及記帳憑證登記各種明細分類帳。
（4）定期根據記帳憑證編製科目匯總表，並據以登記總分類帳。
（5）按對帳的要求將總分類帳與日記帳、明細分類帳核對相符。
（6）期末根據總分類帳和明細分類帳的記錄及其他有關資料編製會計報表。
以上記帳程序可用圖 11-2 表示。

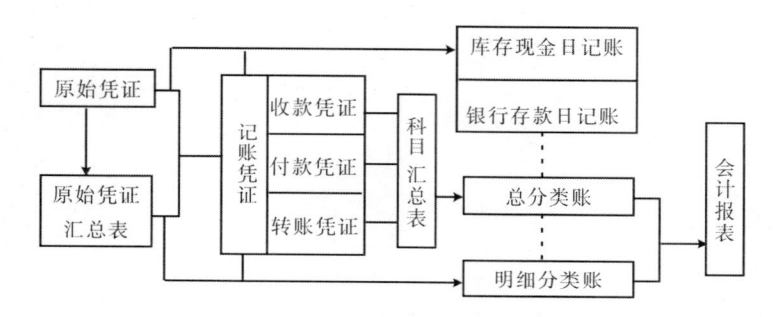

圖 11-2　科目匯總表核算形式的記帳程序

實務中，科目匯總表的編製一般是根據一定期間內的所有記帳憑證，設置工作底稿，按照相同的會計科目匯總出每一個會計科目的本期借方發生合計數和貸方發生合計數，然后填入科目匯總表的相應欄內。工作底稿可用 T 形帳戶代替。對於現金和銀行存款科目的本期借貸方發生合計數，也可直接根據現金和銀行存款日記帳的借貸發生合計數填列，而不用再根據收款憑證和付款憑證進行匯總。科目匯總表可以每月匯總一次，編製一張，也可以按旬匯總，每旬編製一張。

三、科目匯總表核算形式舉例

現仍以運興實業公司為例，說明科目匯總表的編製方法，以及總分類帳的登記方法。
（一）編製科目匯總表
根據運興實業公司 201A 年 7 月份的記帳憑證（見表 11-2 至表 11-8），編製「科目匯總表」，如表 11-47 所示。

表 11-47　　　　　　　　　　　　**科目匯總表**
201A 年 7 月 1 日—7 月 31 日

編號：匯 7 號

會計科目	過帳	本期發生額 借方	本期發生額 貸方
庫存現金		50,100	51,300
銀行存款		709,500	511,880
應收帳款		292,500	292,500
其他應收款		1,000	1,000
原材料		269,000	58,000
生產成本		125,600	245,600
製造費用		27,700	27,700
庫存商品		245,600	187,900
預付帳款		15,000	2,250
固定資產		50,000	
累計折舊			23,000
短期借款		100,000	300,000
應付帳款		226,880	313,880
應付職工薪酬		59,000	57,000
應交稅費		49,880	81,562.50
本年利潤		283,812.50	350,000
主營業務收入		350,000	350,000
主營業務成本		187,900	187,900
銷售費用		4,000	4,000
應付利息			2,000
管理費用		31,850	31,850
財務費用		2,000	2,000
所得稅費用		22,062.50	22,062.50
合計		3,103,385	3,103,385

（二）根據「科目匯總表」登記總分類帳

下面以「銀行存款」帳戶為例，說明總分類帳的登記方法，如表 11-48 所示（其餘從略）。

表 11-48　　　　　　　　　　　　總　　帳

帳戶名稱：銀行存款

201A 年		憑證號數	摘　　要	借方	貸方	餘　額
月	日					
7	1		月初餘額			160,000
7	31	匯 7 號	本月匯總登帳	709,500	511,880	357,620
	31		本月合計	709,500	511,880	357,620

　　採用科目匯總表核算形式，可以把大量的記帳憑證先行歸類匯總再記總帳，從而大大減少了總帳登記的工作量，並可進行本期發生額試算平衡，便於及時發現記帳中的差錯。這是這種會計核算形式的優點。特別是在實行會計電算化的企業，這種核算形式的優點更為突出。該種核算形式的不足之處在於科目匯總表和總帳上都無法反應帳戶間的對應關係，總帳上也無法填寫經濟業務的內容摘要，因而經濟業務的來龍去脈不太清楚。該種核算形式一般適用於經濟業務發生頻繁但又不很複雜的大中型企業、事業單位。

第四節　匯總記帳憑證核算形式

一、匯總記帳憑證核算形式的特點

　　匯總記帳憑證核算形式是指先根據記帳憑證編製匯總記帳憑證，然后根據匯總記帳憑證登記總帳的核算形式。匯總記帳憑證核算形式的基本特點是定期將所有記帳憑證匯總編製成匯總記帳憑證，並據以登記總分類帳。

　　在匯總記帳憑證核算形式下，其帳簿設置與科目匯總表核算形式相同。記帳憑證一般採用收款、付款和轉帳三種格式。為了定期對記帳憑證進行匯總，還需要設置匯總收款憑證、匯總付款憑證和匯總轉帳憑證。各種匯總記帳憑證的格式如表 11-49、表 11-50、表 11-51 所示。

二、匯總記帳憑證核算形式的記帳程序

　　匯總記帳憑證核算形式的記帳程序如下：

　　（1）根據原始憑證或原始憑證匯總表填製記帳憑證。

　　（2）根據收款憑證、付款憑證及所附原始憑證逐筆順序登記庫存現金日記帳和銀行存款日記帳。

　　（3）根據原始憑證（或原始憑證匯總表）及記帳憑證登記各種明細分類帳。

（4）根據收款憑證、付款憑證、轉帳憑證定期編製匯總記帳憑證，月末根據各種匯總記帳憑證登記總分類帳。

（5）按對帳的要求將總分類帳與日記帳、明細分類帳核對相符。

（6）期末根據總分類帳和明細分類帳的記錄及其他有關資料編製會計報表。

以上記帳程序可用圖 11-3 表示。

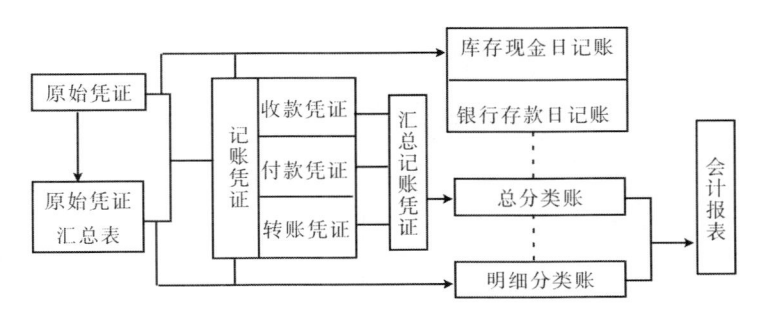

圖 11-3　匯總記帳憑證核算形式的記帳程序

三、匯總記帳憑證的編製及登帳方法

匯總記帳憑證的編製及登帳方法如下：

（一）匯總收款憑證

按照現金和銀行存款帳戶的借方分別設置，根據收款憑證按相同的貸方帳戶進行歸類匯總。月終時結算出匯總收款憑證的合計數，據以分別記入現金、銀行存款帳戶的借方以及各個對應帳戶的貸方。

（二）匯總付款憑證

按照現金和銀行存款帳戶的貸方分別設置，根據付款憑證按相同的借方帳戶進行歸類匯總。月終時結算出匯總付款憑證的合計數，據以分別記入現金、銀行存款帳戶的貸方以及各個對應帳戶的借方。

（三）匯總轉帳憑證

一般是按照每一貸方帳戶分別設置，根據轉帳憑證按相同的借方帳戶進行歸類匯總。月終時結算出匯總轉帳憑證的合計數，據以分別記入總分類帳戶中有關帳戶的借方和貸方。為了便於編製匯總轉帳憑證，平時在編製轉帳憑證時，只能是一個貸方帳戶同一個借方帳戶相對應，或者是一個貸方帳戶同幾個借方帳戶相對應（即一貸一借或一貸多借）。

以前述運興實業公司為例，可編製其匯總記帳憑證（部分），如表 11-49 至表 11-51 所示。

表 11-49　　　　　　　　　　　　**匯總收款憑證**
　　　　　　　　　　　　　　　　201A 年 7 月 31 日

借方帳戶：銀行存款　　　　　收款憑證 4 張　　　　　　　　編號：匯收字 1 號

貸方帳戶	金額	過帳
短期借款	300,000	
主營業務收入	100,000	
應交稅費	17,000	
應收帳款	292,500	
合計	709,500	

表 11-50　　　　　　　　　　　　**匯總付款憑證**
　　　　　　　　　　　　　　　　201A 年 7 月 31 日

貸方帳戶：銀行存款　　　　　付款憑證 12 張　　　　　　　編號：匯付字 1 號

借方帳戶	金額	過帳
固定資產	50,000	
應付帳款	226,880	
預付帳款	15,000	
應交稅費	5,000	
製造費用	7,000	
管理費用	9,000	
庫存現金	50,000	
銷售費用	40,000	
短期借款	100,000	
應付職工薪酬	9,000	
合計	511,880	

表 11-51　　　　　　　　　　　　**匯總轉帳憑證**
　　　　　　　　　　　　　　　　201A 年 7 月 31 日

貸方帳戶：應付職工薪酬　　　轉帳憑證 3 張　　　　　　　　編號：匯轉字 2 號

借方帳戶	金額	過帳
生產成本	35,000	
製造費用	5,000	
管理費用	10,000	
合計	50,000	

採用匯總記帳憑證核算形式,其優點是簡化了總分類帳的登記工作,並且能保持帳戶的對應關係。缺點是編製匯總記帳憑證的工作比較麻煩,尤其是在某一貸方帳戶月內發生業務不多時,編製匯總記帳憑證意義不大。此時,也可不編製匯總憑證,而直接根據記帳憑證登記總帳。這種核算形式一般適用於規模較大、經濟業務較多的大中型企業單位。

第五節 多欄式日記帳核算形式

一、多欄式日記帳核算形式的特點

多欄式日記帳核算形式的主要特點是根據收款憑證和付款憑證逐筆登記多欄式現金和銀行存款日記帳,並根據它們匯總的數字登記總分類帳,從而簡化收、付款業務的總帳登記工作。對於轉帳業務,可以根據轉帳憑證逐筆登記總分類帳,也可以根據轉帳憑證編製匯總轉帳憑證,再據以登記總帳。

在這種核算形式下,其帳簿組織與匯總記帳憑證核算形式基本相同,只是日記帳為多欄式,並且分別按「現金收入日記帳」「現金支出日記帳」「銀行存款收入日記帳」「銀行存款支出日記帳」設置。「現金收入日記帳」和「現金支出日記帳」的格式如表11-52、表11-53所示(銀行存款日記帳的格式相同)。

表 11-52　　　　　　　　　　現金收入日記帳

201A 年		憑證號數	摘要	貸方帳戶			收入合計	支出合計	餘額
月	日			其他應收款	銀行存款	……			
7	1		月初餘額						2,000
	6		轉記					1,300	700
	13	現收 1	李安交回	100			100		800
	14	銀付 7	提現備發工資		50,000		50,000		50,800
	15		轉記					50,000	800
7	31		本月合計	100	50,000		50,100	51,300	800

表 11-53　　　　　　　　　　現金支出日記帳

201A 年		憑證號數	摘要	借方帳戶				支出合計
月	日			其他應收款	管理費用	應付職工薪酬	……	
7	2	現付 1	李安借差旅費	1,000				1,000
	6	現付 2	付辦公費		300			300
	15	現付 3	支付工資			50,000		50,000
7	31		本月合計	1,000	300	50,000		51,300

二、多欄式日記帳核算形式的記帳程序

多欄式日記帳核算形式的記帳程序如下：
（1）根據原始憑證或原始憑證匯總表填製記帳憑證。
（2）根據收款憑證、付款憑證及所附原始憑證逐筆順序登記多欄式庫存現金日記帳和多欄式銀行存款日記帳。
（3）根據原始憑證（或原始憑證匯總表）及記帳憑證登記各種明細分類帳。
（4）月末根據多欄式庫存現金日記帳和多欄式銀行存款日記帳及轉帳憑證（或匯總轉帳憑證）登記總分類帳。
（5）按對帳的要求將總分類帳與日記帳、明細分類帳核對相符。
（6）根據總分類帳和明細分類帳的記錄及其他有關資料編製會計報表。
以上記帳程序可用圖 11-4 表示。

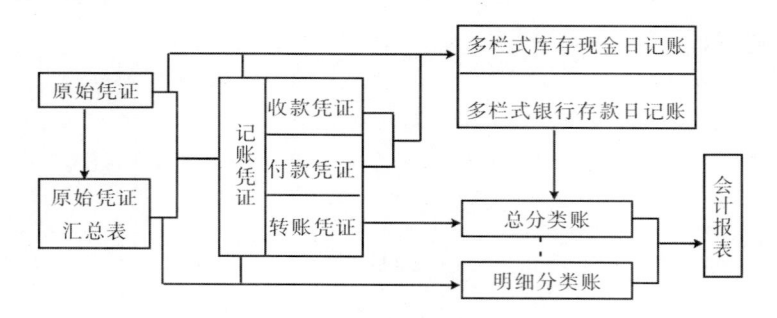

圖 11-4　多欄式日記帳核算形式的記帳程序

在這種核算形式下，由於庫存現金日記帳、銀行存款日記帳都按其對應帳戶設置專欄，具備了現金、銀行存款收付款憑證匯總表的作用，在月終就可以直接根據這些日記帳的本月收付發生額和各對應帳戶的發生額登記總分類帳。登記時，應根據多欄式日記帳收入合計欄的本月發生額，記入總分類帳現金、銀行存款帳戶的借方，根據貸方欄下各專欄的對應帳戶的本月發生額，記入總分類帳各有關帳戶的貸方；同時，根據多欄式日記帳付出合計欄的本月發生額，記入總分類帳現金、銀行存款帳戶的貸方，根據借方欄下各專欄的對應帳戶的本月發生額，記入總分類帳各有關帳戶的借方。對於現金和銀行存款之間的相互劃轉，因為已分別包括在有關日記帳的收入和付出合計欄的本月發生額之內，所以不需要再根據有關的對應帳戶專欄的合計數登記總分類帳，以免重複。對於轉帳業務，則根據轉帳憑證或轉帳憑證匯總表逐筆登記總分類帳。

多欄式日記帳核算形式的主要優點是，收款憑證和付款憑證通過多欄式日記帳進行匯總，然后據以登記總分類帳，這就簡化了總分類帳的記帳工作，同時便於加強對貨幣資金收支的內部控制。但是多欄式日記帳帳頁較長，不便於登記和查閱。這種核算形式一般適用於規模不大，收款業務和付款業務較多的單位。

第六節　日記總帳核算形式

一、日記總帳核算形式的特點

日記總帳核算形式又稱序時總帳核算形式，是指根據記帳憑證直接登記日記總帳的一種會計核算形式。這種核算形式的主要特點是設置日記總帳，所有的經濟業務都要根據記帳憑證直接登記日記總帳。

採用這種核算形式，其記帳憑證的設置沒有特殊要求。帳簿除要設置庫存現金日記帳、銀行存款日記帳和明細分類帳外，還要設置日記總帳。日記總帳是日記帳兼分類帳的聯合帳簿，其格式如表 11-54 所示。

表 11-54　　　　　　　　　　　　　日記總帳
　　　　　　　　　　　　　　　年　　月　　日　　　　　　　　　　　　　第　　頁

| 201A 年 | 憑證 | 摘要 | 庫存現金 || 銀行存款 || 應收帳款 || …… || 合計 ||
月	日	號數		借	貸	借	貸	借	貸	借	貸	借	貸

二、日記總帳核算形式的記帳程序

日記總帳核算形式的記帳程序如下：
（1）根據原始憑證或原始憑證匯總表填製記帳憑證。
（2）根據收款憑證、付款憑證及所附原始憑證逐筆順序登記庫存現金日記帳和銀行存款日記帳。
（3）根據原始憑證（或原始憑證匯總表）及記帳憑證登記各種明細分類帳。
（4）定期根據各種記帳憑證登記日記總帳。

（5）按對帳的要求將日記總帳與日記帳、明細分類帳核對相符。
（6）期末根據日記總帳和明細分類帳的記錄及其他有關資料編製會計報表。
以上記帳程序可用圖 11-5 表示。

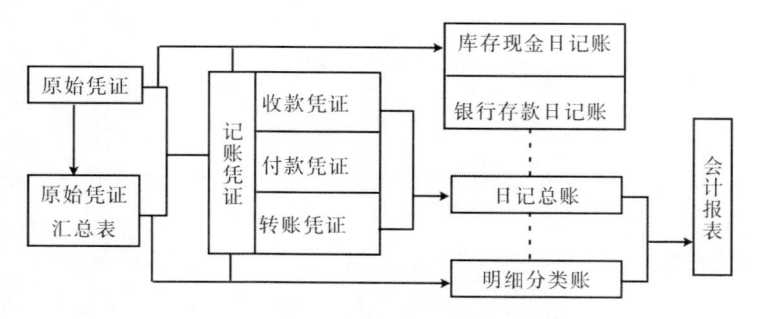

圖 11-5　日記總帳核算形式的記帳程序

採用這種核算形式，可以把所有總帳帳戶都集中在一張帳頁上，按照經濟業務發生順序分欄登記，因而可以清晰地反應企業經濟業務的全貌，便於進行會計分析，也省去了編製匯總記帳憑證或科目匯總表並據以登記總帳的手續。但是如果單位的業務量較大，運用的總帳帳戶較多，日記總帳帳頁勢必過長，則不便於記帳和查閱。因此，這種核算形式只適用於規模小、業務簡單、使用會計科目不多的單位。

復習思考題

1. 什麼是會計核算形式？會計核算形式有哪幾種？
2. 記帳程序的一般工作步驟有哪些？
3. 各種會計核算形式下的帳簿組織和記帳特點如何？
4. 科目匯總表和匯總記帳憑證有何異同？各自如何編製？
5. 簡述各種會計核算形式的優缺點及適用範圍。

練習題

一、資料

1. 東方公司 201A 年 7 月 1 日有關總帳及明細帳帳戶餘額如下：

東方公司帳戶餘額表
201A 年 7 月 1 日　　　　　　　　　　　　　　　　　　單位：元

帳戶名稱	借方餘額	帳戶名稱	貸方餘額
庫存現金	1,000	短期借款	50,000
銀行存款	236,000	應付帳款：華美公司	18,000

上表（續）

帳戶名稱	借方餘額	帳戶名稱	貸方餘額
預付帳款	600	應交稅費	40,000
應收帳款：大洋公司	8,000	其中：應交增值稅	16,000
其他應收款：張浩	1,400	應交所得稅	24,000
原材料	60,000	應付利息	990
其中：A 材料 3,000 千克	30,000	實收資本	1,000,000
B 材料 1,500 千克	30,000	本年利潤	85,000
生產成本（甲產品）	8,040	累計折舊	24,000
其中：材料	6,400		
工資	900		
費用	740		
庫存商品（甲產品）：1,500 件	142,500		
固定資產	760,450		
合　　計	1,217,990	合　　計	1,217,990

2. 東方公司 7 月份發生下列經濟業務：

（1）3 日，以銀行存款支付華美公司的材料款 18,000 元。

（2）4 日，向華美公司購入 A 材料 1,000 千克，價稅合計 11,700 元，材料已驗收入庫，貨稅款暫欠。

（3）5 日，收到大洋公司的貨款 8,000 元，存入銀行。

（4）5 日，採購員張浩報銷差旅費 1,300 元，交回現金 100 元。

（5）6 日，以銀行存款支付已預提銀行借款利息 990 元。

（6）7 日，向紅光公司購入 B 材料 5,000 千克，價稅合計 117,000 元，以銀行存款支付，材料已驗收入庫。

（7）8 日，以銀行存款上繳上月應交增值稅 16,000 元，所得稅 24,000 元。

（8）9 日，向大洋公司銷售甲產品 800 件，每件售價 150 元，增值稅稅率 17%，貨稅款收存銀行。

（9）10 日，以現金支付公司購買辦公用品費 100 元。

（10）10 日，以現金支付車間辦公用品費 70 元。

（11）12 日，生產車間為製造甲產品領用下列材料：A 材料 2,000 千克，B 材料 1,600 千克，單位成本分別為 10 元、20 元。

（12）12 日，向銀行提取現金 30,700 元，準備發工資。

（13）12 日，以現金 30,700 元支付本月職工工資。

（14）13 日，以銀行存款支付廣告費 1,000 元。

（15）14 日，以現金支付公司辦公人員市內交通費 160 元。
（16）15 日，將不需用設備一臺出售給光明公司，設備原價 5,000 元，已提折舊 1,500 元，價款 3,500 元收存銀行。
（17）16 日，銷售甲產品 350 件，每件售價 150 元，增值稅稅率 17%，款項收存銀行。
（18）17 日，向華康公司購入 A 材料 3,000 千克，價稅合計 35,100 元，當即以銀行存款支付，材料已驗收入庫。
（19）20 日，生產車間為製造甲產品領用下列材料：A 材料 2,000 千克，B 材料 2,000 千克，單位成本分別為 10 元、20 元。
（20）25 日，以銀行存款支付本月水電費 2,500 元，其中車間耗用 2,100 元，公司管理部門耗用 400 元。
（21）25 日，以銀行存款支付本月公司電話費 1,500 元。
（22）31 日，結轉本月職工工資 30,700 元。其中，生產工人工資 28,000 元，車間管理人員工資 1,500 元，公司管理人員工資 1,200 元。
（23）31 日，按上述人員工資總額的 14% 計提職工福利費。
（24）31 日，計提本月固定資產折舊費。其中生產車間用固定資產折舊 2,200 元，公司用固定資產折舊 800 元。
（25）31 日，預提銀行借款利息 330 元。
（26）31 日，攤銷應由本月負擔的公司保險費用 200 元。
（27）31 日，將本月發生的製造費用轉入生產成本帳戶。
（28）31 日，結轉本月完工產品的生產成本，本月生產產品 1,500 件，全部完工驗收入庫。
（29）31 日，銷售甲產品 350 件，每件售價 150 元，增值稅稅率 17%，貨稅款收存銀行。
（30）31 日，以銀行存款歸還前欠華美公司貨款 11,700 元。
（31）31 日，計算並結轉本月甲產品銷售成本。
（32）31 日，按 25% 的企業所得稅稅率計算並結轉本月應交所得稅。
（33）31 日，結清各成本、費用帳戶。
（34）31 日，結清各收入帳戶。

二、要求
1. 根據以上資料編製記帳憑證。
2. 根據記帳憑證逐筆順序登記日記帳及有關明細分類帳。
3. 編製科目匯總表，根據科目匯總表登記總帳。
4. 編製資產負債表和損益表。

第十二章 財務報表

會計信息的使用者所需要的不是以會計憑證和會計帳簿形式所反應的信息，而是期望獲得能集中地、簡明扼要地反應企業財務狀況和經營成果的匯總資料。因此，會計人員要在匯總日常會計核算資料的基礎上定期編製財務報表，使之成為能清晰反應企業財務狀況和經營業績的、對各會計信息使用者決策有用的會計信息。

第一節 財務報表的意義和種類

一、財務報表的意義

財務報表（Financial Statements）是以日常核算的資料為主要依據，總括反應會計主體在一定時期內的財務狀況和經營成果的報告文件。

編製財務報表是會計核算的一種專門方法，也是會計循環的最后環節。在企業日常的會計核算中，企業所發生的各項經濟業務都已按照一定的會計程序，在有關會計帳簿中進行了全面、連續、分類匯總的記錄和計算。企業在一定日期的財務狀況和一定時期內的經營成果，在日常會計記錄中已有所反應，但是這些日常核算資料比較分散，不能集中地、概括地反應企業的財務狀況與經營成果。為了向企業的管理者、投資者、債權人以及稅收、證券等政府管理機構和其他有關方面提供必要的財務資料，就必須把日常核算資料定期地加以歸類、加工、匯總，編製成各種財務報表。財務報表是財務報告的核心組成部分。企業內外經濟決策者使用的會計信息，主要是通過一系列財務報表提供的。

（一）財務報表的使用者

企業財務報表的使用者都站在各自的立場，通過企業財務報表瞭解企業的財務信息，分析、評估企業的經營業績和財務狀況，以便做出各自的投資及經營決策。企業財務報表的使用者一般包括企業所有者、債權人、管理當局、政府部門及其他關心企業的潛在投資者。

1. 企業所有者

企業所有者（Owner or Stockholder or Shareholder）是以盈利為目的的資本供應者或出資者。他們是企業的股東或業主。作為出資者，他們對自己的投資風險和報酬非常關心。企業所有者將其資本委託給經營者經營，自己不直接參與企業的經營管理活動，他

們要瞭解自己資本的保值和增值情況，評估其投資風險和報酬的大小，只有通過閱讀（使用）他們所投資的企業提供的財務報表，才能獲得有關信息，以便制定投資應變決策。

2. 債權人

企業債權人（Creditor）包括向企業提供信貸資金的銀行、企業債券的持有者以及與企業有債務往來關係的客戶。企業的資金一部分來源於投資者，另一部分則來自於債權人。債權人作為企業信貸資金的提供者，同樣也非常關心其貸款及應收利息是否能夠安全收回。企業債權人為了降低其貸款投資風險，也要通過閱讀其貸款企業的財務報表，瞭解企業的財務狀況，如負債比率、資產抵押、資產流動性、現金流轉情況以及企業現在的經營情況、未來的經營前景等。

3. 管理當局

企業經營管理者作為投資者的受託者（Mandatory），即管理當局（Managers）應該盡力利用好投資者的經濟資源，使投資者的資本不斷增值，履行其受託經濟責任。企業財務報表是經營管理者評估自己履行經營責任好壞的重要依據。另外，經營管理者通過閱讀財務報表，可以發現企業經營管理過程中存在的問題，明白差距，以便調整經營方針和投資策略，不斷提高管理水平。

4. 政府部門

使用企業財務報表的政府部門（Government Sectors）主要包括財政、稅務、審計、證券管理機關等。稅務機關通過閱讀企業財務報表，瞭解企業納稅申報執行情況，據以監督企業依法納稅，減少稅收流失，確保國家財政收入的增加。監管證券的證券管理部門要求上市公司定期呈報財務報表，規範上市公司信息披露的方式，保護社會公民的利益，確保證券市場的有效運行。財政部門、審計部門通過閱讀企業財務報表，瞭解企業提供的會計信息是否符合會計準則及有關財經法規。

5. 其他關心企業的潛在投資者

除了以上所述的企業財務報表用戶以外，社會上還存在許多企業潛在的投資者。這些潛在的投資者的投資目的不一定完全相同，但他們對未來投資對象的財務狀況、經營情況等信息表現出濃厚的興趣。為了對自己的投資風險和收益做出合理的判斷，他們也要通過閱讀企業財務報表瞭解其所需信息。

(二) 財務報表的作用

編製財務報表本身並非財務會計的目的，而是借助於財務報表提供財務信息給財務報表使用者，以便他們做出各自的決策。為此，先要明確財務報表的目標。財務報表的目標要通過其作用體現出來。概括而言，財務報表的具體作用包括以下幾方面：

1. 財務報表能提供有助於投資者、債權人進行合理決策的信息

在市場經濟條件下，企業融資渠道主要是企業所有者的資本投資和債權人的貸款。投資者和貸款人要做出有效的投資決策和貸款決策，必須獲悉被投資者和受貸款者的財

務信息，以便瞭解他們過去已經投資或將來準備投資的企業的財務狀況和經營成果。對於投資者來說，主要關心企業經營業績、盈利能力、投資風險和投資報酬率等情況，還要瞭解企業利潤分配政策、未來發展前景，希望未來有一個比較穩定的紅利分配。對於債權人來說，主要關心企業財務狀況、負債比率、償債能力、還債信譽等情況，希望未來能保證其貸款及應收利息能安全和及時收回。顯然，企業財務報表能夠為投資者、債權人提供他們所需要的相關信息。

2. 財務報表能提供管理當局受託經管責任的履行情況的信息

企業所有者即投資者與企業經營者是一種經濟委託關係。投資者委託經營者經營其資源，企業所有者為了維護自己的經濟利益，需要經常瞭解和評價企業經營者的經營業績以及其對受託資源的經濟責任完成情況。而經營者理應定期呈報自己的受託責任完成情況的信息。企業財務報表就是反應經營者經營業績好壞的主要依據。損益表充分、完整地揭示和反應了經營者在一定期間的經營責任履行情況。

3. 財務報表能為用戶提供評價和預測企業未來現金流量的信息

企業財務信息使用者對企業信息的需求，目的是為了幫助他們制定未來的經營決策，因而需要預測企業未來的經營活動，其中主要內容是財務預測，即要預測有關企業的預期現金流入量、流出量及其淨增減額，也就是要預測企業在未來一定期間內能否產生足夠的現金流入來償付到期的債務和支付股利的能力，是否有足夠的現金流入來擴大經營規模。企業在一定時期內所實現的淨利潤與所產生的現金淨流量是不一致的。企業實現了淨利潤，並不能表明有相應的現金流入。沒有現金流入，企業是不能支付應分配的股利和償還到期債務的。因此，投資者、債權人以及企業潛在的投資者、債權人在進行未來經營決策時，要借助於企業財務報表提供的現金流量信息。財務報表的現金流量表就能提供用戶評估和預測未來現金流量的信息。

4. 財務報表可為國家政府管理部門進行宏觀調控和管理提供信息

在中國，國家宏觀管理部門包括國有資產管理部門、財政部門、稅務部門以及企業上級主管部門；上市公司還包括證券監管部門等。國有資產管理部門通過企業財務報表瞭解國有資產的保值、增值情況。財政部門通過企業財務報表瞭解國民經濟發展趨勢、產業結構及地區分佈狀況，以指導國家宏觀經濟的調控，便於財政部門制定年度財政政策。稅務部門通過企業財務報表檢查企業是否按照稅法規定及時、足額地上交了各種稅款，促使企業依法經營，減少國家稅收流失。企業主管部門通過企業財務報表的匯總和分析，為國家宏觀經濟計劃的制訂和進行宏觀調控提供信息。

(三) 編製財務報表的要求

為了使企業所編製的財務報表能清楚地反應財務報表使用者所需的會計信息，便於他們理解和使用財務報表，企業在編製財務報表時應遵守如下原則：

1. 相關性原則

財務報表所提供的各項信息，必須具備相關性，才有用處。所謂相關性

（Relevance），是指企業編製在財務報表上的各種信息應該與財務報表使用者所需要的信息相關聯。也就是說，財務報表揭示的會計信息應與會計信息使用者的決策相關。企業在編製財務報表時應該盡量少列出或不列出與會計信息使用者進行決策不相關聯的信息。對於企業投資者、貸款者、以及其他將要做出投資、信貸和類似決策的人來說，會計信息必須具相關性，必須能夠幫助他們瞭解過去，對比現在，預測未來，以便做出正確的決策。

2. 可靠性原則

會計信息既要有相關性，又要有可靠性，這是會計的中心要求。財務報表的可靠性（Reliability）是指真實地反應企業的財務狀況和經營業績，為會計信息的用戶提供真實的、可靠的、有用的信息。可靠性有兩個可以辨別的不同意義：第一，表明財務報表所提供的信息對決策者有用，即可靠；第二，表明財務報表所提供的信息與企業實際情況相符。可靠性和相關性常常相互矛盾。為了加強相關性而改變會計方法，可靠性可能有所減退，反之亦然。因此，在編製財務報表時，應權衡兩者之利弊。

3. 及時性原則

及時性（Timeliness）一般來說是附屬於相關性的。如果在決策者需要會計信息時，不能及時提供或者提供的是已經過時的會計信息，這對現時的決策來說已無任何作用。及時性是指會計信息在失去其決策作用之前或者說在決策者需要時，為決策者提供或被決策者所擁有並使用。具有及時性的會計信息，並不一定都是相關的信息，不一定都具有相關性。但是會計信息不具備及時性，則肯定不具備相關性。因此，會計信息既要有及時性，又要有相關性，在相關的基礎上保證及時提供。

4. 可比性原則

會計信息的可比性（Comparability）是指企業的會計信息能與別的企業的同一指標相比較，能與本企業其他時間的同一指標相比較。如果企業會計信息可比性較強，其有用性將會大大提高。一家企業的投資報酬率與其他企業的投資報酬率相比，可使投資者評價各企業的投資效益好壞，便於投資者做出新的投資決策。不可比較的會計信息，評估就無法合理地進行，對投資者來說，其信息的有用性減弱。

5. 重要性原則

重要性（Materiality）原則是指財務報表要揭示那些對報表使用者來說比較有影響的信息，那些對會計信息使用者不太重要、影響不大的信息不必揭示。重要性與相關性不同，相關性和可靠性是會計信息必須具備的主要質量特徵，重要性不屬於這一類。但是相關性和重要性又有許多共同之處，兩者都要對投資者或其他決策者產生一定影響，或起一定的作用。有些信息之所以在財務報表中不予揭示，是因為投資者對這些信息不感興趣（與投資無關），或是因為其涉及的金額太小，起不了什麼作用。有些信息為什麼要單獨在報表中列示，如「一年內到期的長期債券投資」「一年內到期的長期負債」等必須在財務報表中以單獨的項目列示，這表明該信息是比較重要的信息。

6. 中立性原則

會計的中立性（Neutrality）是據以評判會計方針的一條重要標準，因為不中立的會

計信息會使人們失去對它的信任。如果信息可以核實，可以確信它真實地反應了企業的經營情況，則報表的有用性會大大提高。具備中立性的財務報表是配合一般財務報表使用者的需要而編製的，不專為個別報表使用者的特定需要而編製，具有超然而獨立的特性。在編製財務報表的過程中，會計人員必須避免任意的臆測，並以符合一般報表使用者的需要為出發點，才能達到中立性的目標。

7. 完整性原則

完整性（Complete）是指財務報表必須按照規定的報表內容完整地、無遺漏地填列並報送。完整性總是相對的，因為財務報表總不能把一切會計事項都詳細地表現出來。會計信息的完整性與相關性有密切聯繫。如果遺漏了一項相關的會計信息，即使沒有篡改所反應的情況，信息的相關性也會受到極大的損害。

8. 成本效益原則

成本效益（Cost-Benefit）原則是指企業提供會計信息時一方面應滿足信息使用者的需要，同時還應考慮成本和效益的關係。企業在財務報表中要求作某一特定的揭示是合理的，從中可望得到的效益必須大於有關的、可望發生的代價。財務信息也可視為一種特殊商品，需要耗費一定的加工成本，但揭示信息的成本必須低於其所提供信息將產生的效益。因此，有些信息即使對特定決策者是相關的，如果其正式揭示的成本超過其效益，就不能通過正式財務報表揭示，而只能採用其他財務報表手段補充揭示。

二、財務報表的種類

企業編製的財務報表主要是指要求對外報送的各種報表。對外報送的財務報表是由國家財政部統一規定編製的。表 12-1 是中國 2000 年 12 月 29 日發布的《企業會計制度》要求編製的會計報表。企業對內報表是企業根據內部管理的某些特定需要而編製的，其種類、格式、編製方法等均由企業自行確定。

表 12-1　　　　　　　　　　　　財務報表種類

編號	會計報表名稱	編報期
會企 01 表	資產負債表	中期報告、年度報告
會企 02 表	利潤表	中期報告、年度報告
會企 03 表	現金流量表	中期報告、年度報告
會企 01 表附表 1	資產減值準備明細表	年度報告
會企 01 表附表 2	股東權益增減變動表	年度報告
會企 01 表附表 3	應交增值稅明細表	中期報告、年度報告
會企 02 表附表 1	利潤分配表	年度報告
會企 02 表附表 2	分部報表（業務分部）	年度報告
會企 02 表附表 3	分部報表（地區分部）	年度報告

企業的主要財務報表按不同的標準，可以有不同的分類。

（一）按反應的經濟內容分類

企業財務報表按反應的經濟內容可分為資產負債表、損益表、財務狀況變動表。資產負債表（Balance Sheet）用來反應企業在某一時日（會計期末）資產、負債及所有者權益狀況的報表，也叫財務狀況表（Statement of Financial Position）。損益表（Income Statement）也叫收益表或利潤表，是用來反應企業在某一時期（會計期間）收入、費用及利潤的形成情況的報表，著重反應企業最終所取得的經營成果。財務狀況變動表（Statement of Changes in Financial Position）是用來說明企業在某一時期（會計期內）的現金流入、流出及其變動結果的報表，也叫現金流量表（Statement of Cash Flow）。

（二）按編報的時間分類

企業財務報表按編報的時間可分為月報、季報、中期報表、年報。月報（Monthly Statement）、季報（Seasonal Statement）是企業月末、季末編製報送的財務報表，主要用來反應企業各月末、季末的財務狀況及經營成果，如資產負債表和損益表。年報（Annual Statement）是企業在年末編製的財務報表，是用來反應企業全年的經營成果、財務狀況及財務狀況變動的報表，如財務狀況變動表為年度報表，即只在年末編製。根據《中華人民共和國公司法》《中華人民共和國證券法》等有關法規的要求，可能需要企業對外報送中期報表，即半年末編製的財務報表。

（三）按反應資金的運動狀態分類

企業財務報表按反應資金的運動狀態可分為靜態報表和動態報表。靜態報表（Static Statement）是反應資金運動處於相對靜止狀態時的財務報表，用來反應某一時點上企業資產、負債及所有者權益的分佈情況的報表。由於期末帳戶餘額提供的是各項目的增減變動結果指標，即靜態指標，因此靜態報表一般根據帳戶期末餘額填列，如資產負債表。動態報表（Dynamic Statement）是反應資金運動顯著變動狀態的財務報表，用來反應企業在一定時期內收入、費用、利潤形成情況的財務報表。由於企業各帳戶借、貸方發生額提供的是動態指標，因此動態報表一般根據帳戶的本期發生額填列，如損益表和現金流量表。

（四）按編報單位分類

企業財務報表按編報單位可分為單位報表和匯總報表。單位報表是指獨立核算的各個單位根據本單位日常核算資料匯總編製的報表，反應本單位的財務狀況、經營成果及財務狀況變動情況。匯總報表是由上級主管部門以及總公司根據所屬單位的報表和其他核算資料匯總編製的，反應同一部門、同一行業、總公司的綜合經營結果、財務狀況及財務狀況變動情況的報表。

（五）按報表各項目所反應的數字內容分類

企業財務報表按報表各項目所反應的數字內容可分個別財務報表和合併財務報表。個別財務報表各項目數字所反應的內容，僅僅包括企業本身的財務數字。合併財務報表是母公司編製的，一般包括所有控股子公司的有關數字。通過編製和提供合併報表可以

向報表使用者提供公司集團總體的財務狀況和經營狀況。

(六) 按報表的服務對象分類

企業財務報表按報表的服務對象可分為對內報表和對外報表。對內報表是指為適應企業內部管理需要而編製的不對外公開的報表，如成本報表。對內報表一般可以不需要統一規定的格式，也沒有統一的指標體系。對外報表是指企業向外提供的，供政府部門、其他與企業有經濟利益關係的單位和個人使用的報表。

第二節　資產負債表

一、資產負債表的概念

資產負債表是反應企業在某一特定日期（月末、季末、半年末、年末）財務狀況的財務報表。資產負債表是根據資產、負債和所有權益之間的相互關係，按照一定的分類標準和一定的順序，把企業在一定日期的資產、負債、所有者權益各項目予以適當排列並對日常工作中形成的大量數據進行高度濃縮整理后編製而成。資產負債表表明企業在某一特定日期所擁有或可控制的、預期能為企業帶來利益的經濟資源、所承擔的現有義務和所有者對淨資產的要求權。

資產負債表可以提供的信息主要有：第一，企業在某一時點上所擁有的經濟資源及這些經濟資源的分佈和構成情況；第二，企業資金來源的構成情況，包括企業所承擔的債務及所有者權益各個項目的狀況；第三，企業所負擔的債務以及企業的償債能力（包括短期和長期的償債能力）；第四，企業未來財務狀況變動趨勢。

二、資產負債表的作用

從資產負債表所反應出的信息可以歸納出資產負債表的以下作用：

第一，資產負債表能幫助企業管理當局瞭解企業作為法人在生產經營活動中所控制的經濟資源和承擔的責任、義務；瞭解企業資產、負債各項目的構成比例是否合理；通過對企業前后期資產負債表的對比，可以反應出企業資產、負債的結構變化，分析企業經營管理工作的績效。

第二，資產負債表可以幫助投資者考核企業管理人員是否有效地利用了現有的經濟資源，是否使資產得到增值，從而對企業管理人員的業績進行考核評價。

第三，資產負債表可以幫助企業債權人瞭解企業的償債能力與支付能力及現有財務狀況，為他們預測企業風險、預測企業發展前景、投資決策提供必要的信息。

三、資產負債表的結構與格式

資產負債表是以「資產＝負債＋所有者權益」這一平衡公式為基礎編製的。實際上，

資產負債表是這一會計等式的展開式，對企業資產、負債、所有者權益各方面分項列出其各個要素項目（報表項目）。資產、負債、所有者權益三大靜態會計要素構成了資產負債表的主要結構內容。資產要素項目按流動性大小分為流動資產、長期投資、固定資產、無形資產及遞延資產和其他長期資產等類別；負債要素按債務償還期的長短分為流動負債和長期負債等類別；所有者權益要素項目本身不多，可不再分類，只是按永久性遞減的順序排列。

資產負債表各會計要素及要素項目的不同排列方式，形成了該表的具體格式。資產負債表的格式一般有帳戶式和報告式兩種。

（一）帳戶式資產負債表

帳戶式資產負債表又稱橫式資產負債表，如同一個T形帳戶，分為左右兩部分。資產類項目填列在左方，負債類和所有者權益類項目填列右方，所有者權益排列在負債的下面。左方各項目相加之和的資產與右方各項目相加之和的負債與所有者權益總計應該相等。帳戶式資產負債表的主要特點是：資產與負債和所有者權益並列，便於對企業財務狀況的比較分析。帳戶式資產負債表的主要格式如表12-2所示。

表12-2　　　　　　　　　　　　資產負債表　　　　　　　　　　　　會企01表
編製單位：　　　　　　　　　　___年___月___日　　　　　　　　　　單位：元

資　產	行次	年初數	期末數	負債和所有者權益	行次	年初數	期末數
流動資產：							
貨幣資金	1			流動負債：			
交易性金融資產（或短期投資）	2			短期借款	68		
應收票據	3			應付票據	69		
應收股利	4			應付帳款	70		
應收利息	5			預收帳款	71		
應收帳款	6						
預收帳款	7			應付職工薪酬	73		
其他應收款	8			應付股利	74		
預付帳款	9			應交稅費	75		
存貨	10						
				其他應付款	81		
一年內到期的長期債權投資	21			應付利息	82		
其他流動資產	24			預計負債	83		
流動資產合計	31			一年內到期的長期負債	86		

表12-2(續)

資產	行次	年初數	期末數	負債和所有者權益	行次	年初數	期末數
長期投資：				其他流動負債	90		
長期股權投資	32			流動負債合計	100		
持有至到期投資	34			長期負債：			
長期投資合計	38			長期借款	101		
固定資產：				應付債券	102		
固定資產原價	39			長期應付款	103		
減：累計折舊	40			專項應付款	106		
固定資產淨值	41			其他長期負債	108		
減：固定資產減值準備	42			長期負債合計	110		
固定資產淨額	43						
工程物資	44						
在建工程	45			負債合計	114		
固定資產清理	46						
固定資產合計	50			所有者權益：			
無形資產及其他資產				實收資本（或股本）	115		
無形資產	51			資本公積	118		
長期待攤費用	52			盈餘公積	119		
其他長期資產	53			未分配利潤	121		
無形資產及其他資產合計	60			所有者權益合計	122		
資產總計	67			負債和所有者權益總計	135		

(二) 報告式資產負債表

報告式資產負債表又稱為直列式資產負債表，將資產、負債、所有者權益等會計要素及要素項目在資產負債表中從上到下排列，將資產負債表分為上下兩部分，上部分填列各資產項目，下部分填列各負債項目，上部分減下部分的差額為所有者權益。報告式資產負債表的主要特點是：產權關係清楚，易為債權人、所有者及一般使用者所理解。報告式資產負債表的格式如表12-3所示。

表 12-3　　　　　　　　　　資產負債表（報告式）

編製單位：　　　　　　　　　201A 年 12 月 31 日　　　　　　　　　　單位：元

項目	年初數	年末數
流動資產：		
貨幣資金		
交易性金融資產（或短期投資）		
應收帳款		
減：壞帳準備		
應收帳款淨額		
存貨		
……		
流動資產合計		
流動負債：		
短期借款		
應付帳款		
……		
流動負債合計		
營運資本		
長期投資：		
長期股權投資		
固定資產：		
固定資產原值		
減：累計折舊		
固定資產淨值		
……		
非流動資產合計		
長期負債：		
長期借款		
淨資產合計		
所有者權益：		
實收資本		
……		
所有者權益合計		

四、資產負債表的編製

資產負債表反應企業月末、季末、年末全部資產、負債和所有者權益的情況，由表首、正表、補充資料三部分構成。

資產負債表的表首說明企業的名稱、報表的名稱、編製報表的日期與計量單位，直接在報表相應位置填列。

資產負債表「年初數」欄內各項數字，應根據上年年末資產負債表「期末數」欄內所列數字填列。如果本年度資產負債表規定的各個項目名稱和內容同上年度不一致，應對上年年末資產負債表各項目的名稱和數字按照本年度的規定進行調整，填入本表「年初數」欄。

資產負債表「期末數」應根據當期會計帳簿資料中資產、負債、所有者權益類帳戶

的餘額填列。具體填列方法歸納為以下幾點：

（1）直接根據總帳科目的餘額填列，如「應收票據」「固定資產」「無形資產」「短期借款」「實收資本」「資本公積」一類項目。

（2）根據明細科目的餘額分析計算填列，如「應收帳款」項目，根據「應收帳款」「預收帳款」科目的有關明細科目的期末借方餘額相加填列；又如「應付帳款」項目，根據「應付帳款」「預付帳款」科目的有關明細科目的期末貸方餘額相加填列。

（3）根據幾個總帳科目的期末餘額相加填列，如「貨幣資金」項目，根據「庫存現金」「銀行存款」「其他貨幣資金」科目的期末總帳餘額相加填列。「存貨」項目，根據「原材料」「週轉材料」「生產成本」「庫存商品」等總帳科目餘額相加填列。

（4）根據有關科目的期末餘額分析計算填列，如「一年內到期的長期負債」項目，根據「長期借款」「應付債券」「長期應付款」科目的期末餘額分析計算填列。「一年內到期的長期債權投資」根據「長期債權投資」科目的期末餘額分析填列。

（5）反應資產帳戶與有關備抵帳戶抵消過程，以反應其淨額，如「應收帳款」項目減去「壞帳準備」項目后得到「應收帳款淨額」，「存貨」項目減去「存貨跌價損失準備」項目后得到「存貨淨額」，「固定資產」項目減去「累計已提折舊」項目得到「固定資產淨額」。

（6）反應或有負債的情況，如在財務報表附註中的「已貼現的商業承兌匯票」項目，按照備查帳簿中記錄的商業承兌匯票貼現額填列。

明細帳餘額資料按以下方法計算填列：

「應收帳款」項目＝「應收帳款」明細帳借方餘額之和＋「預收帳款」明細帳借方餘額之和
「預收帳款」項目＝「預收帳款」明細帳貸方餘額之和＋「應收帳款」明細帳貸方餘額之和
「應付帳款」項目＝「應付帳款」明細帳貸方餘額之和＋「預付帳款」明細帳貸方餘額之和
「預付帳款」項目＝「預付帳款」明細帳借方餘額之和＋「應付帳款」明細帳借方餘額之和

【例 12-1】W 企業 201A 年 12 月 31 日有關帳戶的期末餘額如表 12-4 所示。

表 12-4　　　　　W 企業 201A 年 12 月 31 日有關帳戶的期末餘額

會計科目	借方餘額	貸方餘額	會計科目	借方餘額	貸方餘額
庫存現金	20,000		短期借款		200,000
銀行存款	150,000		應付帳款		240,000
其他貨幣資金	50,000		預收帳款		100,000
應收帳款	200,000		其他應付款		126,000
壞帳準備		10,000	應交稅費		150,000
預付帳款	85,000		長期借款		300,000
其他應收款	30,000		實收資本		800,000
原材料	360,000		資本公積		70,000
生產成本	281,000		盈餘公積		50,000
庫存商品	200,000		利潤分配		60,000

表12-4(續)

會計科目	借方餘額	貸方餘額	會計科目	借方餘額	貸方餘額
持有至到期投資	180,000				
固定資產	500,000				
累計折舊		120,000			
無形資產	170,000				
合計	2,226,000	130,000	合計		2,096,000

「應收帳款」期末借方餘額 200,000 元，其中應收 A 單位的明細帳為借方餘額 350,000 元，應收 B 單位的明細帳為貸方餘額 150,000 元。

「預收帳款」期末貸方餘額 100,000 元，其中預收 C 單位的明細帳為貸方餘額 150,000 元，預收 D 單位的明細帳為借方餘額 50,000 元。

「應付帳款」期末貸方餘額 240,000 元，其中應付 E 單位的明細帳為貸方餘額 280,000 元，應付 F 單位的明細帳為借方餘額 40,000 元。

「預付帳款」期末借方餘額 85,000 元，其中預付 G 單位的明細帳為借方餘額 145,000 元，預收 H 單位的明細帳為貸方餘額 60,000 元。

「持有至到期投資」期末借方餘額 180,000 元中有 50,000 元將於 201B 年 5 月到期。

「長期借款」期末借方餘額 300,000 元中有 100,000 元將於 201B 年 7 月到期。

根據以上資料編製該企業的資產負債表（見表 12-5）。

表 12-5　　　　　　　　　　　　資產負債表
編製單位：W 企業　　　　　　　201A 年 12 月 31 日　　　　　　　　　　單位：元

項目	年初數	年末數	項目	年初數	年末數
流動資產：			流動負債：		
貨幣資金	150,000	220,000	短期借款	180,000	200,000
應收帳款	350,000	390,000	應付帳款	330,000	340,000
預付帳款	166,000	185,000	預收帳款	250,000	300,000
其他應收款	40,000	30,000	其他應付款	150,000	126,000
存貨	850,000	841,000	應交稅費	140,000	150,000
一年內到期的長期債權投資		50,000	一年內到期的長期負債	50,000	100,000
流動資產小計	1,556,000	1,716,000	流動負債小計	1,100,000	1,216,000
長期資產：			長期借款	200,000	200,000
持有至到期投資	130,000	130,000	負債合計	1,300,000	1,416,000
固定資產原值	500,000	500,000	所有者權益：		
減：累計折舊	100,000	120,000	實收資本	800,000	800,000
固定資產淨額	400,000	380,000	資本公積	70,000	70,000
無形資產	170,000	170,000	盈餘公積	40,000	50,000
			未分配利潤	46,000	60,000
資產合計	2,256,000	239,600	負債與權益合計	225,600	2,396,000

貨幣資金項目＝20,000+150,000+50,000＝220,000（元）
應收帳款項目＝350,000+50,000-10,000＝390,000（元）
預付帳款項目＝40,000+145,000＝185,000（元）
存貨＝300,000+60,000+281,000+200,000＝841,000（元）
應付帳款項目＝280,000+60,000＝340,000（元）
預收帳款項目＝150,000+150,000＝300,000（元）
長期債權投資項目＝180,000-50,000＝130,000（元）
長期借款項目＝300,000-100,000＝200,000（元）

第三節　利潤表

一、利潤表的概念和作用

（一）利潤表的概念

利潤表又稱損益表或收益表，是反應企業在一定期間實現的經營成果的報表。利潤表把企業一定時期的營業收入與其同一會計期間相關的營業成本進行配比，以計算一定時期的淨利潤。通過利潤表反應的收入和費用等情況，能夠反應企業生產經營收入實現情況、費用消耗情況，表明企業一定時期的生產經營成果。同時，通過利潤表提供的不同時期的數字比較，可以分析企業未來利潤的發展趨勢、獲利能力，瞭解投資者投入資本的完整性。由於利潤是企業經營業績的綜合體現，又是進行利潤分配的主要依據，因此，利潤表是財務報表中的主要報表。

（二）利潤表的作用

利潤表的具體作用主要表現以下幾個方面：

1. 通過利潤表可以考核企業生產經營成果的好壞

利潤表提供的會計期間內企業已實現的收入，發生的成本、費用，獲得的利潤（虧損）等數據資料，可以反應出企業經營者的經營業績，便於投資者評估經營者受託經濟責任的完成好與壞。

2. 可以反應企業的獲利能力

通過利潤表中提供的各種收入數據資料以及對其增減變動的分析，可以瞭解企業獲利能力的大小並有助於結合其他相關資料對企業未來收益能力進行預測，便於投資者做出投資決策。

3. 可以考核企業的管理水平

通過利潤表中提供的各種費用支出數額及其增減變動分析，可以考核企業費用的開支水平，衡量企業管理水平的高低，便於管理者分析企業盈利能力變動的具體原因，有助於管理者採取開源節流的措施。

二、利潤表的結構與格式

（一）利潤表的結構

利潤表是以「收入－費用＝利潤」這一會計動態平衡公式為基礎，分別列示收入、費用、利潤三大會計動態要素的各要素項目，反應出企業利潤總額的形成過程。收入、費用、利潤三大會計要素項目構成了損益表的主要結構內容。收入要素項目包括主營業務收入、其他業務收入、投資收益、營業外收入等；費用要素項目包括主營業務成本、銷售費用、稅金及附加、其他業務成本、管理費用、財務費用、營業外支出等；利潤是本期實現的收入與本期費用支出的差額。

（二）利潤表的格式

利潤表中收入、費用、利潤要素項目的不同排列方式，形成了該表的不同格式。利潤表常見的格式有單步式和多步式兩種。

1. 單步式

單步式利潤表通常採用上下加減的報表式結構，集中列示收入要素項目、費用要素項目，根據收入總額與費用總額的差額直接列示利潤總額。單步式利潤表是將當期所有的收入加在一起，然後將所有的費用加總在一起，通過一次計算求出當期損益。在單步式下，利潤表分為營業收入和收益、營業費用和損失、淨收益三部分。營業收入和收益包括主營業務收入、營業外收入和特別收入等；銷售費用和損失包括主營業務成本、經營費用、管理費用、營業外支出等；淨利潤是兩者計算的結果。單步式利潤表對於營業收入和一切費用支出一視同仁，不分彼此先後，不像多步式利潤表中必須區分費用和支出與收入配比的先后層次。由於單步式利潤表所表示的都是未經加工的原始資料，便於財務報表的閱讀者理解。該表的特點是：表式簡單易於理解、避免了項目分類上的困難，但是沒有揭示出收入與費用之間的配比關係，不便於報表使用者進行具體分析，也不利於同行業報表間的比較。單步式利潤表的格式如表 12-6 所示。

2. 多步式

多步式利潤表分步驟反應出利潤總額的計算過程，從主營業務收入開始，先計算營業利潤，然后計算利潤總額，最后得出淨利潤。多步式利潤表中的各利潤指標是通過多步計算而來的。多步式利潤表通常分為如下幾步：

（1）從主營業務收入和其他業務收入出發，減去主營業務成本、稅金及附加，減去銷售費用、管理費用、財務費用，計算出營業利潤。

（2）在營業利潤的基礎上加營業外收入，減去營業外支出，計算得出本期實現的利潤總額，即稅前會計利潤。

（3）從稅前會計利潤中減去所得稅，計算出本期淨利潤。

表 12-6　　　　　　　　　　利潤表（單步式）

編製單位：　　　　　　　　201A 年度　　　　　　　　　　　　單位：元

項　目	本月數	本年累計數
收入		
主營業務收入		
其他業務收入		
投資收益		
營業外收入		
收入合計		
費用		
主營業務成本		
稅金及附加		
其他業務成本		
銷售費用		
管理費用		
財務費用		
營業外支出		
所得稅費用		
費用合計		
淨利潤		

多步式利潤表的優點在於便於對企業生產經營情況進行分析，有利於不同企業之間進行比較，更重要的是利用多步式利潤表有利於預測企業今後的盈利能力。目前，中國《企業會計準則》規定的利潤表就是採用多步式的。多步式利潤表的格式如表 12-7 所示。

表 12-7　　　　　　　　　　利潤表（多步式）

編製單位：M 公司　　　　　　201A 年度　　　　　　　　　　　　單位：元

項目	本月數	本年累計數
一、營業收入	360,000	3,800,000
減：營業成本	187,900	2,900,000
稅金及附加	10,000	50,000
管理費用	31,850	120,000
銷售費用	40,000	150,000
財務費用	2,000	100,000
加：投資收益	15,000	60,000
二、營業利潤	103,250	540,000
加：營業外收入	5,000	20,000
減：營業外支出	20,000	60,000
三、利潤總額	88,250	500,000
減：所得稅費用	22,062.50	125,000
四、淨利潤	66,187.50	375,000

三、利潤表的編製

利潤表中的「本月數」欄反應各項目的本月實際發生數，在編報中期報表時，填列上年同期累計實際發生數，在編報年度報表時，填列上年全年累計實際發生數，並將「本月數」欄改成「上年數」欄。如果上年度利潤表的項目名稱和內容與本年度利潤表不相一致，應對上年度報表項目的名稱和數字按本年度的規定進行調整，並按調整后的數字填入報表的「上年數」欄。報表中的「本年累數」欄，反應各項目自年初起至報告期末止的累計實際數。

報表各項目具體的填列方法如下：

（1）「主營業務收入」項目，反應企業經營主要業務和其他業務取得的收入總額。本項目應根據「主營業務收入」和「其他業務收入」科目的本期實際發生額分析填列。

（2）「主營業務成本」項目，反應企業經營主要業務和其他業務發生的實際成本。本項目應根據「主營業務成本」和「其他業務成本」科目的本期實際發生額分析填列。

（3）「稅金及附加」項目，反應企業經營主營業務應負擔的城市維護建設稅、資源稅和教育費附加等。本項目應根據「稅金及附加」科目的本期實際發生額分析填列。

（4）「銷售費用」項目，反應企業在銷售商品和商業企業在購入商品等過程中發生的費用。本項目應根據「銷售費用」科目本期實際發生額分析填列。

（5）「管理費用」項目，反應企業發生的管理費用。本項目應根據「管理費用」科目本期實際發生額分析填列。

（6）「財務費用」項目，反應企業發生的財務費用。本項目應根據「財務費用」科目的本期實際發生額分析填列。

（7）「投資收益」項目，反應企業以各種方式對外投資所取得的收益。本項目應根據「投資收益」科目本期實際發生額分析填列。如為投資損失，以「-」號填列。

（8）「營業外收入」項目和「營業外支出」項目，反應企業發生的與其生產經營無直接關係的各項收入和支出。本項目應根據「營業外收入」和「營業外支出」科目本期實際發生額分析填列。

（9）「利潤總額」項目，反應企業實現的利潤總額。如為虧損，以「-」號填列。

（10）「所得稅費用」項目，反應企業按規定從當期損益中扣除的所得稅。本項目應根據「所得稅」科目的本期實際發生額分析填列。

（11）「淨利潤」項目，反應企業實現的淨利潤。如為虧損，以「-」號填列。

第四節　現金流量表

一、現金流量表的概念及作用

(一) 現金流量表的概念

在現實經濟生活中，經常會出現這類情形：一家企業營業興旺，訂單猛增，獲利頗豐，卻陷入財務困境，甚至不得不中止營業。有些企業在某一年度出現了巨額虧損，卻有能力購建大量的固定資產，進行擴大規模之投資。前者獲利頗豐，卻陷入財務困境，原因何在？后者出現巨額虧損，卻有大量資金進行投資，其資金從何而來？像這類「莫名其妙」的問題，投資者、債權人在企業資產負債表和利潤表提供的信息中難以找到答案，而財務狀況變動表，即現金流量表卻能提供解決此類問題的答案。於是，財務狀況變動表，即現金流量表作為第三張主要報表應運而生。

現金流量表是以現金為基礎編製的反應企業一定時期（會計期間）現金流入、現金流出及其增減變動情況的財務狀況變動表。企業提供的財務報表一般包括資產負債表、利潤表和現金流量表，這三張表分別從不同角度反應企業的財務狀況、經營成果和現金流量。資產負債表反應企業一定日期所擁有的資產、需償還的債務以及投資者所擁有的淨資產的情況；利潤表反應企業一定期間內的經營成果，即利潤或虧損的情況，表明企業運用所擁有的資產獲利的能力；現金流量表反應企業一定期間內現金的流入和流出，表明企業獲得現金和現金等價物的能力。

(二) 現金流量表的作用

現金流量表以現金的流入和流出反應企業在一定期間內的經營活動、投資活動和籌資活動的動態情況，反應企業現金流入和流出的全貌。現金流量表的主要作用如下：

1. 能夠說明企業一定期間內現金流入和流出的原因

現金流量表將現金流量劃分為經營活動、投資活動和籌資活動所產生的現金流量，並按照流入現金和流出現金項目分別反應。例如，企業當期從銀行借入 500 萬元，償還銀行利息 3 萬元，在現金流量表的籌資活動產生的現金流量中分別反應借款 500 萬元，支付利息 3 萬元。因此，通過現金流量表能夠反應企業現金流入和流出的原因，即現金從哪裡來，又流到哪裡去。這些信息是資產負債表和損益表所不能提供的。

2. 能夠說明企業的償還債務的能力和支付股利的能力

投資者投入資金、債權人提供企業短期或長期使用的資金，其目的主要是為了有利可圖。通常情況下，報表閱讀者比較關注企業的獲利情況，並且往往以獲得利潤的多少作為衡量標準，企業獲利在一定程度上表明了企業具有一定的支付能力。但是企業一定期間內獲得的利潤並不代表企業真正具有償債或支付能力。在某些情況下，雖然企業損益表上反應的經營業績很可觀，但是有些企業因發生財務困難不能償還到期債務；有些

企業雖然利潤表上反應的經營成果並不可觀，但是有足夠的償付能力。產生這種情況有諸多原因，其中會計核算採用的權責發生制、配比原則等所含的估計因素也是其主要原因之一。現金流量表完全以現金的收支為基礎，消除了由於會計核算採用的估計等所產生的獲利能力和支付能力。

3. 能夠分析企業未來獲取現金的能力

現金流量表反應企業一定期間內的現金流入和流出的整體情況，說明企業現金從哪裡來的和運用到哪裡去了。現金流量中的經營活動產生的現金流量代表企業運用其經濟資源創造現金流量的能力，便於分析一定期間內產生的淨利潤與經營活動產生現金流量的差異；投資活動產生的現金流量，代表企業運用資金對外投資產生現金流量的能力；籌資活動產生的現金流量，代表企業通過籌資獲得現金流量的能力。通過現金流量表及其他財務信息，可以分析企業未來獲取或支付現金的能力。例如，企業通過銀行借款籌得資金，從本期現金流量表中反應為現金流入，卻意味著未來償還借款時要流出現金。又如，本期應收未收的款項，在本期現金流量表中雖然沒有反應為現金的流入，卻意味著未來將會有現金流入。

4. 能夠分析企業投資和理財活動對經營成果和財務狀況的影響

現金流量表提供一定時期現金流入和流出的動態財務信息，表明企業在報告期內由經營活動、投資和籌資活動獲得多少現金，企業獲得的這些現金是如何運用的，能夠說明資產、負債、淨資產的變動的原因，對資產負債表和利潤表起到補充說明的作用。現金流量表是連接資產負債表和利潤表的橋樑。

5. 能提供不涉及現金的投資和籌資活動的信息

現金流量表除了反應企業與現金有關的投資和籌資活動外，還通過附註方式提供不涉及現金的投資和籌資活動方面的信息，使財務報表使用者或閱讀者能夠全面瞭解和分析企業的投資和籌資活動。

二、現金流量表的編製基礎

(一) 現金概念

現金流量表是以現金為基礎編製的，這裡的現金是廣義的現金，指企業庫存現金、可以隨時用於支付的存款以及現金等價物。其具體包括：

1. 庫存現金

庫存現金是指企業持有可隨時用於支付的現金限額，與會計核算中「庫存現金」科目所包括的內容一致。

2. 銀行存款

銀行存款是指企業存在銀行或其他金融機構，隨時可以用於支付的存款，與會計核算中「銀行存款」科目所包括的內容基本一致。其區別在於：如果存在銀行或其他金融機構的款項中不能隨時用於支付的存款，如不能隨時支取的定期存款，不作為現金流量

表中的現金；但提前通知銀行或其他金融機構便可支取的定期存款，則包括在現金流量表中的現金概念中。

3. 其他貨幣資金

其他貨幣資金是指企業存在銀行有特定用途的資金，或在途中尚未收到的資金，如外埠存款、銀行匯票存款、銀行本票存款、信用證保證資金、信用卡、在途貨幣資金一類資金。

4. 現金等價物

現金等價物是指企業持有的期限短、流動性強、易於轉換為已知金額的現金、價值變動風險很小的投資。現金等價物的主要特點是流動性強，並可隨時轉換成現金的投資，通常指購買在 3 個月或更短時間內即到期或即可轉換為現金的投資。例如，企業於 201C 年 12 月 1 日購入 201A 年 1 月 1 日發行的期限為 3 年的國債，購買時還有 1 個月到期，則這項短期投資應視為現金等價物。應注意的是，購買日至到期日短於 3 個月，並且是債券投資，不是股權投資。可見，是否作為現金等價物的主要標誌是購入日至到期日在 3 個月或更短時間內轉換為已知現金的投資。

(二) 現金流量概念

現金流量是某一期間內企業現金流入和流出的數量。影響現金流量的因素有經營活動、投資活動和籌資活動，如購買和銷售商品、提供或接受勞務、購建或出售固定資產、對外投資或收回投資、借入資金或償還債務一類現金流入與流出活動。衡量企業經營狀況是否良好、是否有足夠的現金償還債務、資產的變現能力等，現金流量是非常重要的指標。

現金流量表的目的是為財務報表使用者提供企業一定會計期間內有關現金的流入和流出的信息。企業一定時期內現金流入和流出是由各種因素產生的，如工業企業為生產產品需要用現金支付購入原材料的價款，支付職工工資、購買固定資產也需要支付現金。現金流量首先要對企業各項經營業務產生或運用的現金流量進行合理的分類，通常按照企業經營業務發生的性質將企業一定期間內產生的現金流量歸為以下三類：

1. 經營活動產生的現金流量

經營活動是指企業投資活動和籌資活動以外的所有交易和事項，包括銷售商品或提供勞務、經營性租賃、購買貨物、接受勞務、製造產品、廣告宣傳、推銷產品、繳納稅款等。經營活動產生的現金流量是企業通過運用所擁有的資產自身創造的現金流量，主要是與企業淨利潤有關的現金流量。企業一定期間內實現的淨利潤並不一定就構成經營活動產生的現金流量，如處置固定資產淨收益和淨損失構成淨利潤的一部分，但不屬於經營活動產生的現金流量，處置固定資產淨收益或淨損失也不是實際的現金流入或流出。通過現金流量表中反應的經營活動產生的現金流入和流出，說明企業經營活動對現金流入和流出淨額的影響程度。

2. 投資活動產生的現金流量

投資活動是指企業長期資產以及不包括在現金等價物範圍內的投資的購建和處置，包括取得或收回權益性證券的投資、購買或收回債券投資、購建和處置固定資產、無形資產和其他長期資產等。投資活動產生的現金流量中不包括作為現金等價物的投資。作為現金等價物的投資屬於自身現金的增減變動，如購買還有 1 個月到期的債券投資，屬於現金內部各項目轉換，不會影響現金流量淨額的變動。通過現金流量表中反應的投資活動產生的現金流量，可以分析企業通過投資獲取現金流量的能力以及投資產生的現金流量對企業現金流量淨額的影響程度。

3. 籌資活動產生的現金流量

籌資活動是指導致企業所有者權益及借款規模和構成發生變化的活動，包括吸收權益性資本、發行債券、借入資金、支付股利、償還債務等。通過現金流量表中籌資活動產生的現金流量，可以分析企業籌資的能力，以及籌資產生的現金流量對企業現金流量的影響。

現金流量表的編製比較複雜，其具體填列方法將在《中級財務會計》中詳細介紹，其他會計報表和會計報表附註等也將在《中級財務會計》中介紹。

第十三章　會計工作組織

做好會計工作組織，對於建立和完善企業會計工作秩序，提高會計工作質量，充分發揮會計監督作用，加強企業經營管理，提高企業經濟效益具有重要的意義。

會計工作組織包括會計工作執行機構和會計工作管理體系的制定與實施。會計工作執行機構是具體處理本單位會計工作的機構，又包括會計機構的設置、會計人員的分工以及會計人員的職責權限。會計工作管理體系包括會計工作規範、會計工作管理機構。

第一節　會計機構和會計人員

一、會計機構

會計機構是各單位貫徹執行財經法規、制定和執行會計制度、組織領導和辦理會計事務的職能機構。會計人員是直接從事會計工作的人員。建立健全會計機構，配備必要數量和一定素質的、具有從業資格的會計人員，是各單位做好會計工作，充分發揮會計職能作用的重要保證。《中華人民共和國會計法》（以下簡稱《會計法》）第三十六條規定：「各單位應當根據會計業務的需要，設置會計機構，或者在有關機關中設置會計人員並指定會計主管人員；不具備設置條件的，應當委託經批准設立從事會計代理記帳業務的仲介機構代理記帳。」《會計法》規定各單位可以根據本單位的會計業務繁簡情況決定是否設置會計機構。為了科學、合理地開展會計工作，保證本單位正常的經濟核算，各單位原則上應設置會計機構。無論是否需要設置會計機構，會計工作必須依法開展。

從有效發揮會計職能作用的角度看，實行企業化管理的事業單位，大、中型企業（包括集團公司、股份有限公司、有限責任公司），應當設置會計機構；業務較多的行政單位、社會團體和其他組織也應設置會計機構。合理地設置會計機構，是完成會計目標，發揮會計職能作用的前提，是做好會計工作的重要保證。

在現實中，各單位對會計機構的名稱叫法不一，有的稱「財務部（處、科、股）」「會計部」「計財部」「財會部」等。不管叫什麼名稱，會計機構是單位的一個重要的職能管理部門。會計機構在廠長、經理及總會計師的領導下，負責企業的會計工作。會計機構根據企業的實際需要下設「資金組」「材料組」「成本組」「綜合組」。在大型企業、上市公司，可以把財務與會計分開，將「資金組」單獨設立與會計部門並列的「資金部」或「投資部」。

根據中國《會計法》的規定，不具備設置條件的，應當委託經批准設立從事會計代理記帳業務的仲介機構代理記帳。比如某些民營經濟、個體經濟組織的經營規模較小、人員不多，不可能，也沒有必要設置專門的會計機構或者配備專職的會計人員，這些經濟組織可以委託代理記帳。財政部於 2005 年 1 月 22 日發布了《代理記帳管理辦法》（財務部令第 27 號），對代理記帳機構設置的條件、代理記帳的業務範圍、代理記帳機構與委託人的關係、代理記帳人員應遵循的道德規則等作了具體的規定。

二、單位負責人的會計責任

中國《會計法》第四條規定：「單位負責人對本單位的會計工作和會計資料的真實性、完整性負責。」這就明確了單位負責人是本單位會計行為的責任主體。《會計法》第五十條規定：「單位負責人，是指單位法定代表人或者法律、行政法規規定代表單位行使職權的主要負責人。」也就是說，單位負責人主要包括兩類人員：一類是單位的法定代表人，即依法代表法人單位行使職權的負責人，如國有企業的廠長（經理）、公司制企業的董事長、國家機關的最高行政官員；另一類是按照法律、行政法規規定代表單位行使職權的負責人，即依法代表非法人單位行使職權的負責人，如代表合夥企業執行合夥企業事務的合夥人、個人獨資企業的投資人。應當注意，單位負責人並不是指具體負責經營管理事務的負責人，如公司制企業的總經理一類負責人。

明確單位負責人為本單位會計行為的責任主體，並不是要單位負責人事必躬親、直接代替會計人員辦理會計事務，而是應當建立健全有效的內部控制制度、內部制約機制，明確會計工作相關人員的職責權限、工作規程和紀律要求，並有正常途徑瞭解上述制度的執行情況和會計工作相關人員履行職責情況，保證單位負責人的管理意志在各個環節得以實施，保證會計工作相關人員按照經單位負責人認可的程序要求辦理會計事務，保證辦理會計事務的規則、程序能夠有效防範，控制違法、舞弊等會計行為的發生。《會計法》第二十八條規定：「單位負責人應當保證會計機構、會計人員依法履行職責，不得授意、指使、強令會計機構、會計人員違法辦理會計事項。」

三、會計機構負責人

會計機構負責人、會計主管人員是單位負責會計工作的中層領導人員，對企業會計工作起組織、管理等作用。因此，設置會計機構的應當配備會計機構負責人；在有關機構中配備專職會計人員的，應當在專職會計人員中指定會計主管人員。指定會計機構負責人、會計主管人員的目的是強化責任制，防止出現會計工作無人負責的局面。

《會計法》第三十八條規定：「擔任單位會計機構負責人（會計主管人員）的，除取得會計從業資格證書外，還應當具備會計師以上專業技術職務資格或者從事會計工作三年以上經歷。」這是對單位會計機構負責人（會計主管人員）任職資格做出的特別規定。

在單位負責人的領導下，會計機構負責人（會計主管人員）負有組織、管理本單位

所有會計工作的責任,其工作水平的高低、質量的好壞,直接關係到整個單位會計工作的水平和質量。如果會計機構負責人(會計主管人員)的政治素質好、業務水平高、具有較強的組織領導能力,不僅對領導和組織本單位的會計工作十分有利,而且對加強經營管理等也十分有益。相反,如果對會計機構負責人(會計主管人員)任用不當,會計機構負責人(會計主管人員)的政策水平、業務水平和組織領導能力不能適應工作要求,不僅會影響本單位會計工作的開展,甚至會給單位帶來經濟上的損失。可以說,會計機構負責人(會計主管人員)任用是否得當,對一個單位會計工作的好壞關係重大,對能否保證國家的財經政策在一個單位正確得到貫徹執行關係重大,對能否有效地維護廣大投資者、債權人等的合法權益關係重大。

為了完善會計機構負責人(會計主管人員)任職資格和條件,1996年6月17日財政部制定發布的《會計基礎工作規範》對會計機構負責人(會計主管人員)應當具備的條件作了規定,具體有以下六個方面的要求:

(一)政治思想條件

政治思想條件指要能堅持原則,廉潔奉公,遵紀守法,具有良好的職業道德。會計機構負責人如不能遵紀守法,必將給國家造成經濟損失。會計工作直接處理經濟業務,經濟上的問題必然會在會計處理中反應出來,不能堅持原則,就不可能去維護國家的財經紀律,不可能堅持單位的規章制度,也就不會去糾正違反財經紀律和財務會計制度的行為。會計工作時時要與「錢」和「物」打交道,沒有廉潔奉公的品質和良好的職業道德,就可能經不住金錢的誘惑,還可能犯下串通作弊的錯誤,甚至走上犯罪的道路。

(二)專業技術資格條件

會計工作具有很強的專業技術,要求會計人員必須具備必要的專業知識和專業技能。對會計機構負責人或會計主管人員來說,要全面組織和負責一個單位的會計工作,對其專業技術方面的要求也就更加必要了。由於不同類型的單位對會計機構負責人、會計主管人員的專業技術資格的要求不同,應根據單位的規模大小和實際水平而定。1986年4月中央職稱改革領導小組轉發財政部制定的《會計專業職務試行條例》規定,會計專業技術職務分為高級會計師、會計師、助理會計師、會計員。

(三)工作經歷條件

工作經歷條件是指主管一個單位或者主管一個單位內一個重要方面的財務會計工作時間不少於兩年。這是對會計機構負責人或會計主管人員的最低要求。會計工作專業性、技術性較強的特點,要求會計機構負責人會計主管人員必須具有一定的工作經驗。

(四)政策業務水平條件

政策業務水平條件是指熟悉國家財經法律、法規、規章和方針、政策,掌握本行業業務管理的有關知識。由於會計工作政策性較強的特點,從事財務會計工作,尤其是作為會計機構的負責人、會計主管人員,必須熟悉和掌握國家有關的法律、法規、規章制度和與會計工作相關的理論知識,否則不但不能完成會計的本職工作,還可能把企業管

理工作引入法律「誤區」，給單位和個人帶來不良后果。

（五）組織能力

組織能力是指要有較強的組織能力。作為會計機構負責人、會計主管人員，不僅要求自己是會計工作的行家裡手，更重要的是要領導和組織好本單位的會計工作，因此要求其必須具備一定的領導才能和組織才能，包括協調能力和綜合分析能力。

（六）身體條件

身體條件指要求身體狀況能夠適應本職工作的需要。會計工作勞動強度大、技術難度高，作為會計機構負責人、會計主管人員必須有較好的身體狀況，以適應和勝任本職工作。

四、會計人員

會計人員是各單位直接從事會計工作，處理會計業務的專職人員。建立健全會計機構，配備與本單位工作要求相適用的、具有較高業務素質的會計人員，是做好會計工作，充分發揮會計職能的組織保證。會計工作是一項技術性較強的工作，在企業經濟管理中佔有相當重要的地位。當好一名會計人員沒有良好的專業技能是很難勝任這項工作的。配備的會計人員應當具備什麼樣的條件，《會計基礎工作規範》從最基本的要求出發，規定了兩方面條件：一方面是應當配備持有會計證的會計人員，未取得會計證的人員，不得從事會計工作。《會計法》第三十八條規定：「從事會計工作的人員，必須取得會計從業資格證書。」另一方面是應當配備有必要的專業知識和專業技能，熟悉國家有關法律、法規和財務會計制度，遵守職業道德的會計人員。由於受中國會計學歷教育規模的限制，目前會計隊伍中具備規定學歷的比例還不高，要迅速提高會計人員的政治和業務素質，加強在職會計人員培訓是重要途徑之一。

《會計法》第三十九條規定：「會計人員應當遵守職業道德，提高業務素質。對會計人員的教育和培訓工作應當加強。」

（一）會計人員職業道德的內容

會計人員職業道德是會計人員從事會計工作應當遵循的道德標準。建立會計人員職業道德規範，是對會計人員強化道德約束，防止和杜絕會計人員在工作中出現不道德行為的有效措施。建立基層單位會計人員的職業道德規範，在中國尚屬空白。在實際工作中，會計人員喪失原則，有意隱瞞真實情況，甚至為違法、違紀活動出謀劃策的行為時有發生，這些行為嚴重違背了作為一個會計人員應當具備的基本標準。因此，有必要在建立會計人員職業道德規範的基礎上，強化對會計人員的職業道德教育和監督檢查，提高會計人員的職業道德水平。為此，財政部制定的《會計基礎工作規範》專門對會計人員的職業道德問題做出了規定。其要求主要包括以下六個方面：

1. 敬業愛崗

會計人員應當熱愛本職工作，努力鑽研業務，使自己的知識和技能適應所從事工作

的要求。

2. 熟悉法規

會計人員應當熟悉財經法律、法規和國家統一會計制度，並結合工作進行廣泛宣傳。

3. 依法辦事

會計人員應當按照《會計法》和相關法律法規、規章制度規定的程序和要求進行會計工作，保證所提供的會計信息合法、真實、準確、及時、完整。

4. 客觀公正

會計人員辦理會計事務應當實事求是、客觀公正，不能按照領導人授意編製虛假會計信息。

5. 搞好服務

會計人員應當熟悉本單位的生產經營和業務管理情況，運用掌握的會計信息和會計方法，為改善單位內部管理、提高經濟效益服務。

6. 保守秘密

會計人員應當保守本單位的商業秘密，除法律、法規規定和單位領導人同意的情況外，不能私自向外界提供或者洩露單位的會計信息。

《會計基礎工作規範》同時要求，財政部部門、業務主管部門和各單位應當定期檢查會計人員遵守職業道德的情況，並作為會計人員晉升、晉級、聘任專業職務、表彰獎勵的重要考核依據；會計人員違反職業道德的，由所在單位進行處罰；情節嚴重的，由會計證發證機關吊銷其會計證。

（二）會計人員繼續教育

會計人員繼續教育的層次按照會計職稱分為高級、中級、初級三個級別。會計人員繼續教育實行統一規劃、分級管理的原則。會計人員繼續教育的形式包括接受培訓和自學兩種。會計人員繼續教育的學時規定，中、高級會計人員繼續教育時間每年不少於68小時，其中接受培訓時間不少於20小時，自學時間不少於48小時。初級會計人員繼續教育的時間每年不少於72小時，其中接受培訓時間不少於24小時，自學時間不少於48小時。會計人員繼續教育的內容要堅持理論聯繫實際、講求實效、學以致用的原則。繼續教育的內容主要包括會計理論與實務、財務與會計法規制度、會計職業道德規範以及其他相關的知識與法規。此外，還須加強對會計人員繼續教育情況的檢查與考核。根據規定，每一位會計人員每年必須完成規定學時的繼續教育。如果未能完成規定學時學習，又無正當理由的，予以警告。連續兩年未能完成規定學時的，不辦理從業資格證書的年檢，不得參加上一檔次會計專業技術資格考試，不得參加高級會計師評審，不得參加先進會計工作者的評選，財政部門不予頒發榮譽證書。連續三年未完成規定學時的，其會計從業資格證書自行失效。根據《會計法》的規定，需5年後才能重新取得會計從業資格。同時吊銷會計專業技術資格，也不允許參加高級會計師評審。

（三）會計機構、會計人員的職責權限

《會計法》第五條規定：「會計機構、會計人員依照本法規定進行會計核算，實行會

計監督。」會計機構、會計人員的基本職責是進行會計核算，實行會計監督。

會計核算是指以貨幣為主要的計量單位，採用專門的方法，通過確認、計量、計算、記錄、分類、匯總等程序，對單位的經濟活動進行連續、系統、完整的反應，提供會計資料的全過程。這一全過程是通過會計機構、會計人員的每一具體會計行為，完成或者實現的。進行會計核算是會計機構、會計人員負有責任的職務行為，不是可為、可不為的行為，任何其他人都沒有進行會計核算的權利；會計機構、會計人員進行會計核算，必須嚴格遵守《會計法》關於會計核算的規定，不受來自任何方面的干擾和指揮，不能任意而為。

會計監督是指會計機構、會計人員在辦理會計事務，進行會計核算過程中，對本單位不合法、欠合理以及無效益或者效益不高的經濟業務事項提出質疑、抵制或者建議糾正的行為。通過監督，保證本單位經濟活動全過程合法、合理和有效。會計監督作為會計機構、會計人員的另一項職責，是與會計核算的職責相輔相成的。

禁止非法干預和妨害會計機構、會計人員依法履行職責。會計機構、會計人員進行會計核算，實行會計監督，只服從會計法律、法規和國家統一的會計制度，不受來自任何單位或者個人的非法干預和妨礙。這是《會計法》賦予會計機構、會計人員的職權。

會計機構、會計人員是會計工作的核心，要實現會計資料的真實、完整，就必須賦予會計機構、會計人員依法進行會計核算、履行會計監督的職責；要保證會計機構、會計人員依法進行會計核算、切實履行會計監督的職責，就必須排除各種干擾；要排除各種干擾，就必須保證會計人員的職權不受侵犯。因此，根據《會計法》的規定，無論是誰、無論採取什麼手段和方式打擊報復依法履行職責、抵制違反《會計法》規定行為的會計人員，都是違法行為。《會計法》第六條規定：「對認真執行本法，忠於職守，堅持原則，做出顯著成績的會計人員，給予精神的或者物質的獎勵。」

五、總會計師

總會計師是在單位主要領導人的領導者下，主管本單位的會計工作、進行會計核算、實行會計監督工作的負責人。建立總會計師制度，是中國在企業管理中加強財務管理、成本管理，充分發揮會計核算、會計監督職能，促進企業經濟效益不斷提高的一項重要經驗。《會計法》第三十六條規定：「國有的和國有資產占控股地位或者主導地位的大、中型企業必須設置總會計師。總會計師的任職資格、任免程序、職責權限由國務院規定。」《會計基礎工作規範》對設置總會計師問題做了三個方面的規定：第一，大、中型企業應當根據《會計法》《總會計師條例》等規定設置總會計師。總會計師由具有會計師以上專業技術資格的人員擔任。對於總會計師的具體任職資格，《總會計師條例》作了具體規定。第二，設置總會計師的單位，總會計師應當行使《總會計師條例》規定的職責、權限。第三，總會計師任命（聘任）、免職（解聘）依照《總會計師條例》和有關法律的規定辦理，即《總會計師條例》第十五條規定：「企業的總會計師由本單位主

要行政領導人提名，政府主管部門任命或聘任；免職或者解聘程序與任命或者聘任程序相同。」國有大、中型企業總會計師的任免按此規定執行。

《總會計師條例》中規定總會計師的任職資格（具備的條件）與會計機構負責人、會計主管人員的條件基本相同。總會計師的職責具體包括四個方面的內容：第一，編製和執行預算、財務收支計劃、信貸計劃，擬訂資金籌措和使用方案，開闢財源，有效地使用資金；第二，進行成本費用預測、計劃、控制、核算、分析和考核，督促企業有關部門降低消耗、節約費用、提高經濟效益；第三，建立、健全經濟核算制度，利用財務會計資料進行經濟活動分析；第四，承辦企業主要行政領導人交辦的其他工作。

總會計師主要有五個方面的權限：第一，對違反國家財經法律、法規、方針、政策、制度和有可能在經濟上造成損失、浪費的行為，有權制止或者糾正；第二，有權組織企業各職能部門、直屬機構的經濟核算、財務會計和成本管理方面的工作；第三，主管審批財務收支工作，除一般的財務收支可以由總會計師授權的財會機構負責人或者其他指定人員審批外，重大的財務收支，須經總會計師審批或者由總會計師報企業主要行政領導人批准；第四，預算、財務收支計劃、成本和費用計劃、信貸計劃、財務專題報告、會計決算報表，須經總會計師簽署，涉及財務收支的重大業務計劃、合同等在企業內部須經總會計師會簽；第五，對會計人員的任用、晉升、調動、獎懲提出意見，考核財會機構負責人或者會計主管人員的人選。

六、會計工作崗位

在會計機構內部和會計人員中建立崗位責任制，定人員、定崗位、明確分工、各司其職，有利於會計工作程序化、規範化，有利於落實責任和會計人員鑽研分管的業務，有利於提高工作效率和工作質量。對於如何設置會計工作崗位，《會計基礎工作規範》規定了基本原則和示範性要求：第一，會計工作崗位可以一人一崗、一人多崗或者一崗多人，但應當符合內部牽制制度的要求，出納人員不得兼管稽核、會計檔案保管和收入、費用、債權、債務帳目的登記工作；第二，會計人員的工作崗位應當有計劃地進行輪換，以促進會計人員全面熟悉業務，不斷提高業務素質；第三，會計工作崗位的設置由各單位根據會計業務需要確定。《會計基礎工作規範》提出了示範性的會計工作崗位設置方案，即會計機構負責人或者會計主管人員、出納、財產物資核算、工資核算、成本費用核算、財務成果核算、資金核算、往來結算、總帳報表、稽核、檔案管理等。開展會計電算化和管理會計的單位，可以根據需要設置相應工作崗位，也可以與其他工作崗位相結合。

七、會計人員迴避制度

迴避制度是中國人事管理的一項重要制度。事實表明，會計工作中的一些違法違紀活動，確實存在利用同在一個單位的親屬關係串通作弊的現象。在會計人員中實行迴避

制度十分必要。中國已有相關法規對會計人員迴避制度做出了規定,如1993年8月14日國務院發布的《國家公務員暫行條例》第六十一條規定:「國家公務員之間有夫妻關係、直系血親關係、三代以內旁系血親關係以及近姻親關係的……也不得在其中一方擔任領導職務的機關從事監察、審計、人事、財務工作。」根據上述規定的精神,結合會計工作的實際情況,《會計基礎工作規範》第十六條規定:「國家機關、國有企業、事業單位任用會計人員應當實行迴避制度。單位領導人的直系親屬不得擔任本單位的會計機構負責人、會計主管人員。會計機構負責人、會計主管人員的直系親屬不得在本單位會計機構中擔任出納工作。」至於其他單位是否實行會計人員迴避制度,《會計基礎工作規範》沒有明確規定。

第二節 會計工作管理體制

　　會計工作管理體制是劃分管理會計工作職責權限關係的制度,包括會計工作管理組織形式、管理權限劃分、管理機構設置等內容。會計工作是一項經濟管理活動,為了規範會計工作,保證會計工作在經濟管理中發揮作用,政府部門應在宏觀上對會計工作進行必要的指導、監督和管理。政府部門如何指導、監督和管理會計工作,世界各國有不同的做法。中國作為社會主義市場經濟國家,公有制占主導地位,會計工作在維護社會主義市場經濟秩序中有其特殊的作用,要求基層單位的會計工作在為本單位的經營管理和業務活動服務的同時,要為國家宏觀調控服務。要做到這一點,政府部門必須加強對會計工作的指導和管理,包括會計政策、標準的制定,政策、標準貫徹執行情況的檢查,會計專業技術資格的確認和會計從業資格的管理,督促基層單位加強會計工作和提高會計工作水平等,這些內容構成了中國的會計工作管理體制。中國的會計工作管理體制主要包括四個方面內容:第一,明確會計工作的主管部門;第二,明確國家統一的會計制度的制定權限;第三,明確對會計工作的監督檢查部門和監督檢查範圍;第四,明確對會計人員的管理內容。《會計法》在第一章總則中分別對會計工作的主管部門和國家統一的會計制度制定權限問題做出了規定,在第四章會計監督中對會計工作的監督檢查問題做出了規定,在第五章會計機構和會計人員中對會計人員管理問題做出了規定。

一、會計工作的主管部門

　　《會計法》第七條規定:「國務院財政部門主管全國的會計工作。縣級以上地方各級人民政府財政部門管理本行政區域內的會計工作。」這一法律條文規定了會計工作由財政部門主管並明確了在管理體制上實行「統一領導,分級管理」的原則。

　　財政部門主管會計工作,不僅是一種權利,更重要的是一種責任。雖然財政部門的主要任務是組織財政收入,安排財政支出,實行宏觀經濟調控,但是如果會計秩序混亂,

財政制度得不到貫徹執行，必然會造成財政收入流失、支出失控，最終給財政工作帶來不利影響。因此，《會計法》規定財政部門主管會計工作，這是國家法律賦予財政部門的重要責任，如果財政部門放鬆對會計工作的管理，造成會計秩序混亂，則不僅是一種工作上的失誤，而且是一種違法行為，並應承擔法律責任。

財政部門主管會計工作應遵循「統一領導，分級管理」的原則。「統一領導，分級管理」是劃分會計工作管理權責的重要原則，也體現了管理的效率原則。財政部門主管會計工作，主要是在統一規劃、統一領導的前提下，實行分級負責、分級管理，充分調動地區、部門、單位管理會計工作的積極性和創造性。具體做法是國務院財政部門在統一規劃、統一領導會計工作的前提下，發揮各級人民政府財政部門和中央各部門管理會計工作的積極性，各級人民政府財政部門和中央各業務主管部門應積極配合國務院財政部門管理好本地區、本部門的會計工作；各級人民政府財政部門根據上級財政部門的規劃和要求，結合本地區的實際情況，管理本地區的會計工作，並取得同級其他管理部門的支持和配合。

二、制定會計制度的權限

會計制度是指政府管理部門對處理會計事務所制定的規章、準則、辦法等規範性文件的總稱，包括對會計工作、會計核算、會計監督、會計人員、會計檔案等方面所制定的規範性文件。由於中國是社會主義市場經濟國家，在發揮市場主體作用的同時，必須進行必要的宏觀調控。國家在進行宏觀調控中，不僅需要各基層單位提供真實、完整的會計資料，也需要各單位的會計工作在處理各種利益關係中維護國家的方針、政策和法律、法規。會計制度既是各單位組織會計管理工作和產生相互可比、口徑一致的會計資料的依據，也是國家財政經濟政策在會計工作中的具體體現。因此，會計制度作為法制化經濟管理手段的重要組成部分，必須納入政府部門的管理範圍。

《會計法》第八條規定：「國家實行統一的會計制度。國家統一的會計制度由國務院財政部門根據本法制定並公布。國務院有關部門可以依照本法和國家統一的會計制度制定對會計核算和會計監督有特殊要求的行業實施國家統一的會計制度的具體辦法或者補充規定，報國務院財政部門審核批准。中國人民解放軍總后勤部可以依照本法和國家統一的會計制度制定軍隊實施國家統一的會計制度的具體辦法，報國務院財政部門備案。」這是對國家統一的會計制度制定權限的規定。

國家實行統一的會計制度是規範會計行為的重要保證；國家統一的會計制度由國務院財政部門根據本法制定並公布。有特殊要求的行業、系統可以制定實施國家統一的會計制度的具體辦法或者補充規定，但應按規定報批或備案。中國人民解放軍總后勤部可以依照《會計法》和國家統一的會計制度制定軍隊實施國家統一的會計制度的具體辦法，報國務院財政部門備案。

三、建立內部會計管理制度

建立健全單位內部會計管理制度是貫徹執行會計法律、法規、規章、制度，保證單位會計工作有序進行的重要措施，也是加強會計基礎工作的重要手段。實踐證明，建立並嚴格執行單位內部會計管理制度的，會計基礎工作就比較紮實，會計工作在經濟管理中就能有效發揮作用。因此，《會計基礎工作規範》在第五章對建立單位內部會計管理制度問題做了原則性規定。

(一) 制定內部會計管理制度遵循的原則

制定內部會計管理制度，應當遵循一定的原則，以保證內部會計管理制度科學、合理、切實可行。這些原則包括：

(1) 應當執行法律、法規和國家統一的財務會計制度。
(2) 應當體現本單位的生產經營、業務管理的特點和要求。
(3) 應當全面規範本單位的各項會計工作，建立健全會計基礎工作，保證會計工作的有序進行。
(4) 應當科學、合理，便於操作和執行。
(5) 應當定期檢查執行情況。
(6) 應當根據管理需要和執行中的問題不斷完善。

(二) 內部會計管理制度的基本內容

《會計基礎工作規範》從強化會計管理和各單位的實際情況出發，示範性地提出了應當建立的十二項內部會計管理制度。這些管理制度具體是：內部會計管理體系、會計人員崗位責任制度、帳務處理程序制度、內部牽制制度、稽核制度、原始記錄管理制度、定額管理制度、計量驗收制度、財產清查制度、財務收支審批制度、成本核算制度、財務會計分析制度。同時，對各項制度應當包括的主要內容，提出了原則性指導意見。應當強調的是，各單位建立哪些內部會計管理制度、各項內部會計管理制度包括哪些內容，主要取決於單位內部的經營管理需要，不同類型的單位也會對內部會計管理制度有不同的選擇，如行政單位往往不需要建立成本核算制度。《會計基礎工作規範》所提出的建立內部會計管理制度的示範性要求，只作為指導意見，一方面是為了引導各單位加強內部會計管理制度建設，另一方面是為了避免各單位在制定內部會計管理制度過程中出現不必要的失誤。

四、會計工作交接

會計工作交接制度是會計工作的一項重要制度，也是會計基礎工作的重要內容。辦理好會計工作交接，有利於保持會計工作的連續性，有利於明確責任。會計工作交接制度的要求，《會計法》以及其他會計法規、規章都做出了原則性規定。《會計基礎工作規範》在此基礎上對會計工作交接的具體要求進一步做出了規定，主要內容如下：

(一) 基本要求

會計人員工作調動或者因故離職必須將本人所經管的會計工作全部移交給接替人員，沒有辦清交接手續不得調動或者離職。在實際工作中，有些應當辦理移交手續的會計人員借故不辦理移交手續，或者遲遲不移交所經管的會計工作，使正常的會計工作受到影響，這是制度上所不允許的，單位領導人應當督促經辦人員及時辦理移交手續。

(二) 辦理移交手續前的準備工作

會計人員在辦理移交手續前必須及時辦理完畢未了的會計事項，具體包括：對已經受理的經濟業務尚未填製會計憑證的，應當填製完畢；尚未登記的帳目，應當登記完畢，並在最後一筆餘額後加蓋經辦人員印章；整理應該移交的各項資料，對未了事項寫出書面證明等。同時，編製移交清冊，列明應當移交的會計憑證、會計帳簿、財務報表、現金、有價證券、印章以及其他會計用品等。會計機構負責人、會計主管人員移交時，還應將全部財務會計工作、重大財務收支問題和會計人員的情況等，向接替人員介紹清楚；需要移交的遺留問題，應當寫出書面材料。

(三) 按照移交清冊逐項移交

交接雙方要按照移交清冊列明的內容，進行逐項交接。其中，現金要根據會計帳簿記錄餘額進行點交，不得短缺；有價證券的數量要與會計帳簿記錄一致，由於一些有價證券如債券、國庫券等面額與發行價格可能會不一致，因此在對這些有價證券的實際發行價格、利（股）息等按照會計帳簿餘額進行交接的同時，應當對上述有價證券的數量（如張數）也按有關會計帳簿記錄點交清楚；所有會計資料必須完整無缺，如有短缺，必須查明原因，並在移交清冊中註明，由移交人負責；銀行存款帳戶餘額要與銀行對帳單核對，各種財產物資和債權債務的明細帳戶餘額要與總帳有關帳戶餘額核對，核對清楚後，才能交接；移交人員經管的票據、印章及其他會計用品等，也必須交接清楚，特別是實行會計電算化的單位，對有關電子數據應當在電子計算機上進行實際操作，以檢查電子數據的運行和有關數字的情況。交接工作結束後，交接雙方和監交人要在移交清冊上簽名或者蓋章，以明確責任。同時，移交清冊由交接雙方以及單位各執一份，以供備查。

(四) 專人負責監交

在辦理會計工作交接手續時，要有專人負責監交，以保證交接工作的順利進行。一般會計人員辦理交接手續，由單位的會計機構負責人、會計主管人員負責監交；會計機構負責人、會計主管人員辦理交接手續，由單位領導人負責監交，必要時可由上級主管部門派人會同監交。所謂必要時由上級主管部門派人會同監交，是指交接雙方需要上級主管單位監交或者上級主管單位認為需要參與監交的情況。這種情況通常有三種：第一，所屬單位領導人不能監交，需要由上級主管單位派人代表主管單位監交的，如因單位撤並而辦理交接手續，就屬這種情況；第二，所屬單位領導人不能盡快監交，需要由上級主管單位派人督促監交的，如上級主管單位責成所屬單位撤換不合格的會計機構負責人、

會計主管人員，所屬單位領導人以種種借口拖延不辦理交接手續時，上級主管單位就應派人督促會同監交；第三，不宜由所屬單位領導人單獨監交，而需要上級主管單位會同監交的，如所屬單位領導人與辦理交接手續的會計機構負責人、會計主管人員有矛盾，交接時需要上級主管單位派人會同監交，以防可能發生單位領導人借機刁難等情況。此外，上級主管單位認為交接中存在某種問題需要派人監交的，也可以派人會同監交。

（五）臨時工作交接

對於會計人員臨時離職或者因病暫時不能工作需要有人接替或者代理工作的，也應當按照規定辦理交接手續，同樣臨時離職或者因病暫時離崗的會計人員恢復工作的，也要與臨時接替或者代理人員辦理交接手續，目的是保持會計工作的連續，以分清責任。對於移交人員因病或者其他特殊原因不能親自辦理移交的，在這種情況下，經單位領導人批准，可以由移交人員委託他人代辦移交手續，但委託人應當對所移交的會計工作和相關資料承擔責任，不得借口委託他人代辦交接而推脫責任。

（六）移交后的責任

移交人對自己經辦且已經移交的會計資料的合法性、真實性，要承擔法律責任，不能因為會計資料已經移交而推脫責任。

五、會計檔案管理

會計檔案是指會計憑證、會計帳簿和財務報表等會計核算專業材料，是記錄和反應經濟業務的重要史料和證據。充分利用會計檔案資料，參與總結工作經驗，對指導經營管理，查證經濟財務問題，防止貪污舞弊等有重要作用。因此，各單位必須加強對會計檔案管理工作的領導，建立和健全會計檔案的立卷、歸檔、保管、調閱和銷毀等管理制度，切實地把會計檔案管好。

《會計法》第二十三條規定：「各單位對會計憑證、會計帳簿、財務會計報告和其他會計資料應當建立檔案，妥善保管。會計檔案的保管期限和銷毀辦法，由國務院財政部門會同有關部門制定。」這是對會計檔案管理的規定。

為加強中國會計檔案的科學管理，統一全國會計檔案工作制度，《會計法》原則上規定了會計檔案的範圍、保管、銷毀等問題，從而將會計檔案管理問題納入法制化軌道。各單位應當按照規定，加強對會計檔案的管理。如果不按規定管理會計檔案，致使會計檔案毀損、消失的，就是違法行為，應當承擔法律責任。

會計檔案管理是一項技術性、政策性很強的工作，為此國務院財政部門會同有關部門制定會計檔案的保管期限、銷毀辦法等管理規定。財政部和國家檔案局在總結會計檔案管理經驗和教訓的基礎上，根據經濟發展和會計改革的要求，於 2015 年修訂了《會計檔案管理辦法》，對會計檔案的立卷、歸檔、保管、調閱和銷毀以及單位變更后的會計檔案管理等問題做出了更加明確的規定，新修訂的《會計檔案管理辦法》自 2016 年 1 月 1 日起施行。根據《會計檔案管理辦法》的規定，會計檔案的管理歸納為如下幾點：

(一) 會計檔案應當妥善保管

會計檔案由單位會計機構負責整理立卷歸檔,並保管一年期滿后移交單位的會計檔案管理機構,沒有專門檔案管理機構的單位應由會計機構指定專人繼續保管;單位會計檔案不得外借,遇有特殊情況,經本單位負責人批准可以提供查閱或者複製原件。

(二) 會計檔案應當分期保管

會計檔案保管期限分為永久和定期兩類,定期保管期限一般分為 10 年和 30 年,保管期限從會計年度終了后第一天算起。

(三) 會計檔案應當按規定程序銷毀

對於保管期滿的會計檔案,需要銷毀時,應由單位檔案管理機構提出銷毀意見,會同會計機構共同鑒定,嚴格審查,編造銷毀清冊,報單位負責人批准后,由單位檔案管理機構和會計機構共同派員監銷;保管期滿但未結清的債權債務原始憑證及其他未了事項的原始憑證,不得銷毀,應當單獨抽出立卷,保管到未了事項完結時為止;建設單位在建期間的會計檔案,不得銷毀。企業和其他組織會計檔案保管期限如表 13-1 所示。

表 13-1　　　　　　　　企業和其他組織會計檔案保管期限表

序號	檔案名稱	保管期限	備註
一	**會計憑證**		
1	原始憑證	30 年	
2	記帳憑證	30 年	
二	**會計帳簿**		
3	總帳	30 年	
4	明細帳	30 年	
5	日記帳	30 年	
6	固定資產卡片		固定資產報廢清理后保管 5 年
7	其他輔助性帳簿	30 年	
三	**財務會計報告**		
8	月度、季度、半年度財務會計報告	10 年	
9	年度財務會計報告	永久	
四	**其他會計資料**		
10	銀行存款餘額調節表	10 年	
11	銀行對帳單	10 年	
12	納稅申報表	10 年	
13	會計檔案移交清冊	30 年	
14	會計檔案保管清冊	永久	
15	會計檔案銷毀清冊	永久	
16	會計檔案鑒定意見書	永久	

附　錄

企業會計準則會計科目表

序號	編號	會計科目名稱	序號	編號	會計科目名稱
		一、資產類	80	2202	應付帳款
1	1001	庫存現金	81	2203	預收帳款
2	1002	銀行存款	82	2211	應付職工薪酬
3	1003	存放中央銀行款項	83	2221	應交稅費
4	1011	存放同業	84	2231	應付利息
5	1012	其他貨幣資金	85	2232	應付股利
6	1021	結算備付金	86	2241	其他應付款
7	1031	存出保證金	87	2251	應付保單紅利
8	1101	交易性金融資產	88	2261	應付分保帳款
9	1111	買入返售金融資產	89	2311	代理買賣證券款
10	1121	應收票據	90	2312	代理承銷證券款
11	1122	應收帳款	91	2313	代理兌付證券款
12	1123	預付帳款	92	2314	代理業務負債
13	1131	應收股利	93	2401	遞延收益
14	1132	應收利息	94	2501	長期借款
15	1201	應收代位追償款	95	2502	應付債券
16	1211	應收分保帳款	96	2601	未到期責任準備金
17	1212	應收分保合同準備金	97	2602	保險責任準備金
18	1221	其他應收款	98	2611	保戶儲金
19	1231	壞帳準備	99	2621	獨立帳戶負債
20	1301	貼現資產	100	2701	長期應付款
21	1302	拆出資金	101	2702	未確認融資費用
22	1303	貸款	102	2711	專項應付款

上表(續)

序號	編號	會計科目名稱	序號	編號	會計科目名稱
23	1304	貸款損失準備	103	2801	預計負債
24	1311	代理兌付證券	104	2901	遞延所得稅負債
25	1321	代理業務資產			三、共同類
26	1401	材料採購	105	3001	清算資金往來
27	1402	在途物資	106	3002	貨幣兌換
28	1403	原材料	107	3101	衍生工具
29	1404	材料成本差異	108	3201	套期工具
30	1405	庫存商品	109	3202	被套期項目
31	1406	發出商品			四、所有者權益類
32	1407	商品進銷差價	110	4001	實收資本
33	1408	委託加工物資	111	4002	資本公積
34	1411	週轉材料	112	4101	盈餘公積
35	1421	消耗性生物資產	113	4102	一般風險準備
36	1431	貴金屬	114	4103	本年利潤
37	1441	抵債資產	115	4104	利潤分配
38	1451	損餘物資	116	4201	庫存股
39	1461	融資租賃資產			五、成本類
40	1471	存貨跌價準備	117	5001	生產成本
41	1501	持有至到期投資	118	5101	製造費用
42	1502	持有至到期投資減值準備	119	5201	勞務成本
43	1503	可供出售金融資產	120	5301	研發支出
44	1511	長期股權投資	121	5401	工程施工
45	1512	長期股權投資減值準備	122	5402	工程結算
46	1521	投資性房地產	123	5403	機械作業
47	1531	長期應收款			六、損益類
48	1532	未實現融資收益	124	6001	主營業務收入
49	1541	存出資本保證金	125	6011	利息收入
50	1601	固定資產	126	6021	手續費及佣金收入
51	1602	累計折舊	127	6031	保費收入

上表(續)

序號	編號	會計科目名稱	序號	編號	會計科目名稱
52	1603	固定資產減值準備	128	6041	租賃收入
53	1604	在建工程	129	6051	其他業務收入
54	1605	工程物資	130	6061	匯兌損益
55	1606	固定資產清理	131	6101	公允價值變動損益
56	1611	未擔保餘值	132	6111	投資收益
57	1621	生產性生物資產	133	6201	攤回保險責任準備金
58	1622	生產性生物資產累計折舊	134	6202	攤回賠付支出
59	1623	公益性生物資產	135	6203	攤回分保費用
60	1631	油氣資產	136	6301	營業外收入
61	1632	累計折耗	137	6401	主營業務成本
62	1701	無形資產	138	6402	其他業務成本
63	1702	累計攤銷	139	6403	稅金及附加
64	1703	無形資產減值準備	140	6411	利息支出
65	1711	商譽	141	6421	手續費及佣金支出
66	1801	長期待攤費用	142	6501	提取未到期責任準備金
67	1811	遞延所得稅資產	143	6502	提取保險責任準備金
68	1821	獨立帳戶資產	144	6511	賠付支出
69	1901	待處理財產損溢	145	6521	保單紅利支出
	二、負債類		146	6531	退保金
70	2001	短期借款	147	6541	分出保費
71	2002	存入保證金	148	6542	分保費用
72	2003	拆入資金	149	6601	銷售費用
73	2004	向中央銀行借款	150	6602	管理費用
74	2011	吸收存款	151	6603	財務費用
75	2012	同業存放	152	6604	勘探費用
76	2021	貼現負債	153	6701	資產減值損失
77	2101	交易性金融負債	154	6711	營業外支出
78	2111	賣出回購金融資產款	155	6801	所得稅費用
79	2201	應付票據	156	6901	以前年度損益調整

國家圖書館出版品預行編目(CIP)資料

初級財務會計學 / 羅紹德、蔣訓練 主編. -- 第四版.
-- 臺北市：崧燁文化，2018.08
　面；　公分
ISBN 978-957-681-428-0(平裝)
1.財務會計
495.4　　　107012249

書　名：初級財務會計學
作　者：羅紹德、蔣訓練 主編
發行人：黃振庭
出版者：崧燁文化事業有限公司
發行者：崧燁文化事業有限公司
E-mail：sonbookservice@gmail.com
粉絲頁　　　　　　網　址：
地　址：台北市中正區重慶南路一段六十一號八樓815室
8F.-815, No.61, Sec. 1, Chongqing S. Rd., Zhongzheng Dist., Taipei City 100, Taiwan (R.O.C.)
電　話：(02)2370-3310　傳　真：(02) 2370-3210
總經銷：紅螞蟻圖書有限公司
地　址：台北市內湖區舊宗路二段121巷19號
電　話：02-2795-3656　　傳真：02-2795-4100　　網址：
印　刷：京峯彩色印刷有限公司（京峰數位）

　　本書版權為西南財經大學出版社所有授權崧博出版事業股份有限公司獨家發行電子書繁體字版。若有其他相關權利需授權請與西南財經大學出版社聯繫，經本公司授權後方得行使相關權利。

定價：450 元
發行日期：2018 年 8 月第四版
◎ 本書以POD印製發行